区域射击方法及应用

卢发兴　贾正荣　著

科学出版社
北　京

内 容 简 介

本书从介绍区域射击的概念开始，提出了区域射击方法的基本模型，最后以舰炮和反舰导弹为例，详细介绍了区域射击方法在这两种武器上的应用。全书共 7 章，内容包括区域射击的概念与内涵、最优未来空域窗模型、最优未来空域窗配置求解与射击流程、具有末制导搜索能力武器的区域射击模型、具有末制导搜索能力武器的区域射击配置求解与射击流程、区域射击方法在舰炮武器中的应用以及区域射击方法在反舰导弹武器中的应用等。

本书提出的区域射击方法为军事人员研究武器的使用提供了思路，也为武器工程技术人员和作战指挥员提供了理解和应用区域射击方法的关键问题。本书可作为军事专业研究生的教材以及武器作战使用研究者和工程技术人员的参考用书。

图书在版编目（CIP）数据

区域射击方法及应用/卢发兴，贾正荣著. —北京：科学出版社，2020.11

ISBN 978-7-03-066900-1

Ⅰ. ①区… Ⅱ. ①卢… ②贾… Ⅲ. ①射击学 Ⅳ. ①E920.2

中国版本图书馆 CIP 数据核字（2020）第 225156 号

责任编辑：姚庆爽 纪四稳 / 责任校对：王 瑞

责任印制：吴兆东 / 封面设计：陈 敬

科学出版社 出版

北京东黄城根北街 16 号

邮政编码：100717

http://www.sciencep.com

涿州市般润文化传播有限公司 印刷

科学出版社发行 各地新华书店经销

*

2020 年 11 月第 一 版 开本：720 × 1000 B5

2024 年 1 月第三次印刷 印张：17 1/4

字数：340 000

定价：118.00 元

（如有印装质量问题，我社负责调换）

前　言

区域射击是指在只能获得粗略或恶劣目标信息，甚至暂时无法获得目标信息的情况下，根据战场态势、地理环境和敌方情报分析判断敌方目标的活动区或散布区，通过合理地配置多个瞄准点并利用多弹的火力协同，实现对目标活动区或散布区的覆盖射击。本书对舰载武器区域射击方法展开研究，根据武器作用机理的不同，将武器分为无末端制导碰炸毁伤型武器（如传统舰炮）和有末端制导或自控能力的武器（如导弹、鱼雷、悬浮式深弹、巡飞弹、无人作战平台等），并分别提出相应的区域射击方法。为武器应对概略目标、低精度目标、高时滞目标等，或突发情况下的作战使用、战术决策及火控方案拟制提供合理的方法支撑与参考。

全书共 7 章，各章内容组织如下。第 1 章为绪论，主要介绍区域射击方法的研究背景，基于研究背景提出区域射击的概念与内涵，并从舰炮武器的区域射击、反舰导弹武器的区域射击及其他武器的区域射击三个方面介绍区域射击方法的国内外研究现状，最后给出本书的总体结构。第 2 章为最优未来空域窗模型，主要构建最优未来空域窗射击的基本模型，包括最优未来空域窗毁伤概率模型、最优未来空域窗射击的实施条件模型以及考虑目标速度误差的射击毁伤概率模型，通过这些模型支撑最优未来空域窗射击方法的配置求解模型以及进一步的射击流程拟制。第 3 章为最优未来空域窗配置求解与射击流程，基于第 2 章的基本模型，提出最优未来空域窗的瞄准点配置方法、瞄准点配置求解方法、多未来空域窗的配置求解方法，最后给出最优未来空域窗对面射击流程以及多未来空域窗对空射击流程。第 4 章为具有末制导搜索能力武器的区域射击模型，主要构建具有末制导搜索能力武器的区域射击的基本模型，根据武器对目标的打击特点，将模型分为目标一维正态分布、目标一维均匀分布、目标一维任意分布、目标二维正态分布、目标二维均匀分布五种情况，分别建立具有末制导搜索能力武器的区域射击毁伤概率模型，最后分析异类武器的区域射击模型。第 5 章为具有末制导搜索能力武器的区域射击配置求解与射击流程，基于第 4 章的模型，提出具有末制导搜索能力武器的区域射击瞄准点配置求解方法、基于预定毁伤概率的武器数量求解方法，最终给出具有末制导搜索能力武器的区域射击流程。第 6 章介绍区域射击方法在舰炮武器中的应用，以高射速小口径舰炮对空射击和舰炮对岸打击为例，介绍区域射击方法在舰炮反导和舰炮对岸射击表尺分配中的应用。第 7 章介绍区域射击方法在反舰导弹武器中的应用，以超视距反舰导弹的区域射击为例，对反舰导弹目标散布区特性和多弹区域覆盖射击方法进行研究，提出多弹区域覆盖射击的组织实施流程。

本书的编写得到了军队“2110”建设项目的支持，同时得到了许多同仁和研究生的帮助。出版社及编辑同志对本书的出版给予了大力支持，付出了辛勤的汗水。在此一并表示衷心的感谢。

由于作者水平有限，书中不足之处在所难免，敬请广大读者批评指正。

作　者
2019 年 8 月

目录

第 1 章 绪论

1.1 研究背景和意义

人类的战争史和武器装备的发展史，几乎都是不断追求更加“精确打击”的历史：1968 年越战中美军轰炸清化大桥时出动了 600 多架次飞机，投放了 5000 多吨炸药，这座桥仍安然无恙；1991 年海湾战争中美军攻击伊拉克一座水电站，仅出动了两架飞机，发射了两枚导弹，一枚导弹将水电站的山墙打出一个直径 10m 的大洞，第二枚导弹钻进这个洞一举炸毁了水电站的发电机。当前信息化作战条件下，越来越先进的探测跟踪技术和装备使精确打击达到了“外科手术”般精准的水平。

然而，与“精确打击”技术伴随而生的是“反精确打击”技术，即采用电子干扰、机动、隐身、超高速等手段，压制对方的精确打击能力，提升己方的生存概率和战术意图成功率。除了上述有意识的“反精确打击”外，还有一些情况，如探测条件差或目标信息老化，也使“精确打击”条件难以达成。一名俄罗斯海军军官讲过一个真实事例，一艘俄罗斯潜艇曾在隐蔽状态下与美军舰艇编队遭遇，潜艇指挥官向莫斯科请示是否实施攻击，2h 后收到回复不予攻击。尽管行动取消，但这令俄罗斯潜艇指挥官意识到并开始重视一个问题：如果下令攻击，在 2h 内由于潜艇隐蔽无法再获取目标信息，而之前的目标信息已老化，根据该信息推断的当前编队位置误差太大，这时如何保证攻击行动的有效性？

可见，无论是有意还是无意的“反精确打击”，其本质都是使精确打击的前提不再成立，即不能获得精确的目标位置信息。此时如果要追求更好的打击效果，首先想到的是继续提升探测跟踪设备获取目标的能力。然而，当前技术条件下，硬件设备性能的发展遭遇瓶颈，大幅提升探测能力难以一蹴而就，尤其是目标采用隐身、机动、高速等组合手段时，单类探测设备能力提升也无法获得好的效果。在硬件设备水平难以寻求突破的情况下，追求更好打击效果的希望寄托在新的射击方式上，“区域射击”方法便应运而生。

1.2 区域射击的概念与内涵

区域射击是指在只能获得粗略或恶劣目标信息,甚至暂时无法获得目标信息的情况下,根据战场态势、地理环境和敌方情报分析判断敌方目标的活动区或散布区,通过合理地配置多个瞄准点并利用多弹(指多枚导弹)的火力协同,实现对目标活动区或散布区的覆盖射击。

区域射击的应用条件可以概括为以下四点:①处理突发事件,对目标定位跟踪时间受限,从而导致目标位置信息不精确;②复杂作战环境使导航定位跟踪精度下降,导致目标位置信息不精确;③掌握战场主动,需要在情报不完整时先敌攻击;④由于目标采用高超声速、强机动及隐身等手段,准确预测目标运动参数困难。

从上述定义可以看出,区域射击与传统精确打击的主要区别就在于区域射击不再需要目标的精确位置信息,而只需要目标所在的区域位置信息即可发起攻击,但其代价是可能耗费更多的弹药对区域实现火力覆盖,而如何实现多弹的火力协同则成为射击的实现难点。

从实现流程来看,区域射击方法相比于传统射击方法新增了三个环节,即目标散布特性分析、最优覆盖区计算及武器的瞄准点配置计算,如图 1.2.1 所示。其中,目标散布特性分析是根据目标的误差特性、已有的战场态势信息,对目标的散布区域概率分布情况进行定量描述;最优覆盖区计算是根据武器的技术特点(对于碰炸性武器包括武器的射弹散布等,对于具有末制导搜索能力的武器包括武器弹道误差及搜索能力等),给出武器射击毁伤概率优化模型的过程;武器的瞄准点配置计算是根据武器射击毁伤概率优化模型,通过一定的方法得到武器射击瞄准点配置的过程。

从区域射击方法适用的武器范围来看,尽管不同的武器对目标攻击毁伤的机理不同,但几乎所有的武器在应用上都可能面临目标信息不精确从而需要采用区域射击方法的情况。表 1.2.1 列举了典型武器的作战特点及影响其作战效能的主要因素。

可见,针对武器使用特点和作用机理采用区域射击方法,不仅能满足多种武器装备的应用需求,使原来“必须打而不能打”的情况变为“必须打也可以打”,而且能有效提高武器的作战适用性,并发挥武器的作战潜能,尤其在武器系统硬件平台更新换代步伐减慢的情况下,基于现有武器平台,发展区域射击方法,是对现有射击体制的有益补充,也可以快速形成对抗新型武器的战斗力,因此针对区域射击方法开展研究具有迫切的需求和重要的意义。

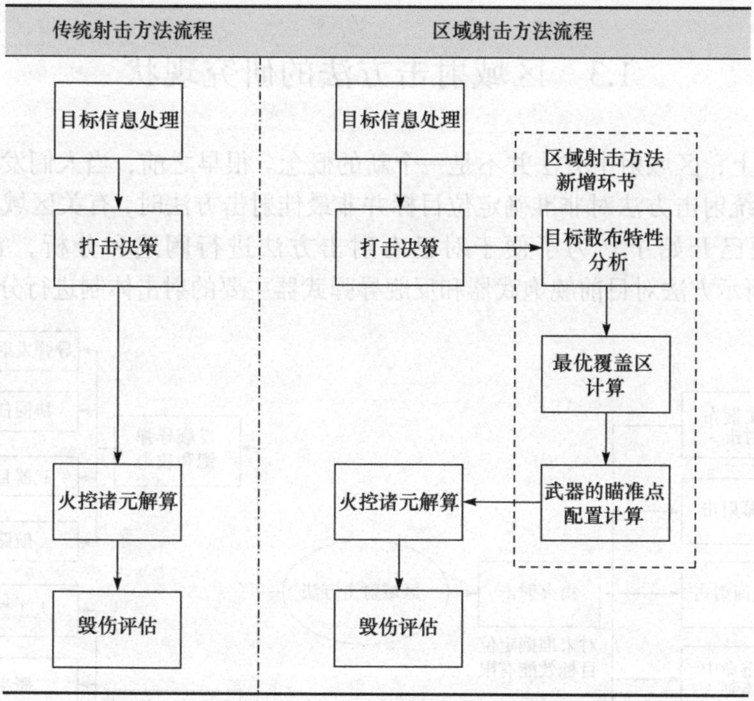

图 1.2.1 区域射击方法与传统射击方法的流程对比

表 1.2.1 典型武器的作战特点及影响其作战效能的主要因素

武器类型	作战特点及影响其作战效能的主要因素
小口径舰炮	目标采用电子干扰、战术机动、超声速突防等方法规避跟踪； 目标在弹道末端加速，缩短小口径舰炮开火时间； 为把握战机，需要对未准确定位的目标开火
大口径舰炮	采用首群覆盖能够提高打击的突然性、猛烈性； 对易机动、易变化目标进行射击时，若没有合理的射击策略与射击方法，将难以达到预定的毁伤效能
反舰导弹	超视距定位精度较低，目标在导弹飞行时间内可能移动，导弹存在弹道误差； 反舰导弹在到达目标区域后可能错失目标
悬浮子弹药	通过自身的传感器探测并应对来袭空中目标，为舰艇提供“被动式”的低空防御 来袭空中目标具有难预警、难探测的特点，目标信息不完整
巡飞弹药	长时间巡弋飞行，提供打击、通信、中继、目指等功能； 需要部署于信息条件复杂的作战区域中
悬浮式深弹/鱼雷	水下声环境复杂、定位误差较大、信息滞后严重； 在恶劣的水下声环境中估计目标的方位与距离有较大难度

1.3 区域射击方法的研究现状

事实上，区域射击方法并不是一个新的概念。很早之前，当人们发现集火射击这一传统射击方法对非准确定位目标并非最佳射击方法时，有关区域射击的雏形研究便已开始了。为了便于对已有射击方法进行阐述和分析，首先利用图 1.3.1 所示方法对目前舰炮武器和反舰导弹武器主要的射击体制进行分类说明。

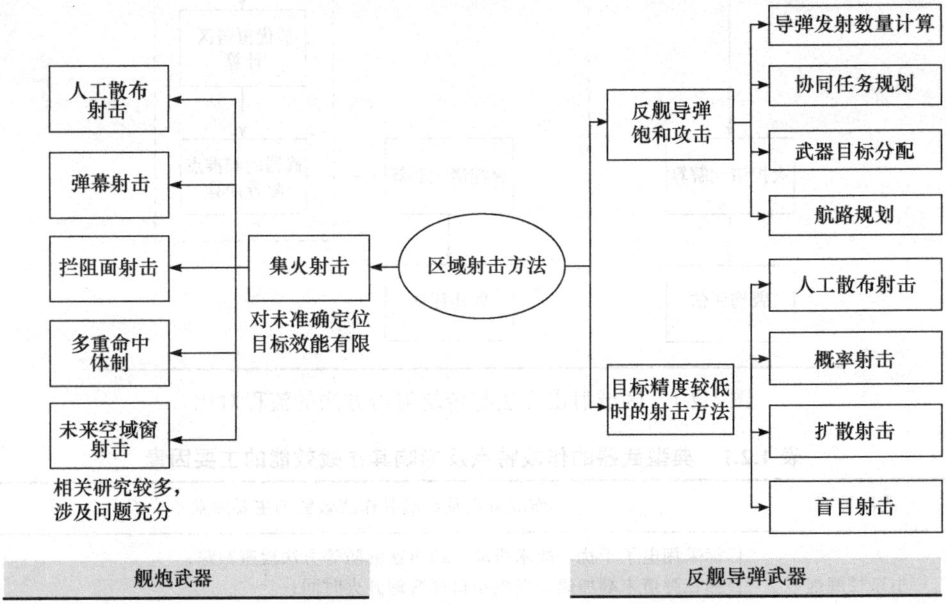

图 1.3.1 舰炮武器与反舰导弹武器的区域射击研究现状

1.3.1 舰炮武器区域射击方法研究现状

1) 集火射击

集火射击是舰炮武器的传统射击方法，在集火射击体制下，舰炮始终向目标提前点射击，因而当目标提前点估计不准确时，可能导致发射的炮弹全部偏离真实目标而造成毁伤概率受限。当目标提前点估计不准确时，目标表现为一个散布区域。为解决这一问题，学者提出通过在目标散布区域人工配置舰炮瞄准点以提高毁伤概率的方法，如人工散布射击方法。

2) 人工散布射击

人工散布射击的研究可以追溯至 20 世纪 80 年代，Ha 在 1983 年提出了人工散布射击的概念[1]，针对精确定位目标(target of known location)、未精确定位点目标(point target of unknown location)及区域目标(area target)提出了不同的射击方案。对于精确定位目标，由于目标位置已知，在任何情况下，瞄准目标射击可以得到最大的毁伤效能；对于未精确定位点目标，集火射击并不是最优的方案，通过人工设置齐射(salvo fire)时的瞄准点可以提高对目标的毁伤概率；对于区域目标，其元素可能服从均匀分布或正态分布，在这两种分布情况下，多门舰炮齐射时，不仅需要瞄准区域中心，也需要人工配置偏离中心的瞄准点以提高毁伤效能。人工散布射击的概念虽然有利于进一步认识射击方式对毁伤概率的影响，但对于人工散布时瞄准点的配置，即偏离散布中心的瞄准点应当布置在什么位置，仍然没有直接的求解。

受到人工散布射击这一概念的启发，同时面临着来自先进反舰武器的威胁，国内外学者试图从射击体制的角度进行创新，先后提出了弹幕射击体制、多重命中体制、拦阻面射击体制、未来空域窗射击体制等。

3) 弹幕射击

在弹幕射击方面，“金属风暴”、高射速小口径炮等武器都具备实施弹幕射击的硬件基础，现有研究主要讨论基于这些武器实施弹幕射击的效能。文献[2]研究了超高射频弹幕武器系统的射击效能，认为要实施弹幕射击，应当考虑三个因素，即弹幕散布窗口内弹丸的散布概率密度、弹幕散布窗口的面积及弹幕散布的均匀度，并且分析了在弹幕射击的均匀度、弹幕半径与单发概率密度变化的情况下，对目标的拦截概率。文献[3]研究了舰炮的人工弹幕反导射击效力，建立了人工弹幕射击的误差分析模型，并给出了舰炮人工弹幕反导射击效力的计算方法，以小口径舰炮为例，与集火射击方法进行对比，对典型的六种机动导弹目标进行了射击效力仿真，认为人工弹幕射击能够在一定程度上提高舰炮反导射击效能。文献[4]讨论了金属风暴武器的射速与命中概率的关系，建立了射速与命中概率的关系模型，为后续研究提供了一定的支撑。可以说，利用“金属风暴”、高射速小口径炮的射速优势，在空中布置一定的弹幕，与集火射击构成方法互补，的确能够提高对空拦截概率。然而，弹幕射击作为区域射击方式的一种雏形，一般作为一种备选的射击方案。这是因为相关研究大部分处于概念性描述的阶段，缺少关于弹幕射击的定量化、体系化研究，因而缺少系统性的弹幕射击方案制定、参数解算、效能评估模型。

4) 拦阻面射击

拦阻面射击体制用于减轻火炮对空拦截过程中目标跟踪的负担，其基本思想是始终以目标航路上满足一定条件的点作为命中点进行射击，当目标到达这些位置时才进行火炮射击拦截。根据这种射击方法的基本思想，其工程实现有多重途径，但是最普遍的是通过多重命中体制实现拦阻面射击。文献[7]讨论了拦阻面射击模式下的多重命中体制，并且进行了对空拦截的毁伤概率仿真计算，结果对近程反导武器的发展提供了一定理论依据。拦阻面射击的核心是判断哪些点可以作为合适的目标提前点，文献[8]针对拦阻面射击的配置问题进行了研究，建立了拦阻概率计算模型，通过最优化拦阻概率解算得到拦阻面射击的最佳布置位置，并给出了拦阻面射击布置的流程。除了通过多重射击体制实现外，“金属风暴”武器在理论上也能够实现拦阻面射击，文献[9]研究了“金属风暴”武器进行拦阻射击时弹丸分布密度与毁伤概率的关系，建立了相应的模型，并进行了仿真分析。拦阻面射击为火炮武器的反导射击方法提供了一种思路，这种射击方法的提出是为了解决火炮武器对未准确定位空中目标的射击效能不足，但是当目标未准确定位时，如何根据存在较大误差的目标运动要素分析合适的目标提前点，本身就是一个较为复杂的问题，建立在这一具有挑战性问题的基础上，拦阻面射击还需要进行较为深入的研究。

5) 多重命中体制

多重命中体制是一种通过改变弹丸初速，使发射的弹丸序列在目标航路上同时到达某一点的射击体制。弹丸序列可以同时到达目标提前点，因此能够有效降低因目标运动状态估计不准确对毁伤效能造成的不利影响。在实施多重命中体制时，需要事先为舰炮设计一套减装药系列炮弹，并且按照装药量由少到多的顺序进行装填，以实现先发射慢初速炮弹，后发射快初速炮弹，形成弹丸序列同时到达某一位置的目的。文献[5]研究了通过底部排气弹实现多重命中体制的方法，其目的是在常规高炮的拦阻面射击过程中实现多重命中。固定、多级分号装药、次序发射导致高炮无法在任意选定的时刻实现同时命中，因此该研究通过控制底排的延时点火时间，使弹头的飞行时间曲线满足多重命中条件，通过仿真计算，该文献认为基于底排的多重命中具有一定的可实现性，有较好的工程应用前景。文献[6]关于多重命中体制进行了较为深入的研究，通过对多重命中体制进行理论分析，研究了其理论依据、公式的推导及多重命中体制下的毁伤概率计算模型，建立了较为系统的多重命中射击体系，为进一步改善高炮火控系统提供了依据与参考。可见，在理论上多重命中体制能够控制多发弹丸的同时到达，实现对目标的覆盖。然而，多重命中体制的实现需要特殊的弹药，在硬件条件上限制了这种射击方法的推广与应用。

综上，无论是弹幕射击体制、多重命中体制还是拦阻面射击体制，虽然在基本思想上能够提高火炮对未准确定位目标的毁伤概率，并且具有启发性的意义及一定的工程可行性，但是这些射击体制还需要进一步、定量化、系统化的研究，这些射击体制的相关研究一直处于热门研究的边缘，受到的关注与热度并不是很高。相比之下，未来空域窗射击体制自提出以来就建立在较为严谨的数学模型基础上，并且后续研究在数量与广度上均有较好的延伸。

6) 未来空域窗射击

未来空域窗射击[10]通过人工调整武器的射击瞄准点，使弹头散布按照一定的散布密度分布于目标附近,覆盖目标区域,达到提升毁伤目标概率的效果。

未来空域窗射击体制由国内学者提出,最早的研究始于20世纪90年代[10],相关学者认为火炮武器对于拦截末端空中目标具有天然的优势,但是末端目标具有较强的机动能力，估计目标航路从而得到目标提前点较为困难，因此可以在目标预测未来点附近布设一个未来空域窗，火炮向该窗内射击，使窗内的弹丸密度达到一定程度，不管目标机动如何剧烈，都可以保证对该空域窗的覆盖射击，从而提高了对未准确定位目标的毁伤概率。文献[10]建立了一种未来空域窗射击模型，提出了以弹头散布密度最均匀为指标的瞄准点布设准则，并给出了相应的瞄准点位置求解方法，通过后续算例，比较了未来空域窗射击与集火射击的毁伤概率,结果说明未来空域窗射击的确能够有效提升对未准确定位目标的毁伤概率。

以文献[10]中的理论模型为基础，文献[11]进行了进一步的研究，引入了随机穿越理论，分析了未来空域窗的参数优化公式，对未来空域窗的位置、形状、方向进行了论证。通过引入随机穿越理论，对未来空域窗的分析变得更为透彻与深入。文献[12]研究了未来空域窗射击中的随机穿越特征量的实现，将随机穿越特征量的要求转化为对目标运动特性的估计要求,并通过对目标运动的建模，通过已有方法对目标的运动特性进行估计，以得到随机穿越特征量。在未来空域窗射击的随机穿越及相关参数的研究中，文献[13]出于将未来空域窗射击理论应用于小口径速射舰炮反导防空作战中的目的,提出了一个新的未来空域窗评价指标，完善了未来空域窗描述体系，解决了随机穿越频率中关键变量的求解问题,通过该文献的方法，能够得到适用于舰艇防空反导的未来空域窗弹丸散布中心配置方式。

在文献[10]与文献[11]的基础上，有不少研究分析了未来空域窗的饱和射击问题。饱和射击，即通过配置射击瞄准点或控制弹丸的到达时间，使特定空域中的弹丸散布密度达到饱和，从而充分地覆盖目标可能出现的区域。文献[14]分析了火炮对空中目标采用未来空域窗射击方法的饱和射击，认为如果对快速机动目标存在时间预测误差，仍然可以采用未来空域窗射击，此时需要布设多个未来空域窗，从而实现饱和射击。这种饱和射击、多重未来空域窗射击的方法启发了后续研究。以未来空域窗射击方法为基础，文献[15]讨论了目标机动更为恶劣情况下的对空拦截射击过程，提出了多未来空域窗射击方法。该研究通过建立多个目标跟踪滤波模型，采用不同的目标机动假设，用以预测多个目标未来点。以这些目标未来点为基础，在空域中布置多个未来空域窗，以进一步提高对强机动目标的拦截概率。

后续关于未来空域窗的研究主要集中在三个方面,即未来空域窗的参数配置及求解、未来空域窗的射击效能分析及未来空域窗的工程应用。

在未来空域窗的参数配置及求解方面,未来空域窗的一个关键配置参数是弹丸的散布密度,即弹头散布密度。文献[16]针对弹头散布密度进行了研究,提出了一种求解弹头散布均匀度的分布估计算法,之后给出了一种变焦算法用来提高分布估计算法的搜索效率及精度,通过仿真计算验证了方法的收敛性,结论认为这种方法具有工程应用前景。除此之外,弹丸的散布中心配置也是未来空域窗射击中需要考虑的一个问题。文献[17]分析了未来空域窗的方法思路,提出了一种新的弹丸散布中心配置方法,即散布角均分法,该方法的基本原理是任意两个相邻的弹丸散布中心夹角相等,而非以往的在每个散布中心圆上进行单独的均匀分布,同时还提出了一种修正的未来空域窗半径计算公式,提高了计算精度,通过仿真计算,证明了散布角均分法的有效性,并且相应地扩大了未来空域窗的有效作用面积。

在未来空域窗的射击效能分析方面,文献[18]采用蒙特卡罗法进行未来空域窗的射击命中概率研究,以目标蛇形机动为例,对未来空域窗内概率密度分布及不同目标距离、不同机动特性、不同射击参数下的命中概率进行了仿真,以验证、评估未来空域窗射击方法。文献[19]采用了毁伤概率的解析模型,对六种采用典型机动模式的目标进行了毁伤概率仿真,验证了未来空域窗对小型化、强机动目标的拦截效能优势。文献[20]研究了未来空域窗毁伤概率的解析计算模型,由于在未来空域窗射击中需要动态、实时地根据目标机动幅度调整未来空域窗的大小,作为进行未来空域窗瞄准点配置的关键指标,毁伤概率的计算对于整个射击过程至关重要。该研究在分析未来空域窗射击误差的基础上,演绎了均匀分布法与高斯和法两种毁伤概率的解析计算模型,并且与蒙特卡罗法得到的毁伤概率进行对比,提出了满足实时性、动态性要求的毁伤概率在线评估模型。文献[21]重点研究了小口径舰炮采用未来空域窗的射击效能分析问题,通过构造未来空域窗,比较不同射击误差下的未来空域窗半径及毁伤概率,得到了射击误差(协方差)及未来空域窗半径的关系。文献[22]主要分析了射击过程中的各种误差对未来空域窗毁伤概率的影响,将射击诸元误差进行分解,并对射击诸元误差的各个分量进行了相关性与重复性分析,给出了基于蒙特卡罗法的毁伤概率计算方法,计算了不同射击误差分量取值时的未来空域窗射击毁伤概率,并验证了未来空域窗射击相比于集火射击的优势。文献[23]是关于未来空域窗毁伤概率分析的综合研究,通过全面理清火炮对空中强机动目标的未来空域窗射击过程,分析了包括目标运动模型构建、目标运动要素估计、未来空域窗构造与射击参数配置、毁伤概率计算在内的未来空域窗射击主要环节,为未来空域窗的工程应用提供了有益的参考。

在未来空域窗的工程应用方面，文献[24]提出通过“金属风暴”武器实现未来空域窗射击，基于未来空域窗饱和射击理论及相关概念，结合“金属风暴”武器的技术特点，该研究通过仿真计算分析了未来空域窗射击体制对于武器的精度要求，认为未来空域窗射击体制对于火炮的发射率要求较高，而采用“金属风暴”武器则可以降低实现的难度。而文献[25]则从现有的近距离武器系统(close-in weapon system，CIWS)武器出发，分析了影响未来空域窗射击效力的主要因素，以及这些因素之间的相互关系，针对 CIWS 武器提出了未来空域窗的配置、设计方法。文献[26]具体分析了未来空域窗射击体制下的高炮对抗反辐射导弹的作战过程，提出了高炮抗击反辐射导弹的单层未来空域窗指标论证模型，对未来空域窗的弹丸散布密度、武器射速进行了分析，通过仿真计算验证了方法与模型的合理性，并针对具体问题给出了建议。文献[27]是关于未来空域窗应用相关技术的综合性研究，研究了包括未来空域窗饱和射击、未来空域窗的设计方法、未来空域窗的解命中问题的未来空域窗射击主要步骤，为未来空域窗的工程应用打下了坚实的基础。

文献[10]及后续的大量研究中采用的未来空域窗瞄准点配置方法，都是以弹丸密度最均匀作为优化指标进行配置求解及毁伤概率分析的。然而，实际情况下，由于目标的误差特性存在差异，当目标散布情况的概率分布特征不同时，以弹丸密度最均匀作为指标显然并不等同于毁伤概率最优。最近的研究注意到了这个问题，并且进行了一定的改进，如文献[28]与文献[29]就是以毁伤概率作为指标进行未来空域窗射击的研究。

综合现有研究可以看出，以文献[10]与文献[11]为基础的众多研究涉及了未来空域窗射击的参数配置、效能分析、工程应用等主要问题，并且点明了采用未来空域窗射击时需要注意的重点环节。这些研究建立在一个可以进一步完善的基础上，即以射弹散布在空域窗内分布最均匀(最平坦)作为指标，对射击瞄准点进行求解，而非以毁伤概率(拦截概率)作为指标，因此在毁伤概率方面并不是一种可控散布射击的最优方案。

1.3.2　反舰导弹武器区域射击方法研究现状

反舰导弹能够在发射后搜捕并导引攻击目标，是一种典型的具有末制导搜索能力的武器。反舰导弹作战使用符合区域射击的概念，其研究在具有末制导搜索能力武器的区域射击研究中热度较高、文献较多，因此首先对反舰导弹武器的区域射击方法研究现状进行介绍。

1) 反舰导弹饱和攻击

为保证发射平台的安全，反舰导弹一般采用超视距攻击的方式。目前，各国海军主流的反舰导弹射程均可以满足超视距攻击的要求。当反舰导弹采用超视距攻击方式时，对于反舰导弹的引导有很大的可能处于较低的精度，为提升打击效果，反舰导弹的超视距攻击总是与饱和攻击结合使用。

在饱和攻击的概念与内涵方面，文献[30]对反舰导弹饱和攻击问题进行了详尽的分析，认为确定攻击目标、导弹发射数量、协同任务规划等问题是反舰导弹饱和攻击问题中的主要子问题，而任务规划则是解决问题的关键。

文献[31]针对多平台反舰导弹饱和攻击的协同规划问题，基于作战任务规划理论，划分了舰艇编队协同任务层次，并确定协同任务指标，给出协同约束条件，基于这一条件，建立了多平台反舰导弹饱和攻击协同任务分配模型与反舰导弹时间、空间和频率协同模型，用于多平台反舰导弹饱和攻击的组织实施。文献[32]研究了反舰导弹饱和攻击时所需发射导弹数量的求解问题，针对现有方法的不足，给出了命中概率随导弹发射数量变化的一种动态计算方法，以此为基础，得到计算反舰导弹饱和攻击所需发射导弹数量的一种方法。文献[33]研究了饱和攻击中的多目标火力分配决策问题，根据饱和攻击的战术指导思想，从分析反舰导弹火力攻击任务约束、最优火力分配准则及多平台协同攻击的角度出发，建立了目标分配优化模型，并将火力分配目标决策与航路规划决策过程相结合，提出了一种多发射平台、多约束下对目标实施饱和攻击的分配实施方法。文献[34]研究了再入反舰导弹饱和攻击突防中的最优弹道制定问题，从再入反舰导弹再入及应用约束条件分析出发，根据问题特点选择了弹道优化方法及相应软件，并提出一种优化策略，用于解决再入反舰导弹的攻击事件控制和攻击角度联合控制的多约束条件协同优化问题。

除了协同规划外，现有关于反舰导弹饱和攻击的研究，主要落在给定自控终点、攻击角等条件下的反舰导弹航路规划问题上。文献[35]总结了近年来反舰导弹航路规划问题的研究进展，回顾了用于反舰导弹航路规划的经典方法，分析了目前的研究现状，并总结了反舰导弹航路规划中的关键问题，对于后续研究有较好的指导意义。文献[36]研究了采用多方向饱和攻击的反舰导弹航路规划问题，根据反舰导弹航路规划的基本约束条件，建立了以自控飞行距离最短为目标的航路规划问题，并且给出了一种快速构造各反舰导弹航路的求解方法。文献[37]通过多种智能算法解决反舰导弹的航路规划问题，通过建立反舰导弹航路规划的数学模型，并结合两种主要的智能算法，即遗传算法与蚁群算法，进行反舰导弹航路规划问题的求解。文献[38]提出了一种用于反舰导弹航路规划的作战区域限制极性递归拓展-多属性模糊优化(operational area restriction polar extending recursively-multi attribute fuzzy optimization, OARPER-MAFO)算法，考虑了问题的几何分析特性，定量地描述了反舰导弹航路规划空间，并通过集合论定义了以往的反舰导弹航路规划问题，研究考虑了航路运行限制、障碍规避，基于 OARPER-MAFO 算法求解得到了所需的规划航路。文献[39]

提出了反舰导弹航路规划的快速搜索算法，用于解决现有方法得到的航路与反舰导弹航路特点相差过大而无法直接应用的问题。研究针对反舰导弹的航路规划特点，提出一种快速搜索算法，在航路规划问题空间的基础上引入任务空间的概念，通过在任务空间中快速搜索通行障碍的方法来最大限度地缩小搜索区域，并通过动态节点规划的方法搜索到最优航路。

除此之外，结合姿态控制的反舰导弹航路规划、协同制导等问题也是研究的热点。文献[40]针对反舰导弹的航路规划与姿态控制问题进行了系统性的研究，该文献认为饱和攻击中需要解决的主要问题就是航路规划问题，虽然传统的航路规划(针对其他平台)问题已经有较为丰富的成果，但是反舰导弹饱和攻击具有自身的特点与难点，因此需要开展专门的研究与设计。研究的主要内容包括对静止和运动目标进行有效打击的航路规划、对反舰导弹饱和攻击事件冗余的调整策略、静不稳定反舰导弹控制性能的约束分析及静不稳定反舰导弹传统姿态控制的动态性能分析。文献[41]研究了饱和攻击中多枚反舰导弹的协同制导问题，通过分析影响时间对于多反舰导弹协同的影响，提出了一种基于比例导引的反舰导弹协同制导方法，这种方法将相关影响时间作为一种反馈信息，对多反舰导弹进行协同制导控制，能够将多反舰导弹的时间差控制在给定的范围内。

可见，现有研究主要集中在反舰导弹饱和攻击问题中的协同规划、所需导弹数量求解、航路规划等问题上，而上述问题的解决，离不开反舰导弹饱和攻击中的导弹射击瞄准点配置问题，因此有必要针对这一问题进行专项研究。

2) 目标精度较低时的射击方法

高技术条件下的战争中，目标精度有时难以保证，因此过分地追求高精度或保精度的射击方法，可能降低反舰导弹武器系统的快速反应能力，同时也违背了“先敌发射”、“先敌命中”的战术运用原则。基于这一原因，大量研究针对反舰导弹在目标精度较低时的作战使用，提出了相应的射击方法，这些方法包括导弹瞄准点的人工散布射击方法、按目标方位的导弹射击方法、对目标现在点的导弹射击方法、概率射击、扩散射击、盲目射击等。

文献[42]研究了反舰导弹武器在目标精度较低时的射击方法，主要包括导弹瞄准点的人工散布射击方法、按目标方位的导弹射击方法、对目标现在点的导弹射击方法。其中，导弹瞄准点的人工散布射击方法使每发导弹的射击瞄准点在方向上人为地偏移目标散布中心某一位置或某一角度，从而形成一个较大的射击扇面，以提高至少一发导弹的捕捉概率；按目标方位的导弹射击方法适用于目标方位已知而距离信息精度较低的情况，为赢得时间尽快发射导弹，同时提高导弹攻击的隐蔽性、突然性及发射平台的生存概率，可以采用按目标方位的导弹射击方法；对目标现在点的导弹射击方法与向目标“前置点”的射击方法相反，适用于已知目标方位信息而没有目标距离信息的情况。通过分析这些射击方法的可行性，总结了不同射击方法的适用条件并提出了一些建议。

文献[43]研究了超视距反舰导弹的射击方式，针对不同定位精度的目标，总结了定点射击、概略射击、盲目射击、中继制导射击等射击方式。研究认为定点射击主要针对“点域”目标，分为无前置量射击与有前置量射击；概略射击主要针对“线域”目标，分为纯方位射击与概略距离射击；盲目射击主要针对“面域”目标，分为单弹机动搜索区域射击与多弹联合搜索区域覆盖射击；而中继制导射击则是在导弹从发射到命中目标前的时间段内，利用发射平台或其他平台的中继制导设备不断修正弹道的一种射击方式。

文献[44]研究了复杂条件下的反舰导弹扩散射击方式，扩散射击方式通过人工设定多枚反舰导弹的开机搜索点，形成扩散角搜索态势或平行搜索态势，从而通过联合搜捕区搜索目标。通过分析扩散射击的应用特点，文献[44]给出了扩散射击主要参数的确定方法，这些参数包括平行搜索扩散射击导弹横向间距、扩散射击的导弹消耗量、扩散射击的射击瞄准点及扩散射击的导弹发射间隔等。经过仿真分析，验证了扩散射击能够从战术使用上提高单发导弹捕捉概率的结论。

盲目射击是指没有具体目标的射击，反舰导弹在实施盲目射击时，可以依靠其远距离、大扇面的搜索特性，实现对目标活动区域或散布区域的覆盖[45]。俄罗斯海军规定，当目标指示信息时间严重滞后而导致单发导弹搜索区难以覆盖目标散布区域时，可以采用人工配置反舰导弹搜索扇面的射击方法实施导弹攻击，也就是盲目射击。苏联在 20 世纪 70 年代研制出具有盲目射击功能的 SS-N-19 反舰导弹。在盲目射击的概念下，普通反舰导弹可以采用单弹自主搜索攻击或多弹区域覆盖攻击方式，而具有领-从弹攻击方式的反舰导弹则可以采用单领弹自主攻击搜索攻击或多领弹联合搜索攻击方式。由于不需要精确的目标位置信息与运动信息，而只需要确定目标散布区域即可实施导弹攻击，盲目射击对于引导信息的要求相比于传统方法较低，并且可以提高反舰导弹的应用范围。一般而言，盲目射击的实施需要两个主要步骤，即获取目标信息及正确组织导弹发射[46]。

国内关于反舰导弹盲目射击的研究较多，先后有关于无航路规划能力反舰导弹的盲目射击研究、带航路规划能力反舰导弹的盲目射击研究。在无航路规划能力反舰导弹的盲目射击问题中，文献[47]基于无航路规划反舰导弹的水平弹道近似计算方法，推导得到针对目标散布区域大小不同时的反舰导弹射击瞄准点配置方案及计算方法，即当攻击方反舰导弹数量较少或目标散布区域较小时，所有的反舰导弹应当向目标的散布中心射击；当目标散布区域较大，即目标位置不确定性较强时，则应当将反舰导弹平均分配至多个射击瞄准点；当目标散布区域呈现圆形时，反舰导弹的攻击方向将不对打击效果产生影响。在带航路规划能力反舰导弹的盲目射击问题中，文献[48]充分结合了反舰导弹的航路规划能力，将研究重点聚焦于反舰导弹盲目射击中的射击瞄准点优化、计算及分配方面，通过研究目标散布区域大小对综合打击效能的影响，建立了射击瞄准点计算模型及打击效能计算模型。文献[49]研究了多枚反舰导弹对区域目标的覆盖平行搜索问题，建立了捕捉概率模型，并通过仿真计算求解得到了最优的平行搜索瞄准点配置，为反舰导弹盲目射击中的配置问题提供了方法参考。

综上，现有适用于目标精度较低时的射击方法在进行射击参数配置过程中存在共同的特点，包括分析目标散布特性、配置多枚反舰导弹的射击参数(特别是瞄准点配置参数)等。因此，可以从这些共性入手，建立更为通用、标准化的模型。

1.3.3　其他武器区域射击方法研究现状

1) 鱼/水雷区域射击研究现状

在鱼/水雷武器的作战过程中，受探测手段与环境因素的限制，难以得到潜艇的准确位置与运动状态；同时，在探测过程中，水面舰艇产生的噪声可能暴露攻击意图，从而提高潜艇机动规避的可能性。这种情况下，自导鱼雷一般对目标的机动区域进行射击，即通过对潜艇运动特征的分析，在有限的情报支持下推测潜艇的运动区域是可行的。然而，鱼雷发射后，能否搜捕到目标则变为随机事件，反潜作战效能难以保证。如果对潜艇的运动区域进行详细分析，结合鱼雷的搜索特性，优化鱼雷的发射参数，在理论上可以提高命中潜艇的概率。

目前，在自导鱼雷的区域射击问题中，文献[50]研究了当只能确定目标初始位置与运动方向时，如何设置自导鱼雷的发射参数以达到最优反潜效能的问题，提出了适用于打击中、近距离固定航向潜艇的区域射击方法。事实上，由于水下目标的声特性复杂，对于潜艇目标的跟踪一直无法达到对空中目标的跟踪精度，“集火射击”的概念对于鱼雷、水雷的作战使用一般效能有限，因而水下兵器的攻击对象也可以看成目标散布区域，同样可以应用区域射击的相关理论与方法。

除了自导鱼雷，助飞鱼雷、火箭上浮水雷的区域射击方法也是鱼雷射击方法的研究焦点。在助飞鱼雷的区域射击问题中，文献[51]通过结合助飞鱼雷的技术特点，提出包括水面舰艇、直升机的综合探测平台，提供更为全面的水下目标信息，对已发射的鱼雷进行实时指令修正的一种机动区域射击方法。而在火箭上浮水雷的区域射击方法问题中，文献[52]通过将水雷攻击区域划分为若干个子区域，以子区域半径描述目标区域特征，并以目标正横距离作为点火判据，对火箭上浮水雷的攻击弹道进行优化，以提高综合作战效能。可见，在助飞鱼雷、火箭上浮水雷的区域射击研究中，现有方法也倾向于建立完整的目标散布区域，或结合各种探测手段优化对目标散布区域的描述，以实现区域射击。

2) 悬浮子弹药/悬浮式深弹的区域射击

悬浮子弹药与悬浮式深弹的作战理念相似[53]，都是通过多个悬停于空中、水下的子弹药/深弹构成密集的防御网，凭借传感器探测来袭反舰导弹/鱼雷，并进行防御的武器。与防空导弹、中/小口径舰炮等“主动式”防御武器不同，悬浮子弹药/悬浮式深弹是一种“被动式”防御武器，能够显著拓展舰艇的自防御距离，从而提升舰艇的安全系数。

国外关于悬浮子弹药的研究较早，可以追溯至20世纪60年代，我国的起步较晚，于20世纪90年代开始研究。目前的研究还主要集中于悬浮子弹药的机械结构、动力系统、毁伤机理等方面，而关于作战使用、射击方法的研究较少。在毁伤机理上，现有研究普遍认为采用子母弹式的间接命中体制能够较大限度地发挥悬浮子弹药的优势。随着其技术的不断成熟，悬浮子弹药的战术使用、射击方法问题必然会成为研究的重点。而其中的核心问题，包括应当在什么区域布设悬浮子弹药，应该以怎样的密度布设悬浮子弹药等，都属于区域射击方法的研究范畴。

悬浮式深弹是一种较为成熟的武器，相关的战术应用、射击方法的研究较多。文献[54]分析了悬浮式深弹拦截鱼雷作战中的射击区域问题，提出了相应的射击区及杀伤区的概念，用于确定拦截鱼雷的方向判别条件及射距判别条件。文献[55]研究了舰艇平台通过悬浮式深弹对抗声自导鱼雷的规避策略，舰艇通过在声自导鱼雷航路上布设悬浮式深弹，同时自身进行一定的规避以对抗声自导鱼雷。文献[56]综合了相遇三角形、尾追弹道的分析方法，建立了数学模型，用于估计来袭鱼雷的攻击弹道，并计算悬浮式深弹对来袭鱼雷的拦截概率。现有研究在分析悬浮式深弹对抗来袭鱼雷时，都不可避免地需要估计来袭鱼雷的航向、航速信息，进而得到来袭鱼雷的航路。由于水下声环境复杂，跟踪定位误差较大，如何在这种恶劣的信息条件下建立目标散布区域模型影响了悬浮式深弹的布设、舰艇的规避策略等；另外，在得到目标散布区域后，如何结合悬浮式深弹的投放误差、杀伤半径等优化悬浮式深弹的布设配置也直接影响了对抗来袭鱼雷的作战效能。

3) 无人作战平台的区域射击

近年来，无人平台技术的不断成熟使未来无人作战平台的应用成为可能，因而无人作战平台的作战使用成为研究的热点，现有研究主要集中于无人作战平台的航路规划(路径规划)问题，由于缺少实战化应用的无人作战平台系统，关于无人作战平台的作战指挥、军事需求等研究还停留在概念性描述的阶段。然而，无人作战平台在未知环境或恶劣信息条件下执行作战任务时，不可避免地需要处理战场信息获取，以及后续的路径规划问题，现有研究为这些应用提供了一定的方法参考。

在无人作战平台的作战使用、指挥控制方面，文献[57]分析了无人作战平台能够在复杂环境中执行的任务，包括情报监视与侦查、目标攻击、通信中继和电子干扰，并针对智能控制方面，重点讨论了无人作战平台的指挥控制关键技术，并表明了当前技术解决方案的局限性。文献[58]主要对地面无人作战平台武器系统技术进行了分析与展望，通过分析地面无人作战平台的作战需求、适用范围和相关技术，提出平台武器系统的发展方向，并从控制流程出发讨论了以链式炮为武器的地面无人作战平台武器系统总体方案设想。这些研究从顶层对无人作战平台的作战使用，尤其是恶劣信息条件下的作战应用进行了构想与展望，对于后续区域射击概念及方法在无人作战平台中的应用起到了指导性作用。

在无人作战平台路径规划方面，无人作战平台与区域射击方法的共同特征就是需要在恶劣信息条件、未知环境下处理武器或平台的应用问题。在区域射击方法中，这一问题表现为计算目标散布区域，并解算武器射击瞄准点；而对于作战过程高度动态的无人作战平台，这一问题则表现为恶劣信息条件、未知环境或信息不断更新条件下的路径规划问题。文献[59]分析了受限采样进化算法(constrained sampling evolutionary algorithm)在无人机搜索与营救任务中的应用，研究了无人机在复杂、噪声环境下的多模型优化问题，研究认为这类问题都可以描述为受限采样问题，从而统一地表述了这一类问题的特征，提出对于这类问题普遍适用的进化算法，并通过仿真验证了该方法在无人机航路规划问题中的优势。文献[60]研究了机器人的路径规划问题，并且考虑了包括路径长度、简洁程度及光滑程度等因素，研究通过聚焦机器人能耗及路径安全性两个指标，对机器人路径规划问题进行了建模，通过提出一种进化算法，取得了较好的路径规划结果。文献[61]针对自主航行水面舰艇的路径规划问题，认为效率及碰撞规避时自主航行水面舰艇路径规划是应当考虑的主要问题，并且在概念上解释并讨论了一种用于自主航行水面舰艇的协同路径规划算法，通过初步的仿真分析验证了算法的有效性，并对下一步的工作指明了方向。文献[62]研究了基于数据库的移动路径规划系统，通过数据库存储路径规划信息及位置信息，可以支持多个移动载具的路径规划，该研究给出了一种基于数据库的路径规划系统，能够为未来多无人作战平台协同作战中的多路径规划等问题提供方法参考。文献[63]研究了不确定信息条件下的动态路径规划问题，描述并设计了一种路径规划系统 RUTA-100，可以在由多个不确定信息源提供的不完整信息条件下进行最优路径规划，其优化指标同时考虑了危险程度及路径的距离，方法主要考虑了两点，一是初始路径规划，二是动态方案执行，因此该方法能够在信息改变时高效调整当前路径规划信息。

在无人作战平台的情报获取方面，文献[64]研究了基于混沌生物地理学(chaotic biogeography-based)的最优算法在无人机情报获取中的应用，通过模板匹配使无人机获得需要的情报，基于模板匹配在视觉导航中的突出能力，该研究结合了模板匹配及基于混沌生物地理学优化算法，可以有效改善模板匹配过程中相似图像匹配的问题。文献[65]对现有无人机协同对地面目标侦察的效能进行了评估，鉴于目前缺少在理论与实践上能够评估多无人机协同侦察效能的模型，该研究量化了多无人机相比于单无人机在执行地面目标侦察任务中的优势，并通过仿真计算验证了多无人机协同相比于单无人机系统的优势。文献[66]分析了无人作战平台的关键因素及概念配置，对无人作战平台攻击任务的特点进行了分析，基于多种主要无人作战平台的性能参数，给出了执行作战任务时无人作战平台的起飞重量等参数，并对这些参数进行了优化，可以提高无人作战平台的作战性能、隐蔽性。文献[67]研究了多无人机的搜索问题，基于结合期望观测的降梯度协同方法，给出了带有自主传感器的多无人机编队在不确定环境中搜寻丢失目标的方法，通过降梯度方法给出了一种优化控制策略，考虑了期望观测的影响，因而在进行决策时可以依据全局环境给出的信息，通过仿真计算，验证采用期望观测后多无人机协同搜索的优势。

综上，现有关于无人作战平台的路径规划及情报获取方面的研究，能够为未来多个无人作战平台在位置环境或恶劣信息条件下的作战使用提供理论支撑与方法参考，而无人机在这些条件下的作战使用与区域射击方法的概念及内涵高度一致，相关研究也能够为区域射击方法的充实与拓展提供思路。

可见，上述武器在信息保障较为恶劣，应对概略目标、低精度目标、高时滞目标等目标时，为充分发挥其自主搜索、打击能力，在射击准备与打击过程中都需要几个关键的步骤：①在目标、战场态势信息不完全的情况下估计目标散布区域；②根据目标散布区域与武器搜索能力配置射击瞄准点、布设区域、布设密度、航路或弹道等。因此，上述武器的作战应用也能结合区域射击方法，满足恶劣信息条件下的作战任务要求。

1.4　全书内容安排

本书对舰载武器区域射击方法展开研究，根据武器作用机理的不同，将武器分为无末端制导碰炸毁伤型武器(如传统舰炮)和有末端制导或自控能力的武器(如导弹、鱼雷、悬浮式深弹、巡飞弹、无人作战平台等)，并分别提出相应的区域射击方法。为武器应对概略目标、低精度目标、高时滞目标等目标，或突发情况下的作战使用、战术决策及火控方案拟制提供合理的方法支撑与参考。

全书总体结构如图 1.4.1 所示，第 2 章、第 3 章研究碰炸毁伤型武器的最优未来空域窗射击方法，第 4 章、第 5 章研究具有末制导搜索能力武器的区域射击，其中：

第 1 章为绪论，主要介绍区域射击方法的研究背景，基于研究背景提出区域射击的概念与内涵，并从舰炮武器的区域射击、反舰导弹武器的区域射击及其他武器的区域射击三个方面介绍了区域射击方法的国内外研究现状。

第 2 章为最优未来空域窗模型，主要构建最优未来空域窗射击的基本模型，包括最优未来空域窗毁伤概率模型、最优未来空域窗射击的实施条件模型及考虑目标速度误差的射击毁伤概率模型，通过这些模型支撑最优未来空域窗射击方法的配置求解模型以及进一步的射击流程拟制。

第 3 章为最优未来空域窗配置求解与射击流程，基于第 2 章的基本模型，提出最优未来空域窗的瞄准点配置方法、瞄准点配置求解方法、多未来空域窗的配置求解方法，最后给出最优未来空域窗对面射击流程及多未来空域窗对空射击流程。

第 4 章为具有末制导搜索能力武器的区域射击模型，主要构建具有末制导搜索能力武器的区域射击的基本模型，根据武器对目标的打击特点，将模型分为目标一维正态分布、目标一维均匀分布、目标一维任意分布、目标二维正态分布、目标二维均匀分布五种情况，分别建立具有末制导搜索能力武器的区域射击毁伤概率模型，最后分析异类武器的区域射击模型。

第 5 章为具有末制导搜索能力武器的区域射击配置求解与射击流程，基于第 4 章的模型，提出具有末制导搜索能力武器的区域射击瞄准点配置求解方法、基于预定毁伤概率的武器数量求解方法，最终给出具有末制导搜索能力武器的区域射击流程。

第 6 章以舰炮武器为例，介绍区域射击方法在舰炮武器中的应用，以高射速小口径舰炮对空射击和舰炮对岸打击为例，介绍区域射击方法在舰炮反导和舰炮对岸射击表尺分配中的应用。

第 7 章以反舰导弹武器为例，介绍区域射击方法在反舰导弹武器中的应用，以超视距反舰导弹的区域射击为例，对反舰导弹目标散布区域特性和多弹区域覆盖射击方法进行研究，提出多弹区域覆盖射击的组织实施流程。

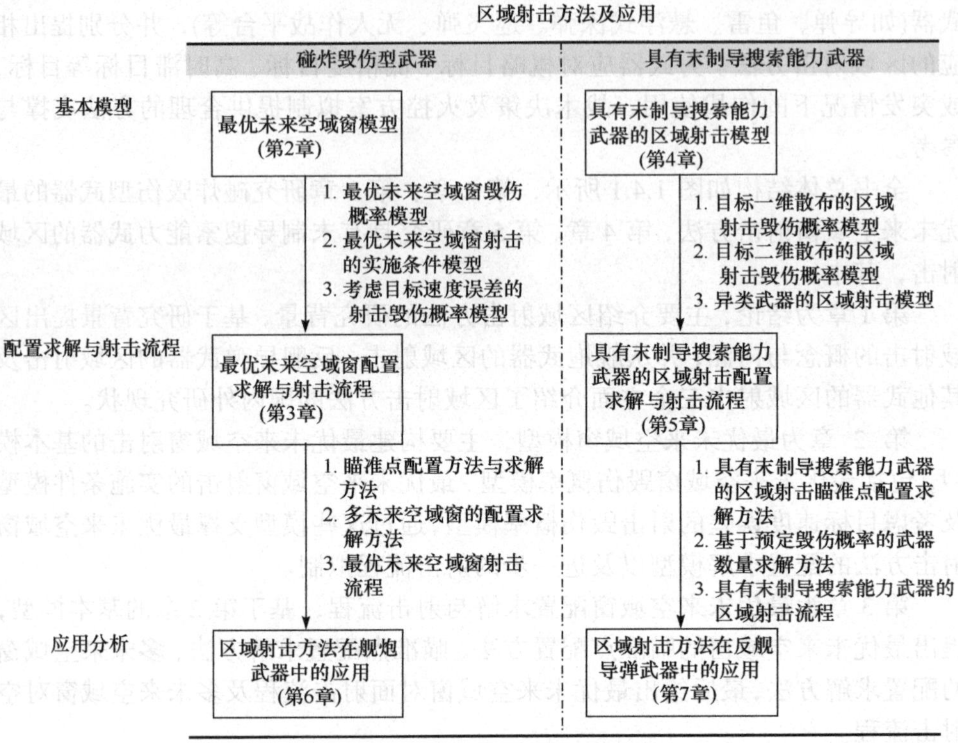
区域射击方法及应用
碰炸毁伤型武器
具有末制导搜索能力武器
基本模型
最优未来空域窗模型
(第2章)
具有末制导搜索能力武器的区域射击模型
(第4章)
1. 最优未来空域窗毁伤概率模型
2. 最优未来空域窗射击的实施条件模型
3. 考虑目标速度误差的射击毁伤概率模型
1. 目标一维散布的区域射击毁伤概率模型
2. 目标二维散布的区域射击毁伤概率模型
3. 异类武器的区域射击模型
配置求解与射击流程
最优未来空域窗配置求解与射击流程
(第3章)
具有末制导搜索能力武器的区域射击配置求解与射击流程
(第5章)
1. 瞄准点配置方法与求解方法
2. 多未来空域窗的配置求解方法
3. 最优未来空域窗射击流程
1. 具有末制导搜索能力武器的区域射击瞄准点配置求解方法
2. 基于预定毁伤概率的武器数量求解方法
3. 具有末制导搜索能力武器的区域射击流程
应用分析
区域射击方法在舰炮武器中的应用
(第6章)
区域射击方法在反舰导弹武器中的应用
(第7章)

图 1.4.1　全书总体结构

第 2 章　最优未来空域窗模型

未来空域窗射击体制自提出以来，经过多年的研究及完善，已经形成了较为完整的方法体系。未来空域窗射击体制在目标提前点附近布置一个未来空域窗，在该空域窗内布置多个瞄准点，武器向这些瞄准点射击，使射弹散布密度在该空域窗内接近均匀，从而覆盖未准确定位目标。未来空域窗射击体制为武器的人工散布射击方法提供了一种解决思路。然而，在求解射击瞄准点时，现有未来空域窗射击方法以射弹散布密度是否均匀作为求解指标，而不是以毁伤概率作为指标，因此根据现有方法得到的射击瞄准点并不能保证趋近或达到最优的毁伤概率。

本章首先从优化毁伤概率的角度出发，引入未来空域窗射击毁伤概率模型，并以此为指标，通过优化求解，得到一定条件下的最优射弹散布密度，以及对应的最优毁伤概率，从而建立最优未来空域窗毁伤概率模型；然后研究目标散布区域大小、射弹散布情况等条件对最优未来空域窗射击方法的影响，分析最优未来空域窗射击的实施条件；最后将射击问题拓展至三维，分析目标速度在三维空间内的分布，建立考虑目标速度误差的射击毁伤概率模型。

2.1　最优未来空域窗毁伤概率模型

2.1.1　射击毁伤概率模型

首先引入未来空域窗射击毁伤概率模型。以目标提前点为原点，在预测迎弹面内建立直角坐标系 OXZ，如图 2.1.1 所示。设 E_{x1} 与 E_{z1} 分别为 OX 轴与 OZ 轴上的炮弹不相关误差(概率误差)；E_{x2} 与 E_{z2} 分别为 OX 轴与 OZ 轴上的炮弹相关误差(概率误差)；B 与 L 分别为目标等效宽度与目标等效长度；$[x_i,z_i]\ (i\in\Gamma)$ 为炮弹瞄准点坐标；n 为未来空域窗一次齐射炮弹数量；ω 为毁伤目标所需炮弹数量期望。

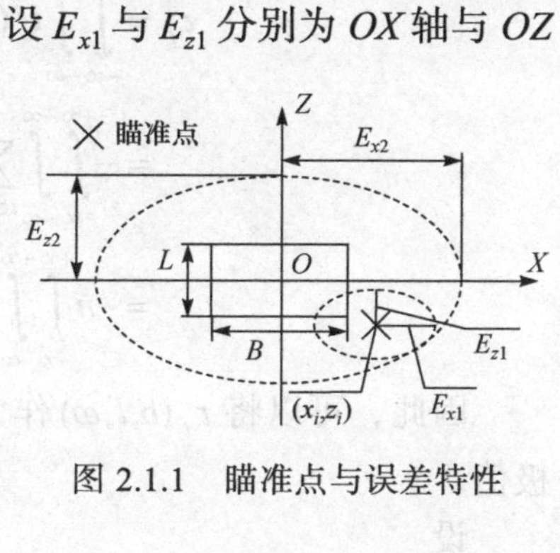

图 2.1.1　瞄准点与误差特性

设相关误差与不相关误差服从正态分布，并对各参数进行归一化处理以简化分析：

$\varepsilon_x = E_{x2} / E_{x1}$ 为 OX 轴上相关误差与不相关误差之比；$\varepsilon_z = E_{z2} / E_{z1}$ 为 OZ 轴上相关误差与不相关误差之比；$b = B / E_{x1}$ 为目标等效宽度与不相关误差 E_{x1} 之比；$l = L / E_{z1}$ 为目标等效长度与不相关误差 E_{z1} 之比；$[\xi_i, \zeta_i] = [x_i / E_{x1}, z_i / E_{z1}]$ $(i \in \varGamma)$ 为归一化的瞄准点。

毁伤目标的概率 P_f 表示为

$$P_f = 1 - \int_{-\infty}^{+\infty}\int_{-\infty}^{+\infty} \frac{\rho^2}{\pi \varepsilon_x \varepsilon_z} \mathrm{e}^{-\rho^2\left(\frac{x^2}{\varepsilon_x^2} + \frac{z^2}{\varepsilon_z^2}\right)} \prod_{i \in \varGamma}\left(1 - \frac{p(x+\xi_i, z+\zeta_i)}{\omega}\right) \mathrm{d}x\mathrm{d}z \tag{2.1.1}$$

其中

$$p(\xi, \zeta) = \frac{\rho^2}{\pi} \int_{-b}^{+b}\int_{-l}^{+l} \mathrm{e}^{-\rho^2[(x-\xi)^2 + (z-\zeta)^2]} \mathrm{d}x\mathrm{d}z \tag{2.1.2}$$

由于使用概率误差描述分布情况，需要引入正态常数 ρ，ρ 取 0.476936，概率误差与均方差的关系为

$$\sigma = \sqrt{2}\rho E \tag{2.1.3}$$

2.1.2 最优射弹散布密度函数的求解

在未来空域窗射击毁伤概率的基础上，通过优化求解得到最优射弹散布密度函数，以及对应的毁伤概率上(确)界。

首先引入中间函数

$$U(x, z) = -\sum_{i \in \varGamma} \ln\left(1 - \frac{p(x+\xi_i, z+\zeta_i)}{\omega}\right) \tag{2.1.4}$$

显然，$U(x,z) \geqslant 0$。注意到中间函数在积分区间上的积分为一常数(与 x 和 z 无关)，即

$$\begin{aligned} \tau_f &= \int_{-\infty}^{+\infty}\int_{-\infty}^{+\infty} U(x,z)\mathrm{d}x\mathrm{d}z \\ &= -\int_{-\infty}^{+\infty}\int_{-\infty}^{+\infty} \sum_{i \in \varGamma} \ln\left(1 - \frac{p(x+\xi_i, z+\zeta_i)}{\omega}\right)\mathrm{d}x\mathrm{d}z \\ &= -n\int_{-\infty}^{+\infty}\int_{-\infty}^{+\infty} \ln\left(1 - \frac{p(x_i, z_i)}{\omega}\right)\mathrm{d}x\mathrm{d}z \end{aligned} \tag{2.1.5}$$

因此，可以将 $\tau_f(b,l,\omega)$ 作为等周条件，通过变分法求解毁伤目标概率的极值。

设

$$F = \mathrm{e}^{-\rho^2\left(\frac{x^2}{\varepsilon_x^2}+\frac{z^2}{\varepsilon_z^2}\right)-U(x,z)} \tag{2.1.6}$$

则有

$$P_f = 1-\frac{\rho^2}{\pi\varepsilon_x\varepsilon_z}\int_{-\infty}^{+\infty}\int_{-\infty}^{+\infty}F(x,z)\mathrm{d}x\mathrm{d}z \tag{2.1.7}$$

以 x、z、$U(x,z)$、$\partial U(x,z)/\partial x$（即 U_x）、$\partial U(x,z)/\partial z$（即 U_z）作为变量，考虑等周条件(2.1.5)，求解 $P_{n,\omega}(x,z,U,U_x,U_z)$ 的极值(考虑到此时 P_f 为 x、z、U、U_x、U_z 的函数)，等效于求解

$$I(x,z,U,U_x,U_z) = \int_{-\infty}^{+\infty}\int_{-\infty}^{+\infty}[F(x,z)+\lambda U(x,z)]\mathrm{d}x\mathrm{d}z \tag{2.1.8}$$

的极值，设

$$H(x,z) = F(x,z)+\lambda U(x,z) \tag{2.1.9}$$

其中，λ 为常数。则 $I(x,z,U,U_x,U_z)$ 取极值的条件参数使欧拉方程成立，即

$$\frac{\partial H(x,z)}{\partial U}-\frac{\partial}{\partial x}\frac{\partial H(x,z)}{\partial U_x}-\frac{\partial}{\partial z}\frac{\partial H(x,z)}{\partial U_z}=0 \tag{2.1.10}$$

由于 $H(x,z)$ 不显含 $\partial U(x,z)/\partial x$ 及 $\partial U(x,z)/\partial z$，因此有

$$\frac{\partial H(x,z)}{\partial U}=0 \tag{2.1.11}$$

解得最优中间函数 $U_o(x,z)$ 使

$$-\exp\left[-\rho^2\left(\frac{x^2}{\varepsilon_x^2}+\frac{z^2}{\varepsilon_z^2}\right)-U_o(x,z)\right]+\lambda=0 \tag{2.1.12}$$

即

$$U_o(x,z) = -\rho^2\left(\frac{x^2}{\varepsilon_x^2}+\frac{z^2}{\varepsilon_z^2}\right)-\ln\lambda \tag{2.1.13}$$

将 $U_o(x,z)$ 代入式(2.1.5)，即

$$\tau_f = \int_{-\infty}^{+\infty}\int_{-\infty}^{+\infty}U_o(x,z)\mathrm{d}x\mathrm{d}z \tag{2.1.14}$$

由于 $U_o(x,z)$ 仍然属于中间函数，故 $U_o(x,z)\geqslant 0$，因此有

$$\frac{x^2}{\varepsilon_x^2}+\frac{z^2}{\varepsilon_z^2}\leqslant -\frac{\ln\lambda}{\rho^2} \tag{2.1.15}$$

设

$$R=-\frac{\ln\lambda}{\rho^2} \tag{2.1.16}$$

结合式(2.1.11)与式(2.1.12)，可以解得最优中间函数$U_o(x,z)$的形式为

$$U_o(x,z)=\begin{cases}\rho^2\left(R^2-\dfrac{x^2}{\varepsilon_x^2}-\dfrac{z^2}{\varepsilon_z^2}\right), & \dfrac{x^2}{\varepsilon_x^2}+\dfrac{z^2}{\varepsilon_z^2}\leqslant R^2\\ 0, & \dfrac{x^2}{\varepsilon_x^2}+\dfrac{z^2}{\varepsilon_z^2}>R^2\end{cases} \tag{2.1.17}$$

其中，$R=\sqrt[4]{\dfrac{2\tau_f}{\pi\rho^2\varepsilon_x\varepsilon_z}}$。

将最优中间函数$U_o(x,z)$作为射弹散布密度，代入式(2.1.7)中，可以得到误差条件及弹丸数量固定情况下的未来空域窗射击最优毁伤概率$P_{f,o}$，即

$$\begin{aligned}P_{f,o}&=1-\int_{-\infty}^{+\infty}\int_{-\infty}^{+\infty}\frac{\rho^2}{\pi\varepsilon_x\varepsilon_z}\mathrm{e}^{-\rho^2\left(\frac{x^2}{\varepsilon_x^2}+\frac{z^2}{\varepsilon_z^2}\right)-U_o(x,z)}\mathrm{d}x\mathrm{d}z\\&=1-(1+\rho^2R^2)\mathrm{e}^{-\rho^2R^2}\end{aligned} \tag{2.1.18}$$

显然，当误差条件及弹丸数量固定时，任何瞄准点配置情况下的射击毁伤概率均小于$P_{f,o}$。

下面从另一方面证明$U_o(x,z)$是使P_f最大的函数。

假设存在某一函数$U(x,z)=U_o(x,z)+\eta(x,z)$，使$P_f>P_{f,o}$。下面证明，只有$\eta(x,z)=0$时，才有$P_f=P_{f,o}$。显然函数$\eta(x,z)$不可能是任意值，它同样要满足约束条件，所以在$\dfrac{x^2}{\varepsilon_x^2}+\dfrac{z^2}{\varepsilon_z^2}>R^2$时，$\eta(x,z)$不可能为负数，并且有

$$\int_{-\infty}^{+\infty}\int_{-\infty}^{+\infty}\eta(x,z)=0$$

为了证明式(2.1.14)是最优的，需要证明以下不等式成立。

$$\int_{-\infty}^{+\infty}\int_{-\infty}^{+\infty}\frac{\rho^2}{\pi\varepsilon_x\varepsilon_z}\mathrm{e}^{-\rho^2\left(\frac{x^2}{\varepsilon_x^2}+\frac{z^2}{\varepsilon_z^2}\right)-U_o(x,z)}\mathrm{d}x\mathrm{d}z-\int_{-\infty}^{+\infty}\int_{-\infty}^{+\infty}\frac{\rho^2}{\pi\varepsilon_x\varepsilon_z}\mathrm{e}^{-\rho^2\left(\frac{x^2}{\varepsilon_x^2}+\frac{z^2}{\varepsilon_z^2}\right)-U_o(x,z)-\eta(x,z)}\mathrm{d}x\mathrm{d}z\leqslant 0$$

即

$$\int_{-\infty}^{+\infty}\int_{-\infty}^{+\infty}\frac{\rho^2}{\pi\varepsilon_x\varepsilon_z}\mathrm{e}^{-\rho^2\left(\frac{x^2}{\varepsilon_x^2}+\frac{z^2}{\varepsilon_z^2}\right)-U_o(x,z)}(1-\mathrm{e}^{-\eta(x,z)})\mathrm{d}x\mathrm{d}z\leqslant 0$$

对于函数$f(z)=1-\mathrm{e}^z-z$，对于任意z值，都有$f(z)\leqslant 0$，也就是有$1-\mathrm{e}^{-z}\leqslant$

z，所以有 $1-\mathrm{e}^{-\eta(x,z)} \leqslant \eta(x,z)$，这样有

$$\int_{-\infty}^{+\infty}\int_{-\infty}^{+\infty} \frac{\rho^2}{\pi\varepsilon_x\varepsilon_z} \mathrm{e}^{-\rho^2\left(\frac{x^2}{\varepsilon_x^2}+\frac{z^2}{\varepsilon_z^2}\right)-U_o(x,z)} \left(1-\mathrm{e}^{-\eta(x,z)}\right)\mathrm{d}x\mathrm{d}z \leqslant \frac{\rho^2}{\pi\varepsilon_x\varepsilon_z}\int_{-\infty}^{+\infty}\int_{-\infty}^{+\infty} \eta(x,z)\mathrm{e}^{-\rho^2\left(\frac{x^2}{\varepsilon_x^2}+\frac{z^2}{\varepsilon_z^2}\right)-U_o(x,z)}\mathrm{d}x\mathrm{d}z$$

$$\frac{\rho^2}{\pi\varepsilon_x\varepsilon_z}\int_{-\infty}^{+\infty}\int_{-\infty}^{+\infty} \eta(x,z)\mathrm{e}^{-\rho^2\left(\frac{x^2}{\varepsilon_x^2}+\frac{z^2}{\varepsilon_z^2}\right)-U_o(x,z)}\mathrm{d}x\mathrm{d}z$$

$$= \oiint_{\frac{x^2}{\varepsilon_x^2}+\frac{z^2}{\varepsilon_z^2}\leqslant R^2} \eta(x,z)\mathrm{e}^{-\rho^2R^2}\mathrm{d}x\mathrm{d}z + \oiint_{\frac{x^2}{\varepsilon_x^2}+\frac{z^2}{\varepsilon_z^2}>R^2} \eta(x,z)\mathrm{e}^{-\rho^2\left(\frac{x^2}{\varepsilon_x^2}+\frac{z^2}{\varepsilon_z^2}\right)}\mathrm{d}x\mathrm{d}z$$

因为 $\frac{x^2}{\varepsilon_x^2}+\frac{z^2}{\varepsilon_z^2}>R^2$ 时，$\eta(x,z)$ 不可能为负数，所以有

$$\oiint_{\frac{x^2}{\varepsilon_x^2}+\frac{z^2}{\varepsilon_z^2}>R^2} \eta(x,z)\mathrm{e}^{-\rho^2\left(\frac{x^2}{\varepsilon_x^2}+\frac{z^2}{\varepsilon_z^2}\right)}\mathrm{d}x\mathrm{d}z \leqslant \oiint_{\frac{x^2}{\varepsilon_x^2}+\frac{z^2}{\varepsilon_z^2}>R^2} \eta(x,z)\mathrm{e}^{-\rho^2R^2}\mathrm{d}x\mathrm{d}z$$

进而有

$$\begin{aligned}\frac{\rho^2}{\pi\varepsilon_x\varepsilon_z}\int_{-\infty}^{+\infty}\int_{-\infty}^{+\infty} \eta(x,z)\mathrm{e}^{-\rho^2\left(\frac{x^2}{\varepsilon_x^2}+\frac{z^2}{\varepsilon_z^2}\right)-U_o(x,z)}\mathrm{d}x\mathrm{d}z &\leqslant \oiint_{\infty}\eta(x,z)\mathrm{e}^{-\rho^2R^2}\mathrm{d}x\mathrm{d}z \\ &= \mathrm{e}^{-\rho^2R^2}\oiint_{\infty}\eta(x,z)\mathrm{d}x\mathrm{d}z \\ &= 0\end{aligned}$$

这样有

$$\int_{-\infty}^{+\infty}\int_{-\infty}^{+\infty} \frac{\rho^2}{\pi\varepsilon_x\varepsilon_z} \mathrm{e}^{-\rho^2\left(\frac{x^2}{\varepsilon_x^2}+\frac{z^2}{\varepsilon_z^2}\right)-U_o(x,z)} \left(1-\mathrm{e}^{-\eta(x,z)}\right)\mathrm{d}x\mathrm{d}z \leqslant 0$$

所以 $U_o(x,z)$ 是使 $P_{f,o}$ 最大的函数。

2.2　最优未来空域窗射击的实施条件模型

最优未来空域窗射击是一种通过发射大量弹丸覆盖目标散布区域的射击方式，相比于集火射击，未来空域窗中的所有弹丸并不都瞄准目标提前点。显

然，最优未来空域窗射击方式在弹丸数量较多的情况下才能体现出优势。因此，有必要分析最优未来空域窗的实施条件，即应当在怎样的条件下实施未来空域窗射击，在怎样的条件下采用集火射击。根据 2.1 节的分析，当给定 ε_x、ε_z、b、l 时，最优未来空域窗的毁伤概率由弹丸数量 n 确定，本节研究是否存在一个弹丸数量 n'，当 $n<n'$ 时，集火射击比未来空域窗射击效能更高。

首先分析如何确定 n'。当 $n<n'$ 时，若有一发弹丸未向目标散布中心发射，而是瞄准 $[\xi_i,\zeta_i]$，这时目标未被毁伤的概率 $P_{n,0}$ 大于集火射击的未被毁伤概率，其中

$$P_{n,0}=1-P_f$$

即式(2.2.1)成立。

$$\begin{aligned}&\int_{-\infty}^{+\infty}\int_{-\infty}^{+\infty} f_2(x,z)\left(1-\frac{p(x,z)}{\omega}\right)^{n'}\mathrm{d}x\mathrm{d}z\\ \leqslant&\int_{-\infty}^{+\infty}\int_{-\infty}^{+\infty} f_2(x,z)\left(1-\frac{p(x,z)}{\omega}\right)^{n'-1}\left(1-\frac{p(x+\xi_x,z+\xi_z)}{\omega}\right)\mathrm{d}x\mathrm{d}z\end{aligned}\tag{2.2.1}$$

其中，$f_2(x,z)$ 为目标散布概率密度，即

$$f_2(x,z)=\frac{\rho^2}{\pi\varepsilon_x\varepsilon_z}\mathrm{e}^{-\rho^2\left(\frac{x^2}{\varepsilon_x^2}+\frac{z^2}{\varepsilon_z^2}\right)}$$

由式(2.2.1)可得

$$\int_{-\infty}^{+\infty}\int_{-\infty}^{+\infty} f_2(x,z)\left(1-\frac{p(x,z)}{\omega}\right)^{n'-1}\left(p(x+\xi_x,z+\xi_z)-p(x,z)\right)\mathrm{d}x\mathrm{d}z\leqslant 0\tag{2.2.2}$$

为了求解方便，引入函数 $\varphi_1(x,z)$、$\varphi_2(x,z)$，即

$$\begin{cases}\varphi_1(x,z)=p(x+\xi_x,z+\xi_z)-p(x,z)\\ \varphi_2(x,z)=f_2(x,z)\left(1-\dfrac{p(x,z)}{\omega}\right)^{n'-1}\end{cases}\tag{2.2.3}$$

这样可以将式(2.2.2)转化为

$$\int_{-\infty}^{+\infty}\int_{-\infty}^{+\infty}\varphi_1(x,z)\varphi_2(x,z)\mathrm{d}x\mathrm{d}z\leqslant 0\tag{2.2.4}$$

函数 $\varphi_1(x,z)$ 的特性如图 2.2.1 所示，当函数 ξ_x 或 ξ_z 不为零时，$\varphi_1(x,z)$ 在 $[0,0]$ 处为负值，其中 x^* 表示 x 固定，z^* 表示 z 固定。

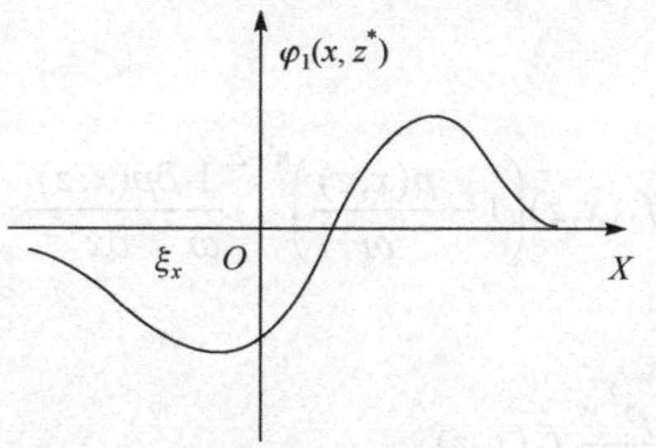

(a) x取任意值时的$\varphi_1(x,z)$特性　(b) z取任意值时的$\varphi_1(x,z)$特性

图 2.2.1　函数 $\varphi_1(x,z)$ 特性图

函数 $\varphi_2(x,z)$ 的特性如图 2.2.2 与图 2.2.3 所示。当函数 $\varphi_2(x,z)$ 如图 2.2.2 所示时，由积分特性易知，$\varphi_1(x,z)\varphi_2(x,z)$ 满足式(2.2.4)。当函数如图 2.2.3 所示时，则需更详细地分析 $\varphi_1(x,z)\varphi_2(x,z)$ 的特性。为此，要寻找某一个最大弹丸数量 n'，使得函数 $\varphi_2(x,z)$ 如图 2.2.3 所示。

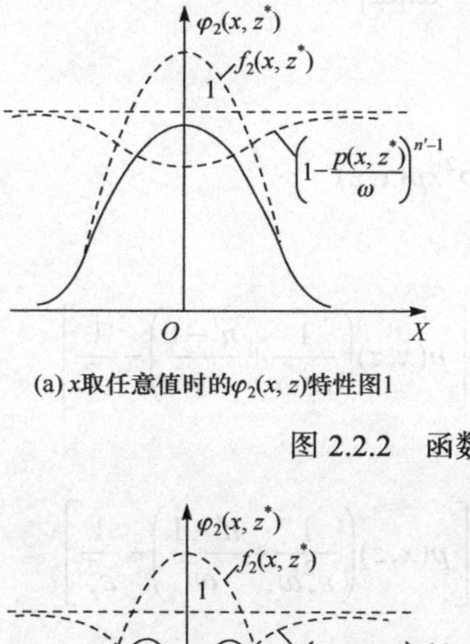

(a) x取任意值时的$\varphi_2(x, z)$特性图1　(b) z取任意值时的$\varphi_2(x, z)$特性图1

图 2.2.2　函数 $\varphi_2(x,z)$ 特性图 1

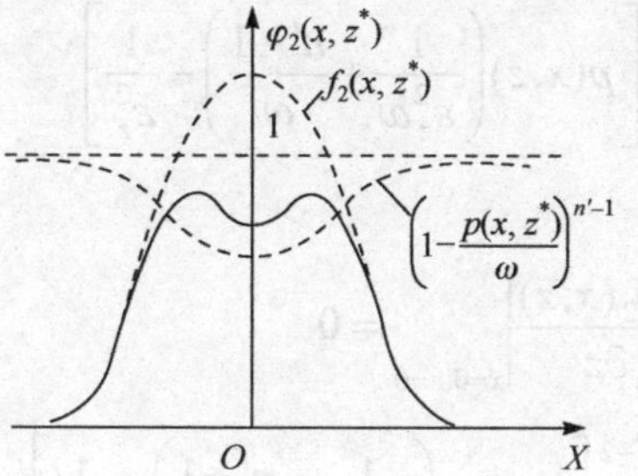

(a) x取任意值时的$\varphi_2(x, z)$特性图2　(b) z取任意值时的$\varphi_2(x, z)$特性图2

图 2.2.3　函数 $\varphi_2(x,z)$ 特性图 2

如图 2.2.3 所示，此时函数 $\varphi_2(x,z)$ 在 $[0,0]$ 处有最大值。$\varphi_2(x,z)$ 对 x 求导可得

$$\frac{\partial\varphi_2(x,z)}{\partial x} = \frac{\partial f_2(x,z)}{\partial x}\left(1-\frac{p(x,z)}{\omega}\right)^{n'-1} - (n'-1)f_2(x,z)\left(1-\frac{p(x,z)}{\omega}\right)^{n'-2}\frac{1}{\omega}\frac{\partial p(x,z)}{\partial x} \tag{2.2.5}$$

由式(2.2.2)可得

$$\frac{\partial f_2(x,z)}{\partial x} = -\frac{2\rho^2 x}{\varepsilon_x^2} f_2(x,z) \tag{2.2.6}$$

注意到式(2.2.2)有

$$\lim_{\substack{b\to 0\\ l\to 0}} p(x,z) = \frac{4bl\rho^2}{\pi}\mathrm{e}^{-\rho^2(x^2+z^2)}$$

故对于较小的目标，有

$$p(x,z) = \frac{\rho^2}{\pi}\int_{-b}^{b}\int_{-l}^{l}\mathrm{e}^{-\rho^2\left[(x_1-x)^2+(z_1-z)^2\right]}\mathrm{d}x_1\mathrm{d}z_1 \approx \frac{4bl\rho^2}{\pi}\mathrm{e}^{-\rho^2(x^2+z^2)} \tag{2.2.7}$$

因此

$$\frac{\partial p(x,z)}{\partial x} = -2\rho^2 x p(x,z) \tag{2.2.8}$$

结合式(2.2.6)～式(2.2.8)，有

$$\frac{\partial\varphi_2(x,z)}{\partial x} = x^2\rho^2 f_2(x,z)\left(1-\frac{p(x,z)}{\omega}\right)^{n'-2}\left[p(x,z)\left(\frac{1}{\varepsilon_x^2\omega}+\frac{n'-1}{\omega}\right)-\frac{1}{\varepsilon_x^2}\right] \tag{2.2.9}$$

同理

$$\frac{\partial\varphi_2(x,z)}{\partial z} = z^2\rho^2 f_2(x,z)\left(1-\frac{p(x,z)}{\omega}\right)^{n'-2}\left[p(x,z)\left(\frac{1}{\varepsilon_z^2\omega}+\frac{n'-1}{\omega}\right)-\frac{1}{\varepsilon_z^2}\right] \tag{2.2.10}$$

显然

$$\left.\frac{\partial\varphi_2(x,z)}{\partial x}\right|_{x=0,z=0} = \left.\frac{\partial\varphi_2(x,z)}{\partial z}\right|_{x=0,z=0} = 0 \tag{2.2.11}$$

$$\left.\frac{\partial^2\varphi_2(x,z)}{\partial x^2}\right|_{x=0,z=0} = 2\rho^2 f_2(0,0)\left(1-\frac{p(0,0)}{\omega}\right)^{n'-2}\left[p(0,0)\left(\frac{1}{\varepsilon_x^2\omega}+\frac{n'-1}{\omega}\right)-\frac{1}{\varepsilon_x^2}\right] \tag{2.2.12}$$

$$\left.\frac{\partial^2 \varphi_2(x,z)}{\partial z^2}\right|_{x=0,z=0} = 2\rho^2 f_2(0,0)\left(1-\frac{p(0,0)}{\omega}\right)^{n'-2}\left[p(0,0)\left(\frac{1}{\varepsilon_z^2\omega}+\frac{n'-1}{\omega}\right)-\frac{1}{\varepsilon_z^2}\right] \tag{2.2.13}$$

$$\left.\frac{\partial^2 \varphi_2(x,z)}{\partial x \partial z}\right|_{x=0,z=0} = \left.\frac{\partial^2 \varphi_2(x,z)}{\partial z \partial x}\right|_{x=0,z=0} = 0 \tag{2.2.14}$$

这样黑塞矩阵 $\varphi_2''(x,z)$ 在 $[0,0]$ 处为

$$\left.\varphi_2''(x,z)\right|_{\substack{x=0\\z=0}} = \begin{bmatrix} \left.\dfrac{\partial^2 \varphi_2(x,z)}{\partial x^2}\right|_{x=0,z=0} & 0 \\ 0 & \left.\dfrac{\partial^2 \varphi_2(x,z)}{\partial z^2}\right|_{x=0,z=0} \end{bmatrix} \tag{2.2.15}$$

为了使函数 $\varphi_2(x,z)$ 在 $[0,0]$ 处有最大值，要求

$$\begin{cases} \left.\dfrac{\partial^2 \varphi_2(x,z)}{\partial x^2}\right|_{x=0,z=0} = 2\rho^2 f_2(0,0)\left(1-\dfrac{p(0,0)}{\omega}\right)^{n'-2}\left[p(0,0)\left(\dfrac{1}{\varepsilon_x^2\omega}+\dfrac{n'-1}{\omega}\right)-\dfrac{1}{\varepsilon_x^2}\right] < 0 \\ \left.\dfrac{\partial^2 \varphi_2(x,z)}{\partial z^2}\right|_{x=0,z=0} = 2\rho^2 f_2(0,0)\left(1-\dfrac{p(0,0)}{\omega}\right)^{n'-2}\left[p(0,0)\left(\dfrac{1}{\varepsilon_z^2\omega}+\dfrac{n'-1}{\omega}\right)-\dfrac{1}{\varepsilon_z^2}\right] < 0 \end{cases} \tag{2.2.16}$$

即要求

$$\begin{cases} n' < \dfrac{\omega}{\varepsilon_x^2 p(0,0)} - \dfrac{1}{\varepsilon_x^2} + 1 \\ n' < \dfrac{\omega}{\varepsilon_z^2 p(0,0)} - \dfrac{1}{\varepsilon_z^2} + 1 \end{cases} \tag{2.2.17}$$

由式(2.2.17)可以确定弹丸数量 n'，当弹丸数量 $n < n'$ 时，集火射击比未来空域窗射击效能高。

另外，最优未来空域窗射击应当在弹丸数量超过一定时才能体现出相比于集火射击的毁伤概率优势，也就是存在一个最小的弹丸数量 n''，当 $n > n''$ 时，最优未来空域窗射击比集火射击的毁伤概率高。

下面分析如何确定 n''。

当中间函数取式(2.1.13)时，存在目标未被毁伤概率 $P_{n,0}$ 的下确界 $\tilde{P}_{n,0} = 1 - P_{f,o}$。可见，在式(2.1.7)中，被积子函数 $e^{-U_o(x,z)}$ 和 $(1-p(x,z)/\omega)^n$ 的特性决定了两种射击方式下 $P_{n,0}$ 的差异，其特性如图 2.2.4 和图 2.2.5 所示。其中，图 2.2.4 是齐射弹丸数量 n 较小时的情况，图 2.2.5 是齐射弹丸数量 n 较大时的情况。

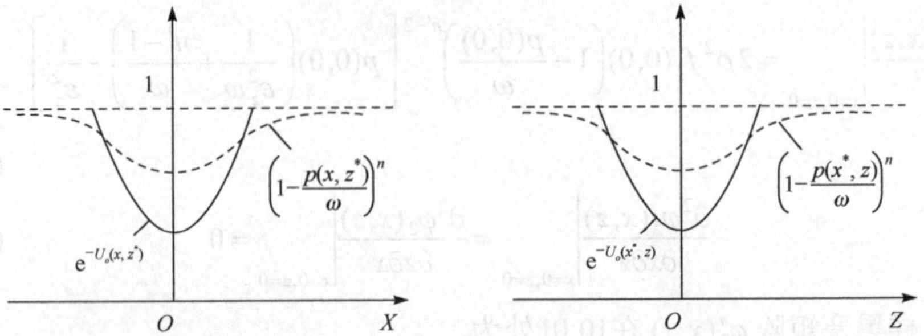

(a) x取任意值时被积子函数$e^{-U_o(x,z)}$和$(1-p(x,z)/\omega)^n$特性图1　(b) z取任意值时被积子函数$e^{-U_o(x,z)}$和$(1-p(x,z)/\omega)^n$特性图1

图 2.2.4　被积子函数 $e^{-U_o(x,z)}$ 和 $(1-p(x,z)/\omega)^n$ 特性图 1

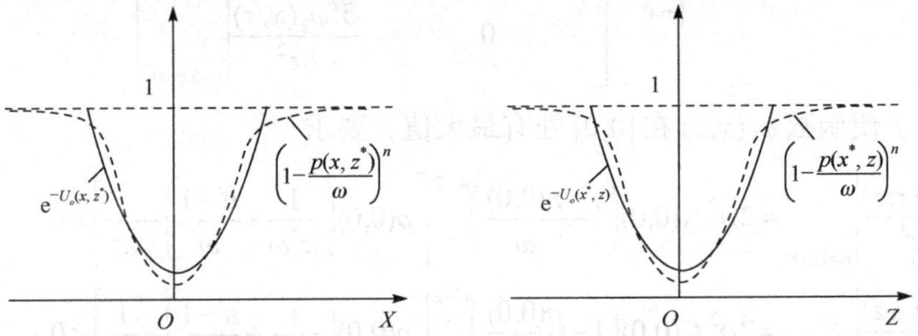

(a) x取任意值时被积子函数$e^{-U_o(x,z)}$和$(1-p(x,z)/\omega)^n$特性图2　(b) z取任意值时被积子函数$e^{-U_o(x,z)}$和$(1-p(x,z)/\omega)^n$特性图2

图 2.2.5　被积子函数 $e^{-U_o(x,z)}$ 和 $(1-p(x,z)/\omega)^n$ 特性图 2

可见，两个被积子函数都是在原点[0,0]处取最小值，当齐射弹丸数量 n 较小时，被积子函数 $e^{-U_o(x,z)}$ 的原点纵坐标值 $e^{-\rho^2R^2}$ 小于被积子函数 $(1-p(x,z)/\omega)^n$ 的原点纵坐标值 $(1-p(0,0)/\omega)^n$，随着齐射弹丸数量 n 的增大，两个被积子函数原点的纵坐标值减小，目标未被毁伤概率 $P_{n,0}$ 降低，但被积子函数 $(1-\quad p(x,z)/\omega)^n$ 的原点纵坐标值下降更快，当 n 增大到某一值时，会满足不等式 (2.2.18)：

$$e^{-\rho^2R^2} > (1-p(0,0)/\omega)^n \tag{2.2.18}$$

也就是集火射击时目标未被毁伤概率 $P_{n,0}$ 的被积子函数原点纵坐标值要小于最优射击时 $P_{n,0}$ 的被积子函数原点纵坐标值。

由于 $p(0,0)/\omega$ 较小，$(1-p(0,0)/\omega)^n \approx e^{-np(0,0)/\omega}$，这样最小的弹丸数量 n'' 可按式(2.2.19)求取：

$$e^{-\rho^2R^2} > e^{-n''p(0,0)/\omega} \tag{2.2.19}$$

将 R 代入式(2.2.19)，可得

$$n'' > \frac{2\omega^2 \rho^2 \tau_f}{\pi n \varepsilon_x \varepsilon_z p^2(0,0)} \tag{2.2.20}$$

这样由式(2.2.17)和式(2.2.20)可得随着齐射的弹丸数量 n 变化的射击方式选择如图 2.2.6 所示。

可见，当 $n < n'$ 时，应当选择集火射击方式；当 $n > n''$ 时，应选择未来空域窗射击方式；而当 n 处于 n' 和 n'' 之间时，应当先根据未来空域窗的射击流程及参数配置方法，得到理论毁伤概率，并与同样条件下的集火射击毁伤概率进行比较，选择毁伤概率高的方法实施。

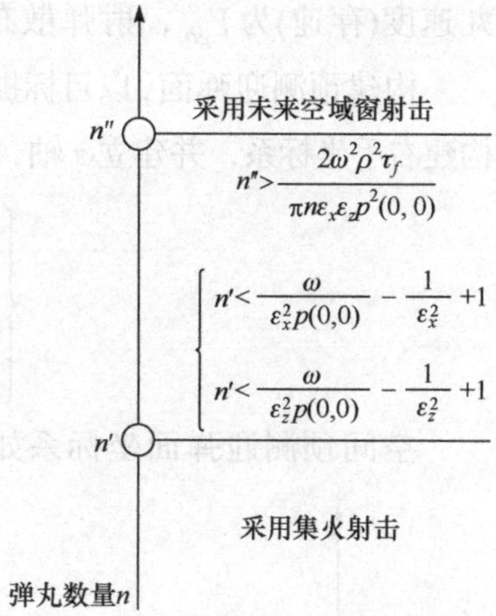

图 2.2.6　射击方式选择示意图

2.3　考虑目标速度误差的射击毁伤概率模型

当前，主流作战舰艇都至少配备了一门高射速小口径炮作为末端防空武器，分析单门高射速小口径炮的未来空域窗射击有一定的现实意义。进行未来空域窗射击时，一般是根据一个目标提前点(预测未来点)计算之后若干个弹丸的射击瞄准点。在小口径舰炮对空射击作战中，通过单门小口径舰炮实现未来空域窗射击，舰炮逐发发射弹丸，先后发射的弹丸具有一定的时间间隔；另外，空中目标往往具有速度快、机动性强的特点，因此弹丸先后到达未来空域窗时，目标的误差特性会发生变化(由于空中目标为非合作目标，其速度误差要比弹丸速度误差明显得多)。而式(2.1.1)计算射击毁伤概率时，认为目标的误差特性不随时间变化，因此需要建立适用于小口径舰炮对空射击的毁伤概率计算模型。本节通过分析目标与弹丸的相对运动，得到考虑目标速度误差的射击毁伤概率模型。

由于预测迎弹面坐标系具有一定的特点，可以简化目标与弹丸的相对运动分析过程，因此将平面内的预测迎弹面坐标系拓展为空间内的预测迎弹面坐标系，或三维预测迎弹面坐标系。

建立空间预测迎弹面坐标系需要知道目标与弹丸的速度，以及目标提前点。设弹道坐标系内(弹道坐标系内的向量均有下标 g)，跟踪滤波得到目标提前点为 X_{gt}，目标真实提前点为 X_{gt}^*，有 $X_{gt} = X_{gt}^* + \tilde{X}_{gt}$，$\tilde{X}_{gt}$ 为目标位置误差；跟踪滤波得到的目标速度为 V_{gt}，目标真实速度为 V_{gt}^*，有 $V_{gt} = V_{gt}^* + \tilde{V}_{gt}$；设弹

丸速度(存速)为V_{gb}，射弹散布为$E_b=\left[E_{gx},E_{gy},E_{gz}\right]$。

构建预测迎弹面，以目标提前点X_{gt}为原点，以向量V_b-V_t为y轴，E_{gx}为x轴，构建右手坐标系，并建立z轴，设预测迎弹面坐标系的基向量为$[p_x,p_y,p_z]$，即

$$\begin{cases}p_x=E_{gx}/\left|E_{gx}\right|\\ p_y=(V_b-V_t)/\left|V_b-V_t\right|\\ p_y^{\mathrm{T}}p_z=p_x^{\mathrm{T}}p_z=0\end{cases}\tag{2.3.1}$$

空间预测迎弹面坐标系如图 2.3.1 所示。

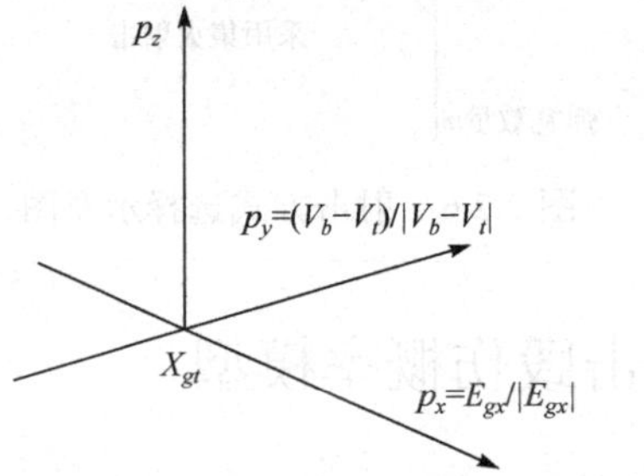

图 2.3.1　空间预测迎弹面坐标系

设弹道坐标系的基向量为$[p_{gx},p_{gy},p_{gz}]$，有变换矩阵$[p_x,p_y,p_z]=[p_{gx},\ p_{gy},p_{gz}]C_g$，并且$C_gC_g^{\mathrm{T}}=I$($I$为单位阵)。因此，预测迎弹面内的弹丸存速$V_b$与目标速度$V_t$可以表示为

$$\begin{cases}V_b=C_g^{-1}V_{gb}\\ V_t=C_g^{-1}V_{gt}\end{cases}\tag{2.3.2}$$

设弹丸命中点在弹道坐标系内为X_{gb}，结合X_{gt}，可以得到预测迎弹面坐标系内的弹道点与目标位置，即

$$\begin{cases}X_b=C_g^{-1}(X_{gb}-X_{gt})\\ X_t=0\end{cases}\tag{2.3.3}$$

采用未来空域窗射击体制时，根据单个目标提前点X_{gt}计算若干个弹丸的瞄准点，由于发射存在间隔，后续弹丸到达未来空域窗时，目标的误差、位置都会改变，此时在弹道坐标系内建立射击毁伤概率模型较为复杂，需要计算目标与弹丸的最小距离。而在预测迎弹面内，则只需要考虑目标与弹丸同时到达p_xp_z面时的距离，这是因为预测迎弹面的特殊构造方法，使目标与弹丸同时到达p_xp_z面时的距离最小，下面进行证明。

定理 2.3.1　在预测迎弹面坐标系下，V_t与V_b在预测迎弹面(p_xp_z面)内的分量相等。

证明　注意到$p_y=\dfrac{V_b-V_t}{\left|V_b-V_t\right|}$，因此$V_t$在$p_xp_z$面内的分量为

$$V_{txz}=V_t-V_t\frac{(V_b-V_t)^{\mathrm{T}}}{\left|V_b-V_t\right|}p_y$$

而 V_b 在 $p_x p_z$ 面内的分量为

$$V_{bxz} = V_b - V_b \frac{(V_b - V_t)^{\mathrm{T}}}{|V_b - V_t|} p_y$$

由于 $p_y^{\mathrm{T}} p_y = 1$，显然有

$$\begin{aligned} V_{txz} - V_{bxz} &= \left[V_t - V_t \frac{(V_b - V_t)^{\mathrm{T}}}{|V_b - V_t|} p_y \right] - \left[V_b - V_b \frac{(V_b - V_t)^{\mathrm{T}}}{|V_b - V_t|} p_y \right] \\ &= (V_t - V_b) - (V_t - V_b) \frac{(V_b - V_t)^{\mathrm{T}}}{|V_b - V_t|} p_y \\ &= (V_t - V_b) - (V_t - V_b) p_y^{\mathrm{T}} p_y \\ &= 0 \end{aligned}$$

证毕。

定理 2.3.2　弹丸与目标同时位于 $p_x p_z$ 面时，两者距离最小。

证明　已知目标提前点附近的弹道点为 $X_b = [x_b, y_b, z_b]^{\mathrm{T}}$，目标位置为 $X_t = [x_t, y_t, z_t]^{\mathrm{T}}$，则考虑弹丸与目标速度的情况下，有

$$\begin{cases} X_{bm} = X_b + tV_b \\ X_{tm} = X_t + tV_t \end{cases}$$

因此，弹丸与目标距离 $D(t)$ 为

$$\begin{aligned} D(t) &= |X_{bm} - X_{tm}| \\ &= \sqrt{(X_{bm} - X_{tm})^{\mathrm{T}} (X_{bm} - X_{tm})} \\ &= \sqrt{(X_b - X_t + tV_b - tV_t)^{\mathrm{T}} (X_b - X_t + tV_b - tV_t)} \end{aligned}$$

根据定理 2.3.2，有

$$V_b - V_t = [0, v_{by} - v_{ty}, 0] = \Delta V_y$$

因此有

$$\begin{aligned} D(t) &= |X_{bm} - X_{tm}| \\ &= \sqrt{(X_{bm} - X_{tm})^{\mathrm{T}} (X_{bm} - X_{tm})} \\ &= \sqrt{(X_b - X_t + t\Delta V_y)^{\mathrm{T}} (X_b - X_t + t\Delta V_y)} \end{aligned}$$

显然，当 $(y_b - y_t) + t(v_{by} - v_{ty}) = 0$ 时，$D(t)$ 取最小值，此时 X_b 与 X_t 在 p_y 轴上的坐标相等，记为 $D_{\min}(t) = D(t)$。

根据定理 2.3.2，在单发弹丸的情况下，只需要考虑目标与弹丸在预测迎弹面坐标系内 p_x 轴与 p_z 轴的坐标就可以判断命中毁伤情况，从而建立毁伤概

率模型。然而，以第一发弹丸对应的目标提前点作为基准，解算后续多发弹丸(为了构成未来空域窗)的瞄准点，后续弹丸到达空域窗位置时，由于目标速度误差的影响，目标的散布区域范围、目标的散布中心都会发生变化。因此，还需要结合目标速度误差，构建多发弹丸进行未来空域窗射击时的毁伤概率模型，之后的分析均在预测迎弹面内进行。

现分析弹丸先后到达存在时间差情况下，由目标速度引起的瞄准点与目标散布中心相对运动情况，这里分析单门高射速小口径舰炮对空射击的情况。首先，需要进行若干假设便于分析：

(1) 未来空域窗是由连续发射的弹丸组成的；

(2) 相邻两发炮弹的发射间隔固定；

(3) 未来空域窗内所有弹丸的存速相等。

采用以上假设时，高射速小口径舰炮总以最高射速连续发射形成未来空域窗，因而在未来空域窗拦截目标的时间最短；射击间隔固定，可以简化分析；由于空间预测迎弹面坐标系的构建需要知道目标速度与弹丸存速，若未来空域窗内的弹丸存速均相等，则可以用相同的空间预测迎弹面坐标系，而这一假设在短时间内是成立的。在上述假设成立或近似成立的情况下，可以采用之后的分析及结论，若不然，弹丸序列的命中毁伤过程会较为复杂。

设目标速度为 $V_t=[v_{tx},v_{ty},v_{tz}]^{\mathrm{T}}$，弹丸速度为 $V_b=[v_{bx},v_{by},v_{bz}]^{\mathrm{T}}$，目标速度误差为 $\tilde{V}_t=[\varDelta_{vx},\varDelta_{vy},\varDelta_{vz}]^{\mathrm{T}}$，服从正态分布，期望为 0，均方差为 $[\sigma_x,\sigma_y,\sigma_z]^{\mathrm{T}}$。对于构成未来空域窗的弹丸序列 $i\in\varGamma$，其瞄准点为 $[x_i,z_i]$，设弹丸序列已按照发射顺序排列，发射间隔为 Δt，第 i 发弹丸在第一发弹丸的基础上推迟到达 $t_{\varDelta,i}=(i-1)\cdot\Delta t$，因此第 i 发弹丸的瞄准点变为

$$[x_i+t_{s,i}v_{bx},z_i+t_{s,i}v_{bz}]$$

此时目标的散布中心为

$$[t_{s,i}v_{tx}+t_{s,i}\varDelta_{vx}+t_{\varDelta,i}\cdot\varDelta_{vx},t_{s,i}v_{tz}+t_{s,i}\varDelta_{vz}+t_{\varDelta,i}\cdot\varDelta_{vz}]$$

其中，$t_{s,i}$ 为目标位置误差与累计速度误差在 p_y 轴分量引起的目标与弹丸共面时间误差，即

$$t_{s,i}=\frac{\varDelta_y+t_{\varDelta,i}\cdot\varDelta_{vy}}{v_{by}-(v_{ty}+\varDelta_{vy})}\tag{2.3.4}$$

由于在预测迎弹面坐标系内，有 $v_{bx}=v_{tx}$ 及 $v_{bz}=v_{tz}$，因此目标散布中心相对弹丸瞄准点的位置为

$$[\varDelta_{x,i},\varDelta_{z,i}]=[t_{s,i}\varDelta_{vx}+t_{\varDelta,i}\cdot\varDelta_{vx}-x_i,+t_{\varDelta,i}\cdot\varDelta_{vz}t_{s,i}\varDelta_{vz}-z_i]\tag{2.3.5}$$

也就是说目标散布中心在 $\varepsilon_x\varepsilon_z$ 面内因位置误差、速度误差及发射间隔获得

了一个偏移$[\varDelta_{x,i},\varDelta_{z,i}]$，即

$$[t_{s,i}\varDelta_{vx}+t_{\varDelta,i}\cdot\varDelta_{vx},t_{s,i}\varDelta_{vz}+t_{\varDelta,i}\cdot\varDelta_{vz}]$$

偏移速度为$[\varDelta_{vx},\varDelta_{vz}]$，偏移时间为$t_{s,i}+t_{\varDelta,i}$。弹丸散布中心与目标散布中心的相对运动如图 2.3.2 所示。

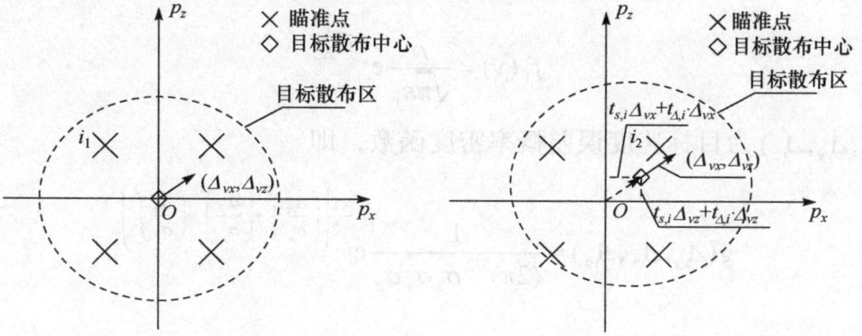

(a) 弹丸i_1到达时刻的目标-弹丸相对位置　　(b) 弹丸i_2到达时刻的目标-弹丸相对位置

图 2.3.2　弹丸散布中心与目标散布中心的相对运动

图 2.3.2 中，弹丸i_1先到达p_xp_z面，此时目标散布中心位于坐标系原点，而当弹丸i_2与目标同时到达p_xp_z面时，由于目标速度误差，目标散布中心的位置已经改变，目标散布中心的改变等价于弹丸瞄准点中心的改变。为方便分析，设目标散布中心不变，则速度误差与位置误差引起的目标与弹丸相对运动相当于弹丸瞄准点的变化，第i发弹丸的瞄准点变为

$$[x_i-\varDelta_{x,i},z_i-\varDelta_{z,i}]=[x_i-t_{s,i}\varDelta_{vx}-t_{\varDelta,i}\cdot\varDelta_{vx},z_i-t_{s,i}\varDelta_{vz}-t_{\varDelta,i}\cdot\varDelta_{vz}] \tag{2.3.6}$$

经过上述分析，可以建立考虑目标速度误差的未来空域窗射击毁伤概率模型为

$$\begin{aligned}P_m=1-&\int_{-\infty}^{+\infty}\int_{-\infty}^{+\infty}\int_{-\infty}^{+\infty}g(\varDelta_{vx},\varDelta_{vy},\varDelta_{vz})\\&\cdot\int_{-\infty}^{+\infty}\int_{-\infty}^{+\infty}\int_{-\infty}^{+\infty}f_y(y)f(x,z)h(x,z)\mathrm{d}x\mathrm{d}y\mathrm{d}z\mathrm{d}\varDelta_{vx}\mathrm{d}\varDelta_{vy}\mathrm{d}\varDelta_{vz}\end{aligned} \tag{2.3.7}$$

其中，$h(x,z)$为弹丸散布密度函数，即

$$h(x,z)=\prod_{i\in\varOmega}\left[1-p\left(x+\xi_i-\frac{\varDelta_{x,i}}{E_{x1}},z+\zeta_i-\frac{\varDelta_{z,i}}{E_{z1}}\right)\Big/\omega\right]$$

$$p(x_i,z_i)=\frac{\rho^2}{\pi}\int_{-b}^{b}\int_{-l}^{l}\mathrm{e}^{-\rho^2\left[(x-x_i)^2+(z-z_i)^2\right]}\mathrm{d}x\mathrm{d}z$$

$f(x,z)$为目标位置误差在 $p_x p_z$ 面内的概率密度函数，即

$$f(x,z)=\frac{\rho^2}{\pi\varepsilon_x\varepsilon_z}\mathrm{e}^{-\rho^2\left(\frac{x^2}{\varepsilon_x^2}+\frac{z^2}{\varepsilon_z^2}\right)}$$

而 $f_y(y)$ 为目标位置误差在 p_y 轴上的概率密度函数，即

$$f_y(y)=\frac{\rho}{\sqrt{\pi}\varepsilon_y}\mathrm{e}^{-\rho^2\frac{y^2}{E_y^2}}$$

$g(\varDelta_{vx},\varDelta_{vy},\varDelta_{vz})$为目标速度误差概率密度函数，即

$$g(\varDelta_{vx},\varDelta_{vy},\varDelta_{vz})=\frac{1}{(2\pi)^{3/2}\sigma_x\sigma_y\sigma_z}\mathrm{e}^{-\frac{1}{2}\left(\left(\frac{\varDelta_{vx}}{\sigma_x}\right)^2+\left(\frac{\varDelta_{vy}}{\sigma_y}\right)^2+\left(\frac{\varDelta_{vz}}{\sigma_z}\right)^2\right)}$$

2.4 任意分布目标的最优未来空域窗毁伤概率模型

之前的分析给出了适用于规则目标分布(正态分布与均匀分布)情况下的最优瞄准点配置方法。然而，实际射击过程中，若存在不服从规则分布的目标指示信息，此时现有方法将无法进行瞄准点配置的求解。例如，目标真实分布为正态分布，而求解过程中假设服从均匀分布时，会引起毁伤概率下降。一般情况下，造成目标分布不规则的原因主要有三种：一是由融合多个探测源的信息造成的融合目标位置分布概率密度不规则；二是由于多次射击、探测、毁伤评估过程对初始即后续目标分布的更新，即使初始分布服从规则分布，经过更新的后验分布也不再具有规则、简洁的形式；三是在探测手段、设备匮乏，而又必须进行射击的情况下，指挥员根据经验与态势估计人为设定的目标分布可能不具有规则的形式。因此，进一步的研究中，亟待解决的问题是给出对于任意目标分布情况的未来空域窗射击方法。

为解决第一个问题，以下通过在离散空间内进行目标分布概率密度的描述，直接给出数值形式的目标分布概率密度，避免解析形式下多次更新、更改对目标概率密度函数复杂度的提升。之后，基于变分分析，求解数值形式的最优有效范围与中间函数。

2.4.1 目标分布概率密度描述

为便于描述任意目标分布，在离散空间内通过离散概率密度描述目标分布情况。将连续空间 $\mathbb{R}^2$ 离散为若干个点$[\xi^*,\zeta^*]$，构成点集$\varTheta$，相邻点的间隔分

别为 $\Delta\xi^*$ 与 $\Delta\zeta^*$，即

$$\begin{cases} \left|\xi_i^* - \xi_{i-1}^*\right| = \Delta\xi^* \\ \left|\zeta_i^* - \zeta_{i-1}^*\right| = \Delta\zeta^* \end{cases} \tag{2.4.1}$$

目标分布的离散概率密度为 $g(\xi^*,\zeta^*)$，分布区域为 Φ，则有

$$\begin{cases} g(\xi^*,\zeta^*) \geqslant 0 \\ \sum\limits_{\Phi} g(\xi^*,\zeta^*) = 1 \end{cases} \tag{2.4.2}$$

若目标分布在连续空间内存在解析形式 $f(x,z)$，则从 $f(x,z)$ 到 $g(\xi^*,\zeta^*)$ 的转换为

$$g(\xi^*,\zeta^*) = \int_{\zeta^*-\Delta\zeta^*/2}^{\zeta^*+\Delta\zeta^*/2} \int_{\xi^*-\Delta\xi^*/2}^{\xi^*+\Delta\xi^*/2} f(x,z)\mathrm{d}x\mathrm{d}z \tag{2.4.3}$$

若采用解析概率密度函数 $f(x,z)$ 描述目标分布，当对目标分布进行概率更新、更改时，需要通过卷积描述后验概率密度，随着更新、更改次数增多，目标概率密度函数将越来越复杂；同时，在人为设定目标分布时，也不利于表示与后续优化求解。

相比之下，采用离散概率密度 $g(\xi^*,\zeta^*)$ 描述目标分布，当对 $g(\xi^*,\zeta^*)$ 进行概率更新、更改，或人为设定 $g(\xi^*,\zeta^*)$ 时，由于 $g(\xi^*,\zeta^*)$ 通过数值描述，因此并不会影响之后瞄准点配置过程的复杂度。

2.4.2　最优瞄准点配置区域与最优中间函数求解

1) 基于离散目标分布概率密度的未来空域窗射击毁伤概率

设舰炮射击不相关误差为 E_{x1} 与 E_{z1}，目标尺寸为 $B \times L$，毁伤目标所需炮弹数量期望为 ω，瞄准点配置射击瞄准点为 $[x_i^*, z_i^*]$，炮弹总数为 N_s。

为简化分析，以不相关误差作为基准，对其他参数进行归一化，有归一化目标尺寸为 $b \times l$，其中

$$\begin{cases} b = B / E_{x1} \\ l = L / E_{z1} \end{cases} \tag{2.4.4}$$

归一化离散目标分布概率密度为 $g(\xi,\zeta)$，其中

$$\begin{cases} \xi = \xi^* / E_{x1} \\ \zeta = \zeta^* / E_{z1} \end{cases} \tag{2.4.5}$$

归一化射击瞄准点为 $[x_i, z_i]$，即

$$\begin{cases} x_i = x_i^* / E_{x1} \\ z_i = z_i^* / E_{z1} \end{cases} \tag{2.4.6}$$

从而有基于离散目标分布概率密度未来空域窗射击毁伤概率为

$$P_k = 1 - \sum_{\Phi}\left[g(\xi,\zeta)\prod_{i=1}^{N_s}\left(1 - \frac{p(\xi - x_i, \zeta - z_i)}{\omega}\right)\right] \tag{2.4.7}$$

其中，$p(\xi - x_i, \zeta - z_i)$为条件毁伤概率函数，即在目标真实位置为$[\xi,\zeta]$的条件下，射击瞄准点取$[x_i, z_i]$的毁伤概率，有

$$p(\xi - x_i, \zeta - z_i) = \frac{\rho^2}{\pi}\int_{-l/2}^{l/2}\int_{-b/2}^{b/2} \mathrm{e}^{-\rho^2[(\xi - x_i - t_x)^2 + (\zeta - z_i - t_z)^2]}\mathrm{d}t_x \mathrm{d}t_z \tag{2.4.8}$$

其中，ρ 取 0.476936。

2) 基于变分分析的瞄准点配置最优中间函数与有效范围求解

对于目标服从规则、连续分布的情况，前面基于变分分析，求解得到了针对解析形式目标概率密度函数的最优中间函数。最优中间函数具有较好的解析形式，该函数与具体的射击瞄准点配置无关。基于最优中间函数，能够得到给定炮弹总数条件、误差条件下的理论毁伤概率最优值，并能够进一步进行瞄准点配置求解。对于离散概率密度函数，同样可以求解得到离散形式的最优中间函数。

引入中间函数$U(x)$，有

$$U(\xi,\zeta) = -\sum_{i=1}^{N_s}\ln\left(1 - \frac{p(\xi - x_i, \zeta - z_i)}{\omega}\right) \tag{2.4.9}$$

从而毁伤概率可以表示为

$$P_k = 1 - \sum_{\Phi}[g(\xi,\zeta)\exp(-U(\xi,\zeta))] \tag{2.4.10}$$

$U(\xi,\zeta)$具有两个性质，分别为

$$U(\xi,\zeta) \geqslant 0 \tag{2.4.11}$$

$$\begin{aligned} \int_{-\infty}^{+\infty}\int_{-\infty}^{+\infty} U(\xi,\zeta)\mathrm{d}\xi\mathrm{d}\zeta &= \int_{-\infty}^{+\infty}\int_{-\infty}^{+\infty} -\sum_{i=1}^{N_s}\ln\left(1 - \frac{p(\xi - x_i, \zeta - z_i)}{\omega}\right)\mathrm{d}\xi\mathrm{d}\zeta \\ &= -N_s\int_{-\infty}^{+\infty}\int_{-\infty}^{+\infty}\ln\left(1 - \frac{p(\xi,\zeta)}{\omega}\right)\mathrm{d}\xi\mathrm{d}\zeta \\ &= N_s\tau \end{aligned} \tag{2.4.12}$$

由式(2.4.12)可知，$U(\xi,\zeta)$在$(-\infty,+\infty)\times(-\infty,+\infty)$上的积分与具体的射击瞄准点配置无关，而与炮弹总数$N_s$有关。

结合式(2.4.10)和式(2.4.12)，可以构建指标函数H，即

$$H=\sum_{\Phi}[g(\xi,\zeta)\exp(-U(\xi,\zeta))+\lambda U(\xi,\zeta)] \tag{2.4.13}$$

设最优中间函数为 $U_o(\xi,\zeta)$，$U_o(\xi,\zeta)$ 满足条件

$$\frac{\partial H}{\partial U}-\frac{\partial}{\partial \xi}\frac{\partial H}{\partial U_{\xi}}-\frac{\partial}{\partial \zeta}\frac{\partial H}{\partial U_{\zeta}}=0 \tag{2.4.14}$$

从而解得

$$U_o(\xi,\zeta)=\ln g(\xi,\zeta)-\ln\lambda \tag{2.4.15}$$

将最优中间函数 $U_o(\xi,\zeta)$ 代入式(2.4.10)，即可得到理论最优毁伤概率 $P_{k,o}$，这一概率是固定误差条件与炮弹总数情况下，毁伤概率能达到的上界。

结合式(2.4.12)和式(2.4.15)，在离散空间内，有

$$\begin{aligned}\Delta\xi\Delta\zeta\sum_{\Omega}U_o(\xi,\zeta)&=\Delta\xi\Delta\zeta\sum_{\Omega}(\ln g(\xi,\zeta)-\ln\lambda)\\&=N_s\tau\end{aligned} \tag{2.4.16}$$

其中，Ω 为最优中间函数 $U_o(\xi,\zeta)$ 取值大于零的平面，以下称为有效范围。

由式(2.4.14)可知，当 Ω 取不同值时，满足条件的最优中间函数 $U_o(\xi,\zeta)$ 不唯一。

在瞄准点配置求解与优化过程中，根本的原则是使实际中间函数 $U(\xi,\zeta)$ 趋近最优中间函数 $U_o(\xi,\zeta)$。实际中间函数 $U(\xi,\zeta)$ 受到瞄准点数量的影响，仅能覆盖有限的范围。因此，有效范围 Ω 的面积(测度 $\|\Omega\|$，定义测度为离散点的数量)应当尽量小，以使实际中间函数能够有效逼近。

可以通过 F_p，定义有效范围 Ω 为

$$\Omega(F_p)=\{(\xi,\zeta)\,|\,g(\xi,\zeta)>F_p\} \tag{2.4.17}$$

结合式(2.4.17)，构建指标函数 $I(F_p)$。$I(F_p)$ 取 0 时，即通过 F_p 给出的有效范围不满足式(2.4.11)；而 $I(F_p)$ 取 1 时，对应有效范围满足式(2.4.11)。

$$I(F_p)=\begin{cases}1, & g(\xi,\zeta)\geqslant\lambda(F_p), \quad \forall(\xi,\zeta)\in\Omega(F_p)\\0, & g(\xi,\zeta)<\lambda(F_p), \quad \exists(\xi,\zeta)\in\Omega(F_p)\end{cases} \tag{2.4.18}$$

其中

$$\begin{cases}\lambda(F_p)=\exp(S(F_p)\ln g(\xi,\zeta)-N_s\tau)/S(F_p)\\S(F_p)=\Delta\xi\Delta\zeta\|\Omega(F_p)\|\end{cases} \tag{2.4.19}$$

显然，F_p 取值越大，Ω 的面积就越小，而当 F_p 较大时，通过式(2.4.19)求解得到的 Ω 可能不满足式(2.4.11)，即指标函数 $I(F_p)$ 取 0。因此，需要求解使 $I(F_p)$ 取 1 的最大 F_p，使对应有效范围(记为最优有效范围 Ω_o)的测度 $\|\Omega\|$ 最

小。其中，F_p取值范围为$(\min\{g(\xi,\zeta)\},\max\{g(\xi,\zeta)\})$，可以采用典型的搜索算法如黄金分割搜索、二分法搜索等进行求解。

2.5 本章小结

本章建立了最优未来空域窗毁伤概率模型、最优未来空域窗射击实施条件模型，以及考虑目标速度误差的射击毁伤概率模型。其中，最优未来空域窗毁伤概率模型能够给出当前误差条件、目标尺寸、弹丸数量确定情况下的最优弹丸散布密度及最优毁伤概率，在理论上给出了进一步提高射击毁伤效能的可能性及方向，并为最优未来空域窗的参数求解提供理论基础；而最优未来空域窗射击实施条件模型可以给出当前误差条件、目标尺寸、弹丸数量确定情况下是否应当采取未来空域窗射击，为未来空域窗的作战使用、辅助决策提供方法参考；考虑目标速度误差的射击毁伤概率模型将武器对目标的打击过程拓展至三维，可用于分析对空中目标的毁伤概率，以及为第 3 章中的多未来空域窗参数配置求解提供理论支撑。

第 3 章　最优未来空域窗配置求解与射击流程

第 2 章得到了使未来空域窗射击达到最优毁伤概率的最优中间函数,该函数能够表征最优射弹散布密度函数,并且在空间预测迎弹面坐标系内建立了考虑目标速度误差的未来空域窗射击毁伤概率模型,包括针对目标正态分布情况的模型与针对任意分布目标的模型。然而，只有毁伤概率模型、最优弹丸散布密度等，与未来空域窗的具体实施还有很大的差距。其中需要解决的问题主要是射击参数的计算，以及对典型目标的射击流程拟制。

本章根据最优未来空域窗的理论模型,给出未来空域窗的瞄准点配置及配置求解方法；基于考虑目标速度误差的毁伤概率模型，给出武器对空中目标的多未来空域窗射击参数配置方法,根据这些方法给出完整的对典型目标的射击流程。

3.1　典型瞄准点配置方法

未来空域窗的瞄准点关系到未来空域窗的毁伤概率。显然，如果不考虑具体的瞄准点配置方法，而直接选取所有射击瞄准点 $[x_i, z_i]$ $(i \in \Gamma)$ 作为参数，求解使毁伤概率到达最优毁伤概率 $P_{f,o}$ 的瞄准点具体位置，那么当瞄准点数量增多时，待求解参数的数量会不断提高，从而导致瞄准点配置求解的问题复杂程度急剧上升。如果射击瞄准点之间具有一定的联系，构成一个规则的形状，并被若干个参数固定，那么就可以显著降低求解与射击实施的难度。

瞄准点配置方法可以有很多种，但是在瞄准点配置方法确定后，还需要相应的瞄准点配置求解过程，因此配置方法应当具有一定的合理性，避免造成求解过程出现误解或收敛较慢的情况。本节主要介绍未来空域窗网状瞄准点配置方法及圆形瞄准点配置方法，所有的瞄准点配置方法都在预测迎弹面内进行。

3.1.1　未来空域窗网状瞄准点配置方法

未来空域窗网状瞄准点配置(以下简称网状配置)的射击瞄准点如图 3.1.1 所示。该配置方法以原点为中心，等间隔地在 OX 方向与 OZ 方向分别布置 h_x 与 h_z 个瞄准点，其间隔为 Δ_x 与 Δ_z，并且有 $h_x h_z = n$。

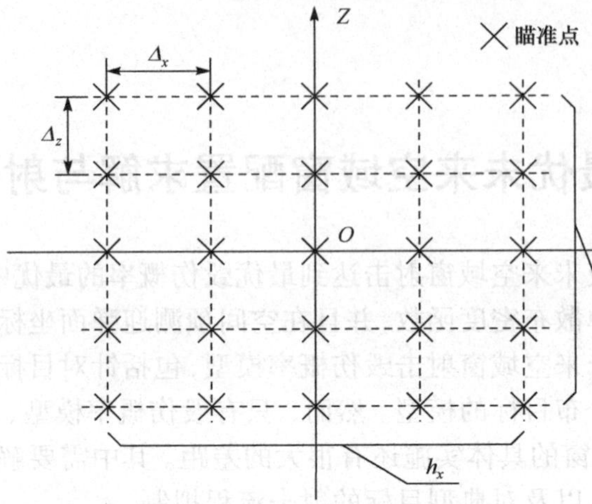

图 3.1.1　网状配置示意图

因此，这种瞄准点配置方法只需要四个参数 h_x、h_z、Δ_x、Δ_z 就可以确定。由于弹丸阵列呈现一个矩形(网状)，弹丸散布密度在不同方向上的差异较为明显，适用于目标散布误差方向已知的情况。

3.1.2　未来空域窗圆形瞄准点配置方法

未来空域窗圆形瞄准点配置(以下简称圆形配置)方法在各个方向上的瞄准点数量较为均匀，能够用于目标散布误差方向无法给出的情况。

圆形配置方法如图 3.1.2 所示。对于不相关误差 E_{x1} 与 E_{z1}，给定圆形配置瞄准点 $[x_j, z_j]$，$j \in \Gamma$，在归一化后的坐标系中，其瞄准点 $[\xi_j, \zeta_j] = [x_j / E_{x1}, z_j / E_{z1}]$ $(j \in \Gamma)$ 分布在若干个椭圆上。

图 3.1.2 中，误差散布主轴分别为 OX_1 与 OZ_1，建立直角坐标系 OX_1Z_1，其与预测迎弹面坐标系 OXZ 之间存在夹角 Θ，该夹角受目标特性、传感器特性、气象因素等影响。若采用网状配置，当 Θ 未知时，假设 $\Theta = 0$，在 OXZ 内求解瞄准点配置可能与 OX_1Z_1 内的最优配置存在一定的效能差；而如果采用圆形配置，由于圆形的对称性，当所有瞄准点以 O 为圆心进行任意角度的旋转时，可以在一定程度上减缓因误差方向估计存在误差而引起的毁伤概率变化。

分别以目标散布中心 O 为圆心配置若干个圆形，其半径分别为 $r_1, r_2, \cdots, r_k$；对于半径为 r_k 的圆，配置 h_k 个瞄准点($\sum h_k = n$)，相邻瞄准点的幅角之差为 Δ_{θ_k}。

为了减少求解的参数，可以固定圆形配置中相邻圆环的半径差及相邻瞄准点的幅角差，这样，圆形配置只需每个圆环上的瞄准点数量及相邻圆环的半径差就可以唯一地确定。

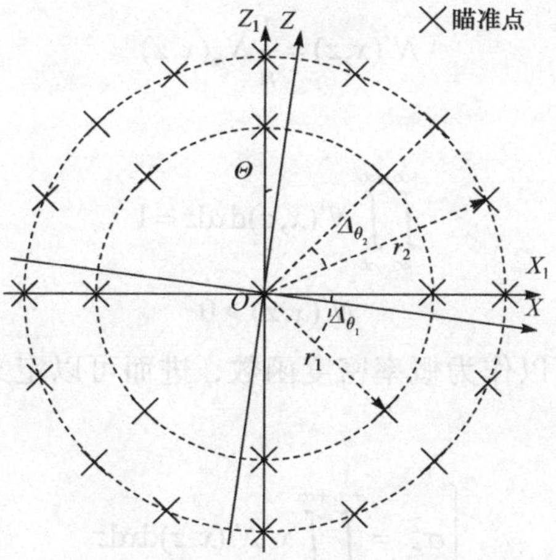

图 3.1.2　圆形配置示意图

3.1.3　未来空域窗非均匀瞄准点配置方法

当目标分布不服从均匀分布时，目标在各个位置出现的概率不相同，因此等间隔的瞄准点配置方法并非最优。除了等间隔的网状配置与圆形配置，还可以采用非均匀瞄准点配置方法，即在求解过程中，每个瞄准点的位置相互独立。

采用非均匀瞄准点配置的好处显而易见，即可以适应任意的目标分布。理想情况下，瞄准点在目标分布概率密度较高的位置密集，而在目标分布概率密度较低的位置稀疏。然而，若采用非均匀的瞄准点配置，每个瞄准点的位置相互独立，那么在求解过程中，随着瞄准点数量的增加，待优化参数也会增加，进而导致未来空域窗的瞄准点配置求解问题复杂化。

3.2　最优未来空域窗瞄准点配置求解方法

3.2.1　基于解析法的瞄准点配置求解方法

基于解析法的瞄准点配置求解方法(以下简称解析法)适用于求解网状瞄准点配置，通过等效方差的方式求取具体的配置参数。首先引入射击密度的概念。

定义 3.2.1　未来空域窗内，单位面积上的弹丸瞄准点的数量称为未来空域窗的射击密度，记为 $N(x,z)$ 。

根据最优中间函数(2.1.13)，可以构建最优射击密度函数

$$N_o(x,z)=\frac{U_o(x,z)}{4bl\tau_f(b,l,\omega)} \tag{3.2.1}$$

令

$$N'(x,z)=\frac{1}{n}N_o(x,z) \tag{3.2.2}$$

显然有

$$\int_{-\infty}^{+\infty}\int_{-\infty}^{+\infty}N'(x,z)\mathrm{d}x\mathrm{d}z=1 \tag{3.2.3}$$

$$N'(x,z)\geqslant 0$$

因此，$N'(x,z)$可以作为概率密度函数，进而可以定义基于$N'(x,z)$的方差$\sigma_{\xi_x}^2$与$\sigma_{\xi_z}^2$，即

$$\begin{cases}\sigma_{\xi_x}^2=\int_{-\infty}^{+\infty}\int_{-\infty}^{+\infty}x^2N'(x,z)\mathrm{d}x\mathrm{d}z\\ \sigma_{\xi_z}^2=\int_{-\infty}^{+\infty}\int_{-\infty}^{+\infty}z^2N'(x,z)\mathrm{d}x\mathrm{d}z\end{cases} \tag{3.2.4}$$

解出方差$\sigma_{\xi_x}^2$与$\sigma_{\xi_z}^2$，可以得到

$$\frac{\sigma_{\xi_x}^2}{\varepsilon_x^2}=\frac{\sigma_{\xi_z}^2}{\varepsilon_z^2}=\frac{1}{6}R^2 \tag{3.2.5}$$

设实际射击密度为$N_p(x,z)$，有

$$N_p'(x,z)=\frac{N_p(x,z)}{n}=\frac{1}{4nbl\tau_2(b,l,\omega)}\sum_{i=1}^{h}\ln\left(1-\frac{p(x+\xi_i,z+\zeta_i)}{\omega}\right) \tag{3.2.6}$$

显然$N_p'(x,z)$也可以作为概率密度函数，定义基于$N_p'(x,z)$的方差$\sigma_{p\xi_x}^2$与$\sigma_{p\xi_z}^2$，即

$$\begin{cases}\sigma_{p\xi_x}^2=\int_{-\infty}^{+\infty}\int_{-\infty}^{+\infty}x^2N_p'(x,z)\mathrm{d}x\mathrm{d}z\\ \sigma_{p\xi_z}^2=\int_{-\infty}^{+\infty}\int_{-\infty}^{+\infty}z^2N_p'(x,z)\mathrm{d}x\mathrm{d}z\end{cases} \tag{3.2.7}$$

在网状配置中，瞄准点在OX方向与OZ方向均是对称分布的，因而

$$\begin{cases}\sum_{i=1}^{n}\xi_i=0\\ \sum_{i=1}^{n}\zeta_i=0\end{cases} \tag{3.2.8}$$

所以有

$$\sum_{i=1}^{n}(x-\xi_i)^2=\sum_{i=1}^{n}x^2-2x\sum_{i=1}^{n}\xi_i+\sum_{i=1}^{n}\xi_i^2=nx^2+\sum_{i=1}^{n}\xi_i^2 \tag{3.2.9}$$

结合式(3.2.7)～式(3.2.9)，有

$$\begin{aligned}\sigma_{p\xi_x}^2&=-\frac{1}{4bl\tau_2(b,l,\omega)}\int_{-\infty}^{+\infty}\int_{-\infty}^{+\infty}\ln\left(1-\frac{p(x,z)}{\omega}\right)\left(x^2+\frac{1}{n}\sum_{i=1}^{n}\xi_i^2\right)\mathrm{d}x\mathrm{d}z\\&=\frac{\int_{-\infty}^{+\infty}\int_{-\infty}^{+\infty}x^2\ln\left(1-\frac{p(x,z)}{\omega}\right)\mathrm{d}x\mathrm{d}z}{\int_{-\infty}^{+\infty}\int_{-\infty}^{+\infty}\ln\left(1-\frac{p(x,z)}{\omega}\right)\mathrm{d}x\mathrm{d}z}+\frac{1}{n}\sum_{i=1}^{n}\xi_i^2=T_{2x}(b,l,\omega)+\frac{1}{n}\sum_{i=1}^{n}\xi_i^2\end{aligned} \tag{3.2.10}$$

同理可得

$$\sigma_{p\xi_z}^2=\frac{\int_{-\infty}^{+\infty}\int_{-\infty}^{+\infty}z^2\ln\left(1-\frac{p(x,z)}{\omega}\right)\mathrm{d}x\mathrm{d}z}{\int_{-\infty}^{+\infty}\int_{-\infty}^{+\infty}\ln\left(1-\frac{p(x,z)}{\omega}\right)\mathrm{d}x\mathrm{d}z}+\frac{1}{n}\sum_{i=1}^{n}\zeta_i^2=T_{2z}(b,l,\omega)+\frac{1}{n}\sum_{i=1}^{n}\zeta_i^2 \tag{3.2.11}$$

结合式(3.2.5)、式(3.2.10)及式(3.2.11)，可以得到

$$\begin{cases}\sigma_{\xi_x}^2=\sigma_{p\xi_x}^2\Rightarrow\dfrac{1}{n}\sum_{i=1}^{n}\xi_i^2=\dfrac{1}{6}R^2\varepsilon_x^2-T_{2x}(b,l,\omega)\\\sigma_{\xi_z}^2=\sigma_{p\xi_z}^2\Rightarrow\dfrac{1}{n}\sum_{i=1}^{n}\zeta_i^2=\dfrac{1}{6}R^2\varepsilon_z^2-T_{2z}(b,l,\omega)\end{cases} \tag{3.2.12}$$

显然，只有当$T_{2x}(k,m,\omega)<R^2\varepsilon_x^2/6$和$T_{2z}(k,m,\omega)<R^2\varepsilon_z^2/6$时，才能通过解析法求解网状配置的瞄准点位置，即弹丸数量n应满足条件：

$$n>\max\left\{\frac{18T_{2z}^2(b,l,\omega)\pi\rho^2\varepsilon_x}{4bl\varepsilon_z^3\tau_2(b,l,\omega)},\frac{18T_{2x}^2(b,l,\omega)\pi\rho^2\varepsilon_z}{4bl\varepsilon_x^3\tau_2(b,l,\omega)}\right\} \tag{3.2.13}$$

根据以上分析，在满足式(3.2.13)的条件下，当给定瞄准点在OX方向与OZ方向上瞄准点数量h_x与h_z后，可以通过式(3.2.12)求解网状配置的瞄准点间隔$\varDelta_x$与$\varDelta_z$，即

$$\begin{cases}\varDelta_x=\sqrt{\dfrac{12}{h_x^2-1}\left(\dfrac{1}{6}R^2\varepsilon_x^2-T_{2x}(b,l,\omega)\right)}\\\varDelta_z=\sqrt{\dfrac{12}{h_z^2-1}\left(\dfrac{1}{6}R^2\varepsilon_z^2-T_{2z}(b,l,\omega)\right)}\end{cases} \tag{3.2.14}$$

3.2.2 基于函数逼近法的瞄准点配置求解方法

函数逼近法是一种常用的优化求解方法，2.1 节已经求解得到了对应最优毁伤概率的最优中间函数，因此可以通过使给定瞄准点配置下的中间函数逼近最优中间函数来进行瞄准点配置的求解。

基于函数逼近法的瞄准点配置求解方法(以下简称逼近法)通过函数逼近手段优化求解未来空域窗瞄准点配置参数，根据逼近法有解的条件，只有证明给定配置方法可解，就可以采用逼近法进行求解。首先给出逼近法的具体步骤。

在弹丸数量 n 有限的情况下，实际配置方法的中间函数 $U(x,z)$ 总是与最优中间函数存在一定的差距，但是通过调整配置参数，可以使中间函数与最优中间函数的"距离"减小，从而达到优化的效果。

在区域 $E=(-\infty,+\infty)^2$ 上满足等周条件(2.1.5)的中间函数集合 $\mathcal{U}=\{U(x,z)\}$，其元素均为本性有界函数，在 $\mathcal{U}$ 上定义范数 $\|\cdot\|_2$ 为

$$\|U\|_2=\sqrt{\int_{-\infty}^{+\infty}\int_{-\infty}^{+\infty}U^2\mathrm{d}x\mathrm{d}z} \tag{3.2.15}$$

并且有 $V=\left(\mathcal{U},\|\cdot\|_2\right)=L^2(E)$。

式(2.1.13)已经确定了最优中间函数 $U_o(x,z)$，对应不同的瞄准点配置方法，$U(x,z)$ 的取值不同，设 $\psi_1,\psi_2,\cdots,\psi_\eta$ 为除了 x 与 z 影响 $U(x,z)$ 的参数(如圆形配置中各瞄准点所在圆环的半径、网状配置中相邻瞄准点的间隔)，则 $U(x,z)=U(\psi_1,\psi_2,\cdots,\psi_\eta)$。因此，中间函数 $U(x,z)$ 取最优(使毁伤目标概率最大)的充要条件为 $U(\psi_1,\psi_2,\cdots,\psi_\eta)$ 使

$$\min\|U(x,z)-U_o(x,z)\|_2$$

因此，对于 $U(x,z)$ 的优化，即优化参数 $\psi_1,\psi_2,\cdots,\psi_\eta$，使 $\|U(x,z)-U_o(x,z)\|_2\to 0$。

可以证明，对于参数形式的中间函数 $U(\psi_1,\psi_2,\cdots,\psi_\eta)$，设参数空间为

$$S_\Psi=\{\Psi\mid\Psi=(\psi_1,\psi_2,\cdots,\psi_\eta)\}$$

则通过函数逼近求解配置方法，有解的充分条件是存在参数空间 S_Ψ 的一个划分，即 $S=S_G\cup S_F$，$S_G\cap S_F=\varnothing$，其中 S_F 为闭集，$\exists\Psi_F\in S_F$ 使

$$\inf\{\|U(S_G)-U_o\|_2\}\geqslant\|U(\Psi_F)-U_o\|_2$$

证明 由于

$$\inf\{\|U(S_\Psi)-U_o\|_2\}=\min\{\inf\{\|U(S_\Psi)-U_o\|_2\},\inf\{\|U(S_G)-U_o\|_2\}\}$$

且 $\exists\Psi_F\in S_F$，使

$$\inf\{\|U(S_G)-U_o\|_2\}\geqslant\|U(\Psi_F)-U_o\|_2$$

故

$$\min\{\inf\{\|U(S_F)-U_o\|_2\},\inf\{\|U(S_G)-U_o\|_2\}\}=\inf\{\|U(S_F)-U_o\|_2\}$$

根据闭集上的最值存在定理，有

$$\inf\left\{\|U(S_F)-U_o\|_2\right\}=\min\left\{\|U(S_F)-U_o\|_2\right\}$$

故$\Psi\in S_\Psi$可以取到最小值。

无论是网状配置还是圆形配置，都可以通过逼近法进行求解。

1) 网状配置的逼近法求解可行性

利用逼近最优中间函数的方法求解网状配置瞄准点间隔：当固定OX方向与OZ方向的瞄准点数量h_x与h_z时，待优化参数为$\varDelta_x$与$\varDelta_z$，此时，中间函数为$U(\varDelta_x,\varDelta_z)$；当$h_x$与$h_z$不固定时，待优化参数变为$h_x$、$h_z$、$\varDelta_x$与$\varDelta_z$，此时中间函数为$U(h_x,h_z,\varDelta_x,\varDelta_z)$。

无论配置参数是$\varDelta_x$与$\varDelta_z$还是h_x、h_z、$\varDelta_x$与$\varDelta_z$，解均存在，这是因为h_x、h_z取任意值时($h_xh_z=n$，h_x与h_z在有限点集内取值)，有

$$\lim_{\substack{\varDelta_x\to\infty\\ \varDelta_z\to\infty}}\|U(x,z)-U_o(x,z)\|_2=\|U_o(x,z)\|_2$$

故$\exists M_x$与M_z，使$\varDelta_x>M_x$且$\varDelta_z>M_z$时，由于$U(x,z)>0$，因此$\|U(x,z)-U_o(x,z)\|_2$沿$\varDelta_x$与$\varDelta_z$增大的方向递增，并且收敛至$\|U_o(x,z)\|_2$。因此，构建闭集$[0,M_x]\times[0,M_z]$，瞄准点间隔$(\varDelta_x,\varDelta_z)$在该闭集上使$\|U(x,z)-U_o(x,z)\|_2$取最小值。

2) 圆形配置的逼近法求解可行性

采用等间隔的配置方法，圆形配置中相邻两个圆环半径差固定为r，并且有$r_k=kr$，每个圆环上相邻两个瞄准点的幅角差相等，则圆形配置中每个圆环的半径为一等差数列，在目标预测未来点处分配一个瞄准点，其余弹丸由第一个圆环等差递增地分配至各个圆环，设圆环最大数量为$c_{\max}$，则分配给第一个圆环的瞄准点数量为

$$h_1=\left\lceil (n-1)\middle/\left[\frac{c_{\max}(c_{\max}+1)}{2}\right]\right\rceil$$

其中，$\lceil\cdot\rceil$表示向上取整。则除了最外层圆环上的瞄准点数量为

$$h_k=kh_1$$

最外层圆环上的最大瞄准点数量为

$$h_{c_{\max}}=\left[\frac{c_{\max}(c_{\max}+1)}{2}\right]h_1-n+1$$

此时，圆形配置的中间函数为$U(r,c_{\max})$，其中$c_{\max}\in\mathbb{N}^{+}$为正整数，并且$c_{\max}\leqslant n$。

由于$c_{\max}\leqslant n$，并且$U(x,z)>0$，以及

$$\lim_{r\to\infty}\|U(x,z)-U_o(x,z)\|_2=\|U_o(x,z)\|_2$$

因此$\exists M_r$使$r>M_r$时，有$\|U(x,z)-U_o(x,z)\|_2$单调递增，并且收敛至$\|U_o(x,z)\|_2$，构建闭集$[0,M_r]$，r在该闭集上使$\|U(x,z)-U_o(x,z)\|_2$取最小值。以式(3.2.15)作为指标对上述参数进行优化，可以找到最优配置使差值范数$\|U(x,z)-U_o(x,z)\|_2$最小。

注意到通过范数$\|\|_2$定义的逼近指标形式可能较为复杂，直接通过解析方法求解存在一定的困难，因此可以采用无导数优化方法进行求解。

3.2.3 对任意分布目标的未来空域窗非均匀瞄准点配置方法

最优有效范围Ω_o给出了最优中间函数取值大于 0 的范围，为提高毁伤概率，瞄准点配置对应的瞄准点配置应当使瞄准点均位于Ω_o内。瞄准点配置按照两个步骤进行：首先，射击瞄准点初分配即仅根据Ω_o给出瞄准点配置的瞄准点初值；其次，瞄准点配置优化根据射击瞄准点初分配的结果，按照实际中间函数$U(\xi,\zeta)$逼近最优中间函数$U_o(\xi,\zeta)$的原则，采用共轭梯度法优化瞄准点配置。

1) 基于最优有效范围的射击瞄准点初分配

对于给定的炮弹总数N_s，需要在Ω_o内给出N_s个瞄准点位置，这里通过网状配置的方式给出射击瞄准点初分配方案。

设Ω_o的外接矩形由点$(x_c-B_x/2,z_c+L_z/2)$、$(x_c+B_x/2,z_c+L_z/2)$、$(x_c+B_x/2,z_c-L_z/2)$、$(x_c-B_x/2,z_c-L_z/2)$确定。对于给定的炮弹总数N，以外接矩形中心(x_c,z_c)为基准，按照外接矩形的长宽比L_z/B_x，以网状配置分别在x方向与z方向给出h_x与h_z个瞄准点，有

$$\begin{cases}h_x=\left\lceil\sqrt{NB_x/L_z}\right\rceil\\ h_z=\left\lceil\sqrt{NL_z/B_x}\right\rceil\end{cases}\tag{3.2.16}$$

而网状配置的瞄准点位置$[x_i,z_j]$为($i=1,\cdots,h_x$、$j=1,\cdots,h_z$)。

$$\begin{cases}x_i=\dfrac{h_x-1}{2}\dfrac{B_x}{h_x}+(i-1)\dfrac{B_x}{h_x}\\ z_j=\dfrac{h_z-1}{2}\dfrac{L_z}{h_z}+(j-1)\dfrac{L_z}{h_z}\end{cases}\tag{3.2.17}$$

因此，基于炮弹总数 N，可以给出 $N_q = h_x h_z$ 个瞄准点。

取这些瞄准点中位于 Ω_o 内部的瞄准点，并计算瞄准点数量 N_q^*：若 $N_q^* > N_s$，则按照瞄准点与 Ω_o 边界的距离，去除与 Ω_o 边界距离最大的 $N_q^* - N_s$ 个瞄准点；若 $N_q^* < N_s$，则增加 N，重新进行配置。

2) 基于共轭梯度法的瞄准点配置优化

由于射击瞄准点初分配仅保证瞄准点位于最优有效范围 Ω_o 内，并不能确保射击瞄准点初分配瞄准点对应实际中间函数 $U(\xi,\zeta)$，逼近最优中间函数 $U_o(\xi,\zeta)$。因此，基于共轭梯度法，对瞄准点配置进行优化。

设逼近指标 $G[U(\xi,\zeta)]$ 为

$$G[U(\xi,\zeta)] = \sum_{\Phi}(U(\xi,\zeta) - U_o(\xi,\zeta))^2 \tag{3.2.18}$$

瞄准点配置优化的目的是使 $G[U(\xi,\zeta)]$ 趋近于 0。$U_o(\xi,\zeta)$ 可以通过数值形式给出，而 $U(\xi,\zeta)$ 具有较好的解析形式，因此可以给出 $G[U(\xi,\zeta)]$ 对于瞄准点位置 (x_i, z_i) 的梯度。设瞄准点向量为 X，即

$$X = (x_1, \cdots, x_{N_s}, z_1, \cdots, z_{N_s})^{\mathrm{T}} \tag{3.2.19}$$

从而有 $\partial G / \partial X$ 为

$$\begin{cases} \dfrac{\partial G}{\partial x_i} = \sum\limits_{\Phi} 2(U(\xi,\zeta) - U_o(\xi,\zeta)) \dfrac{\partial U}{\partial p(x_i,z_i)} \dfrac{\partial p(x_i,z_i)}{\partial x_i} \\ \dfrac{\partial G}{\partial z_i} = \sum\limits_{\Phi} 2(U(\xi,\zeta) - U_o(\xi,\zeta)) \dfrac{\partial U}{\partial p(x_i,z_i)} \dfrac{\partial p(x_i,z_i)}{\partial z_i} \end{cases} \tag{3.2.20}$$

其中

$$\begin{cases} \dfrac{\partial U}{\partial p(x_i,z_i)} = \dfrac{1}{\omega - p(\xi - x_i, \zeta - z_i)} \\ \dfrac{\partial p(x_i,z_i)}{\partial x_i} = \dfrac{\rho^2}{\pi} [\mathrm{e}^{-\rho^2(\xi - b/2)^2} - \mathrm{e}^{-\rho^2(\xi + b/2)^2}] \int_{-l/2}^{l/2} \mathrm{e}^{-\rho^2(\zeta - z_i - t_z)^2} \mathrm{d}t_z \\ \dfrac{\partial p(x_i,z_i)}{\partial z_i} = \dfrac{\rho^2}{\pi} [\mathrm{e}^{-\rho^2(\zeta - l/2)^2} - \mathrm{e}^{-\rho^2(\zeta + l/2)^2}] \int_{-b/2}^{b/2} \mathrm{e}^{-\rho^2(\xi - x_i - t_x)^2} \mathrm{d}t_x \end{cases} \tag{3.2.21}$$

结合 $\partial G / \partial X$，基于共轭梯度法进行瞄准点配置优化。对于瞄准点向量序列 X_k，有

$$\begin{cases} r_k = \partial G / \partial X_k \\ \Delta r_k = r_k - r_{k-1} \\ p_k = -r_k + \beta p_{k-1} \\ X_{k+1} = X_k + \alpha p_k \end{cases} \tag{3.2.22}$$

其中，β 为共轭系数，即

$$\beta = \frac{\Delta r_k^{\mathrm{T}} r_k}{\Delta r_k^{\mathrm{T}} p_{k-1}} \tag{3.2.23}$$

α 为步长系数，α 满足：

$$\left| p_k^{\mathrm{T}} r(X + \alpha p_k) \right| \leqslant -\eta p_k^{\mathrm{T}} r(X) \tag{3.2.24}$$

其中

$$r(X) = \left. \frac{\partial G}{\partial X} \right|_X \tag{3.2.25}$$

$\eta \in (0,1)$。

当梯度小于给定允许误差 $\delta > 0$ 时，求解终止，即

$$\left| r_k \right| = \left| \frac{\partial G}{\partial X_k} \right| < \delta \tag{3.2.26}$$

3.3　多未来空域窗的配置求解方法

根据 2.3 节的分析，在小口径舰炮对空射击过程中，目标速度存在误差，并且弹丸发射存在间隔，因此进行未来空域窗射击时，弹丸在时间顺序上的先后到达造成了目标速度误差引起目标散布中心的变化，因而越是后续到达的弹丸，面对的目标散布情况越恶劣。在极端情况下，后续到达的弹丸可能严重偏离目标，从而限制未来空域窗射击效能的发挥。其根本原因在于，现有的未来空域窗射击体制总是认为所有弹丸能够同时到达目标附近空域，因此可以基于单个目标提前点计算未来空域窗内所有弹丸的瞄准点，并且将未来空域窗内的所有瞄准点布设于预测迎弹面上(同一个平面)，而如果通过单门高射速小口径炮进行未来空域窗射击，就必须面对弹丸无法同时到达目标附近空域的问题。

本节通过多未来空域窗射击的方式，在目标航路上布设多个未来空域窗，根据误差水平与实际情况适当地限制每个未来空域窗内的弹丸数量，以保证总体毁伤概率；另外，考虑到每个未来空域窗内的弹丸无法同时到达(同一)预测迎弹面，因而还需要对瞄准点配置方法进行改进，将每个未来空域窗内的瞄准

点布设于空间内(而不是同一平面内)。可见，进行多未来空域窗射击，需要解决两个问题，一是决定多个未来空域窗中每个未来空域窗内的弹丸数量(或瞄准点数量)，二是求解每个未来空域窗内射击瞄准点的空间配置。

本节主要针对拦截空中目标的情况，因此假设目标散布服从正态分布，采用等间隔的网状瞄准点配置方法以提高求解速度。

3.3.1　瞄准点数量的求解方法

根据式(2.3.6)，目标速度误差、目标位置误差及射击间隔都会影响毁伤概率，其实质是对不同的弹丸产生了一个弹丸与目标位置的偏移$(\varDelta_{x,i},\varDelta_{z,i})$。

(1) 若偏移量$(\varDelta_{x,i},\varDelta_{z,i})$较大，即$\exists d_{\Theta}>0$，当$\left\|(\varDelta_{x,i},\varDelta_{z,i})\right\|>d_{\Theta}$时，有

$$\lim_{n\to\infty} P_m = P_c$$

其中，$P_c\in(0,1)$。即未来空域窗毁伤概率存在一个$(0,1)$内的上限，当弹丸数量达到一定时，继续增加弹丸数量对于毁伤概率几乎没有影响。

(2) 若偏移量$(\varDelta_{x,i},\varDelta_{z,i})$较小，当$\left\|(\varDelta_{x,i},\varDelta_{z,i})\right\|<d_{\Theta}$时，有

$$\lim_{n\to\infty} P_m = 1$$

即弹丸数量的增加总会带来毁伤概率的提高，当未来空域窗内弹丸数量足够多时，该未来空域窗几乎肯定可以毁伤目标。

对于第一种情况，单个未来空域窗内的弹丸数量增加到一定程度时，继续增加弹丸数量已经没有意义，因此有必要给出一个弹丸数量n_s，进行未来空域窗射击时，单个未来空域内的弹丸数量取n_s，如果还有向目标射击的时间，则沿航路布置多个未来空域窗；对于第二种情况，显然，未来空域窗内的弹丸数量越多，毁伤概率就越高，然而，在进行未来空域窗瞄准点配置时，需要先确定未来空域窗内的弹丸数量，同时，未来空域窗内的弹丸数量越多，解算瞄准点配置所需的时间也就越长，因此也可以设定一个弹丸数量n_s作为瞄准点配置的解算基准。

综上，在进行未来空域窗射击时，应当根据一定的原则确定单个未来空域窗内的弹丸数量，并以此为基准计算提前点、解算瞄准点配置。

可以通过毁伤概率对弹丸数量的变化率$\mathrm{d}P_m/\mathrm{d}n$确定未来空域窗内弹丸数量。显然，随着$n$的增加，$\mathrm{d}P_m/\mathrm{d}n$会不断降低，因此给定$\delta>0$，取$n_s$使

$$\left|\frac{\mathrm{d}P_m}{\mathrm{d}n}\right|_{n\geqslant n_s}\leqslant\delta$$

并且

$$\left|\frac{\mathrm{d}P_m}{\mathrm{d}n}\right|_{n<n_s} > \delta$$

作为未来空域窗内的弹丸数量。

值得注意的是，由于弹丸数量是离散的，对于特定的 $n_a < n_b$，可能会出现

$$P_m(n_a) > P_m(n_b)$$

的情况，也就是 P_m 在向 P_c 收敛时可能会出现局部振荡，如图 3.3.1 所示。因此，在进行弹丸数量计算时，取 $|\mathrm{d}P_m / \mathrm{d}n|$ 而非 $\mathrm{d}P_m / \mathrm{d}n$ 是有必要的。

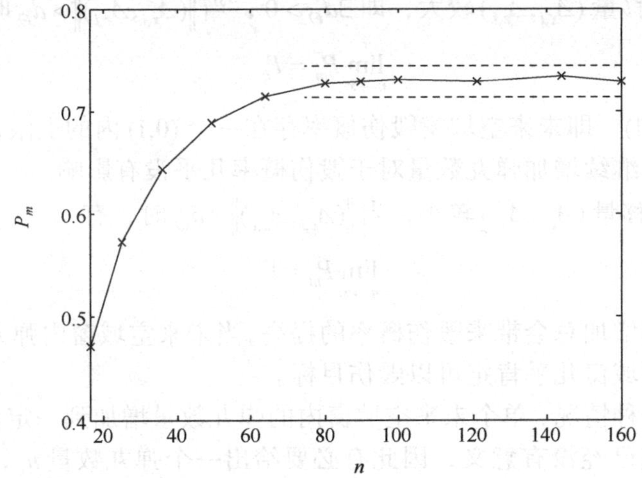

图 3.3.1　毁伤概率收敛过程中的局部振荡

直接通过式(2.3.7)计算毁伤概率对弹丸数量的变化率 $|\mathrm{d}P_m / \mathrm{d}n|$ 虽然较为准确，但若考虑计算耗时则是一种低效的方法，因此需要提出一种较为高效的方法(近似)计算 $|\mathrm{d}P_m / \mathrm{d}n|$。

现有方法在进行瞄准点配置时，均假设弹丸同时到达预测迎弹面，并且不考虑目标速度误差，此时式(2.3.7)变化为

$$P_m = 1 - \int_{-\infty}^{+\infty}\int_{-\infty}^{+\infty} f(x,z)h(x,z)\mathrm{d}x\mathrm{d}z \tag{3.3.1}$$

2.1 节中已经证明了，这种情况下，存在最优弹丸散布密度函数 $h_o(x,z)$，使 P_m 取极大值，此时有

$$h_o(x,z)=\begin{cases}\mathrm{e}^{-\rho^2\left(R^2-\frac{x^2}{\varepsilon_x^2}-\frac{z^2}{\varepsilon_z^2}\right)}, & \frac{x^2}{\varepsilon_x^2}+\frac{z^2}{\varepsilon_z^2}\leqslant R^2\\ 1, & \frac{x^2}{\varepsilon_x^2}+\frac{z^2}{\varepsilon_z^2}>R^2\end{cases}\tag{3.3.2}$$

取 $P_{es}=[P_u,P_s,P_l]^{\mathrm{T}}$

$$P_u=1-\int_{-\infty}^{+\infty}\int_{-\infty}^{+\infty}f_u(x,z)h_o(x,z)\mathrm{d}x\mathrm{d}z\tag{3.3.3}$$

$$P_s=1-\int_{-\infty}^{+\infty}\int_{-\infty}^{+\infty}f_s(x,z)h_o(x,z)\mathrm{d}x\mathrm{d}z\tag{3.3.4}$$

$$P_l=1-\int_{-\infty}^{+\infty}\int_{-\infty}^{+\infty}f_l(x,z)h_o(x,z)\mathrm{d}x\mathrm{d}z\tag{3.3.5}$$

分别作为毁伤概率的上界、中间值与下界，如图 3.3.2 所示。

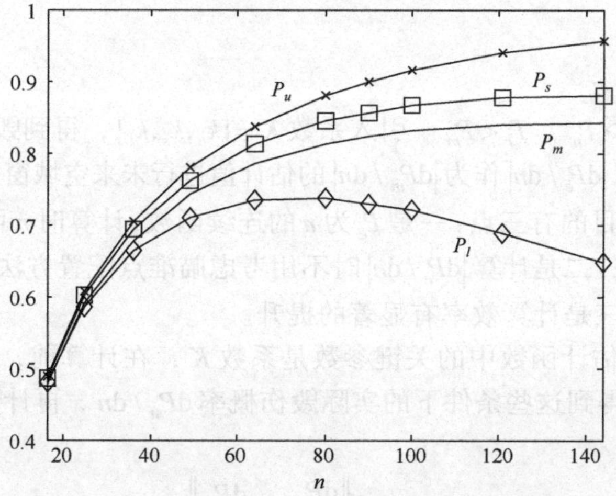

图 3.3.2　毁伤概率上界、中间值与下界示意图

$f_u(x,z)$、$f_s(x,z)$ 与 $f_l(x,z)$ 分别为第一发弹丸到达预测迎弹面时刻、弹丸序列中点对应时刻及最后一发弹丸到达预测迎弹面时刻的目标位置误差，分别为 $(\tilde{x}_t,\tilde{z}_t)$、$(\tilde{x}_t+\varDelta_{x,n/2},\tilde{z}_t+\varDelta_{z,n/2})$ 与 $(\tilde{x}_t+\varDelta_{x,n},\tilde{z}_t+\varDelta_{z,n})$，其概率密度分别为

$$f_u(x,z)=\frac{\rho^2}{\pi\varepsilon_x\varepsilon_z}\mathrm{e}^{-\rho^2\left(\frac{x^2}{\varepsilon_x^2}+\frac{z^2}{\varepsilon_z^2}\right)}\tag{3.3.6}$$

$$f_s(x,z)=\frac{\rho^2}{\pi\varepsilon_{sx}\varepsilon_{sz}}\mathrm{e}^{-\rho^2\left(\frac{x^2}{\varepsilon_{sx}^2}+\frac{z^2}{\varepsilon_{sz}^2}\right)}\tag{3.3.7}$$

$$f_l(x,z)=\frac{\rho^2}{\pi\varepsilon_{lx}\varepsilon_{lz}}\mathrm{e}^{-\rho^2\left(\frac{x^2}{\varepsilon_{lx}^2}+\frac{z^2}{\varepsilon_{lz}^2}\right)} \tag{3.3.8}$$

其中，由于$\varDelta_y$相对于$v_{by}-v_{ty}$较小，因而

$$t_{s,i}=\frac{\varDelta_y+t_{\varDelta,i}\cdot\varDelta_{vy}}{v_{by}-(v_{ty}+\varDelta_{vy})}\approx\frac{\varDelta_y+t_{\varDelta,i}\cdot\varDelta_{vy}}{v_{by}-v_{ty}}$$

因此有

$$\varepsilon_{sx}=\sqrt{2}\rho\left[(\varepsilon_x/\sqrt{2}\rho)^2+(t_{\varDelta,n/2}\sigma_x)^2+\left(\frac{t_{\varDelta,n/2}}{v_{by}-v_{ty}}\right)^2\sigma_y\sigma_x+\left(\frac{1}{v_{by}-v_{ty}}\right)^2\frac{E_{y2}}{\sqrt{2}\rho}\sigma_x\right]^{1/2} \tag{3.3.9}$$

$$\varepsilon_{lx}=\sqrt{2}\rho\left[(\varepsilon_x/\sqrt{2}\rho)^2+(t_{\varDelta,n}\sigma_x)^2+\left(\frac{t_{\varDelta,n}}{v_{by}-v_{ty}}\right)^2\sigma_y\sigma_x+\left(\frac{1}{v_{by}-v_{ty}}\right)^2\frac{E_{y2}}{\sqrt{2}\rho}\sigma_x\right]^{1/2} \tag{3.3.10}$$

同理可得ε_{sz}及ε_{lz}。

显然有$P_u \geqslant P_m$，$P_l < P_m$。引入系数$K=[k_u,k_s,k_l]$，得到毁伤概率估计函数$P_e=KP_{es}$，并以$|\mathrm{d}P_e/\mathrm{d}n|$作为$|\mathrm{d}P_m/\mathrm{d}n|$的估计值进行未来空域窗弹丸数量的决策。

引入P_e的目的有三点：一是P_e为n的连续函数，计算时n可以取非负实数，方便计算导数；二是计算$|\mathrm{d}P_e/\mathrm{d}n|$时不用考虑瞄准点配置方法不同而产生的毁伤概率差异；三是计算效率有显著的提升。

毁伤概率估计函数中的关键参数是系数K，在计算前，应当先选取若干组参数，分别得到这些条件下的实际毁伤概率$\mathrm{d}P_m/\mathrm{d}n$，再计算$P_{es}$，最后对指标函数

$$J=\left\|\frac{\mathrm{d}P_{n,\omega}}{\mathrm{d}n}-\frac{\mathrm{d}P_{es}}{\mathrm{d}n}\right\| \tag{3.3.11}$$

进行优化，得到K。

3.3.2　瞄准点的空间配置方法

多未来空域窗射击由多个单未来空域窗组成。假设在射击区域内，射击相关误差特性不变，从而每个单未来空域窗的毁伤特性相同，窗内的瞄准点位置相对于该窗中心的偏移也就相同，只需按照一定的间隔沿目标航路配置多个中心不同的单未来空域窗即可。因此，首先分析空间内的单未来空域窗瞄准点配置，以此为基础得到多未来空域窗瞄准点配置。

目前对于未来空域窗瞄准点配置已经有较为深入的研究，现有方法将所有瞄准点配置在同一平面内，即平面内的瞄准配置。而根据式(2.3.5)，当弹丸先后到达预测迎弹面时(而非同时到达)，若采用平面内的瞄准点配置，不仅会因目标速度误差、位置误差而产生随机弹目偏差，还会因目标多飞行了 Δt 时间而产生系统偏差。因此，当考虑弹丸先后到达的时差，未来空域窗的瞄准点应当分布在一个空间而非一个平面内，即空间内的瞄准点配置。

对于第 i 发炮弹，在预测迎弹面内，应当在原有瞄准点 $[x_i, z_i]$ 的基础上增加一个偏移 $[t_{\Delta,i} \cdot v_{tx}, t_{\Delta,i} \cdot v_{tz}]$ 使其变为 $[x_i + t_{\Delta,i} \cdot v_{tx}, z_i + t_{\Delta,i} \cdot v_{tz}]$，而在垂直于预测迎弹面的方向，则应滞后 $t_{\Delta,i} \cdot v_{ty}$ 的距离。这样，当第 i 发炮弹经过 $(i-1)\cdot\Delta t$ 时间到达预测迎弹面时，其瞄准点与目标的散布中心偏差恰好为 $[x_i, z_i]$，如图 3.3.3 与图 3.3.4 所示，图 3.3.3 与图 3.3.4 中实线瞄准点为到达预测迎弹面的瞄准点。

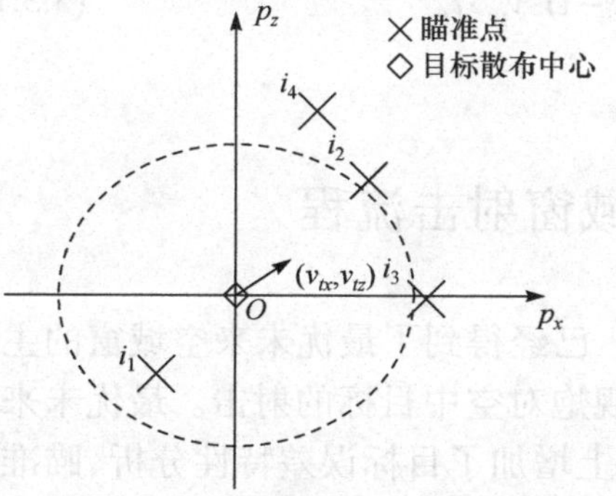

图 3.3.3　弹丸 i_1 到达预测迎弹面时的弹丸与目标位置

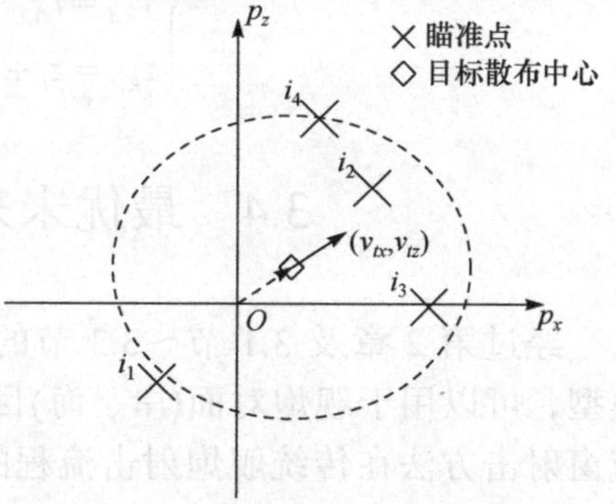

图 3.3.4　弹丸 i_2 到达预测迎弹面时的弹丸与目标位置

图 3.3.3 与图 3.3.4 中，根据弹丸到达预测迎弹面的先后顺序及发射间隔，事先进行了空间配置，在原有瞄准点的基础上增加了偏移量，因此在弹丸 $i_1 \sim i_4$ 先后到达预测迎弹面时，与目标的相对位置恰好为理想情况下(不考虑 2.3 节中的时间偏差)的瞄准点配置，将所有瞄准点投影至 $p_x p_z$ 面，如图 3.3.5 所示。

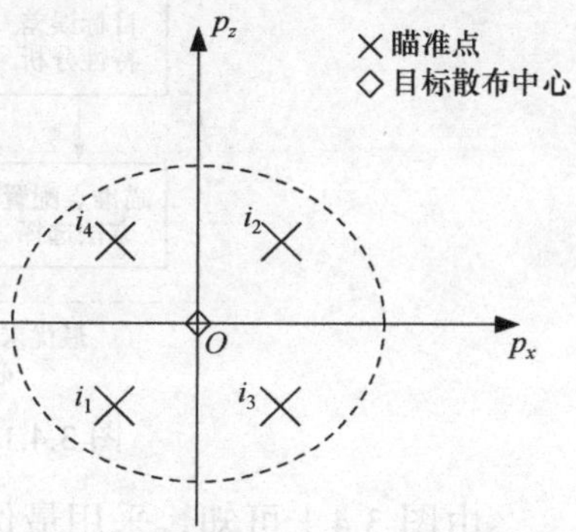

图 3.3.5　理想情况下弹丸与目标相对位置

在未来空域窗射击中，每个未来空域窗只需要一个目标提前点，窗内其他瞄准点根据该提前点的位置进行一定的偏移。因此，多未来空域窗的配置间隔指相邻两个未来空域窗的目标提前点间隔。

考虑到每个未来空域窗内弹丸的发射时间，相邻两个未来空域窗的提前点间隔时间 t_m 为

$$t_m = (n-1)\cdot \Delta t \tag{3.3.12}$$

间隔距离 d_m 为 $\left|v_{ty}\cdot t_m\right|$。

根据相邻未来空域窗的提前点间隔，结合单未来空域窗的瞄准点配置，就可以沿目标航路得到多未来空域窗瞄准点配置。

设预测迎弹面坐标系中多未来空域窗中的每个瞄准点为 $[x_{k,i}, y_{k,i}, z_{k,i}]$，其中 $k\in M$ 为未来空域窗序数，$i\in \Gamma_k$ 为第 k 个空域窗中第 i 发弹丸，并且 k 与 i 已经按发射先后次序排列，$[x_i, z_i]$ 为平面内的瞄准点坐标，则有

$$\begin{cases} x_{k,i} = x_i + t_{\Delta,i}\cdot v_{tx} \\ y_{k,i} = t_{\Delta,i}\cdot v_{ty} + (k-1)\cdot v_{ty}\cdot t_m \\ z_{k,i} = z_i + t_{\Delta,i}\cdot v_{tz} \end{cases} \tag{3.3.13}$$

3.4 最优未来空域窗射击流程

经过第 2 章及 3.1 节～3.3 节的分析，已经得到了最优未来空域窗的主要模型，可以用于舰炮对面(岸、海)目标及舰炮对空中目标的射击。最优未来空域窗射击方法在传统舰炮射击流程的基础上增加了目标误差特性分析、瞄准点配置方法选择及瞄准点配置解算等环节，如图 3.4.1 所示。

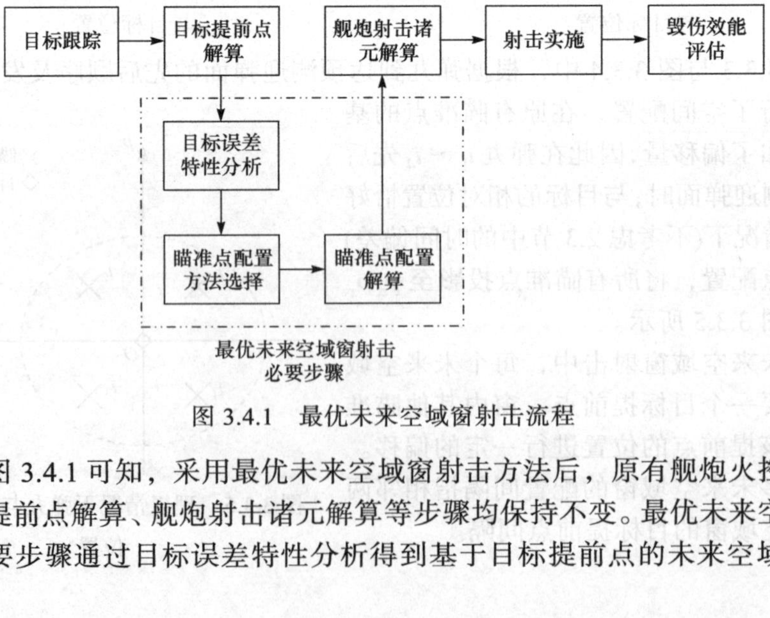

图 3.4.1 最优未来空域窗射击流程

由图 3.4.1 可知，采用最优未来空域窗射击方法后，原有舰炮火控系统中的目标提前点解算、舰炮射击诸元解算等步骤均保持不变。最优未来空域窗射击的必要步骤通过目标误差特性分析得到基于目标提前点的未来空域窗瞄准

点配置，实际的射击瞄准点是目标提前点加上未来空域窗瞄准点配置(相当于一个偏移)。

在舰炮对面射击与对空射击中,最优未来空域窗的必要步骤还有一定的差异，下面分别给出具体的射击流程。

3.4.1　最优未来空域窗对面射击流程

最优未来空域窗对面射击的具体流程如图 3.4.2 所示。

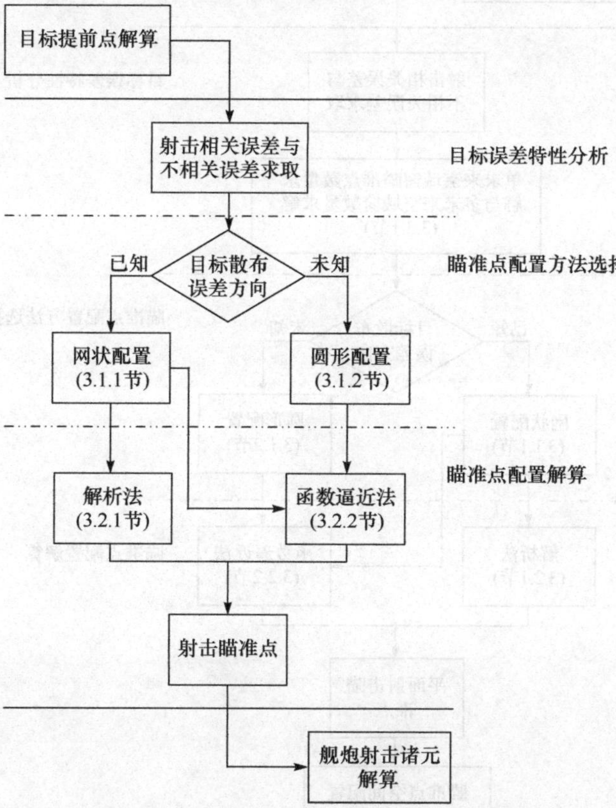

图 3.4.2　最优未来空域窗对面射击流程图

图 3.4.2 中，最优未来空域窗射击的必要步骤分别包含若干个子环节：目标误差特性分析涉及求取射击相关误差与不相关误差,用于后续构建最优中间函数(最优弹丸散布密度)；瞄准点配置方法选择中，依据目标散布误差的方向是否已知，决定选取网状配置(相关误差已知)或圆形配置(相关误差未知)；瞄准点配置解算中，根据已选取的瞄准点配置方法进行瞄准点配置的解算，其中网状配置可以通过解析法与函数逼近法求解，圆形配置通过函数逼近法求解。最后，根据之前得到的目标提前点，在目标提前点的基础上增加一个偏移，偏

移的大小即求解得到最优未来空域窗射击瞄准点，就可以得到用于舰炮射击诸元解算的瞄准点位置。

3.4.2 多未来空域窗对空射击流程

多未来空域窗对空射击流程如图 3.4.3 所示。

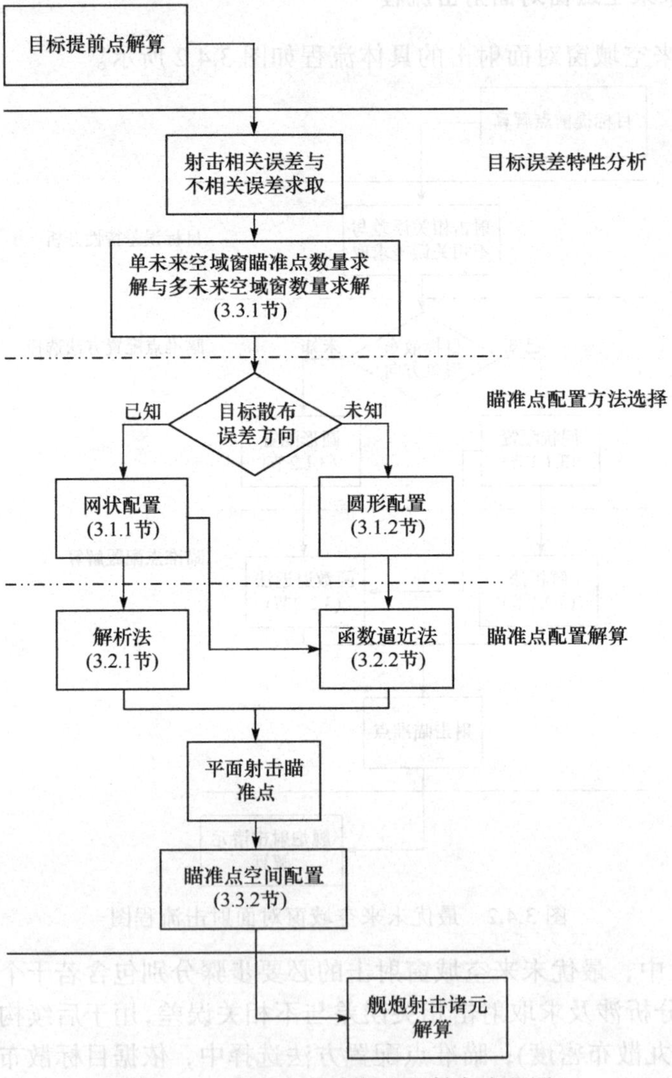

图 3.4.3 多未来空域窗对空射击流程图

图 3.4.3 中，在最优未来空域窗对面射击流程的基础上，考虑空中目标的速度误差，需要进行多未来空域窗射击，因此需要求解未来空域窗数量、单未来空域窗内的射击瞄准点数量及瞄准点在空间内的配置。因此，分别在目标误

差特性分析步骤中加入了单未来空域窗瞄准点数量求解、多未来空域窗数量求解，在瞄准点配置解算步骤中加入了瞄准点的空间配置。

3.5　最优未来空域窗射击仿真分析

为验证本章提出方法的正确性，进行仿真分析，分别进行最优未来空域窗对面射击仿真分析、多未来空域窗对空射击仿真分析以及对任意分布目标的未来空域窗射击仿真分析。

3.5.1　最优未来空域窗对面射击仿真分析

舰炮对海、对岸射击时，射击误差、目标散布等都在平面内分布。为验证第 2 章与第 3 章中模型与方法的正确性，进行仿真分析。

1) 瞄准点配置方法有效性仿真

首先验证 3.2 节中瞄准点配置方法的有效性，其中，解析法用于求解网状瞄准点配置，通过式(3.2.14)进行计算；逼近法则可以求解网状配置与圆形配置，采用无导数优化方法求解。

一般舰炮的射弹散布误差为 1～3mrad，跟踪传感器的观测误差也为 1～3mrad，因此 10km 范围内(舰炮对空射击一般不会超过这一距离)，相关误差与不相关误差取 2～30m 是合理的。因此，设定仿真条件如表 3.5.1 所示。

表 3.5.1　仿真初始条件

B /m	L /m	ω	E_{x1} /m	E_{z1} /m
5	2	1.5	5	2

改变射击相关误差及齐射弹丸数量，相关误差 $[E_{x2}, E_{z2}]$ 取值为{[15,6], [25,10],[15,10],[25,6]}m，齐射弹丸数量 n 取值为{36,48,64}。

式(3.2.14)得到网状配置的瞄准点配置参数如表 3.5.2 所示，表中“—”表示因不满足式(3.2.13)的条件，求解得到复根。

表 3.5.2　网状配置瞄准点配置参数(解析法)

参数	n	$[E_{x2}, E_{z2}]$/m			
		[15, 6]	[25, 10]	[15, 10]	[25, 6]
h_x	48	8	8	—	—
h_z		6	6	—	—
Δ_x		3.1835	6.0285	—	—
Δ_z		0.9490	3.2352	—	—

续表

参数	n	$[E_{x2}, E_{z2}]$/m			
		[15, 6]	[25, 10]	[15, 10]	[25, 6]
h_x	64	8	8	4	8
h_z		8	8	16	8
Δ_x		3.5715	6.9445	1.7930	8.6037
Δ_z		1.4286	2.7778	1.7106	0.3500

逼近法得到网状配置的瞄准点配置参数如表 3.5.3 所示。

表 3.5.3　网状配置瞄准点配置参数(逼近法)

参数	n	$[E_{x2}, E_{z2}]$/m			
		[15, 6]	[25, 10]	[15, 10]	[25, 6]
h_x	48	8	8	6	8
h_z		6	6	8	6
Δ_x		6.2014	8.2855	7.2210	9.4394
Δ_z		3.3132	4.4222	3.7758	2.8884
h_x	64	8	8	8	8
h_z		8	8	8	8
Δ_x		6.7330	8.9605	5.8805	10.2135
Δ_z		2.6932	3.5842	4.0854	2.3522

逼近法得到圆形配置的瞄准点配置参数如表 3.5.4 所示。

表 3.5.4　圆形配置瞄准点配置参数(逼近法)

参数	n	$[E_{x2}, E_{z2}]$/m			
		[15, 6]	[25, 10]	[15, 10]	[25, 6]
r	48	5.2982	7.6692	5.7325	6.9976
$c_{\max}$		3	3	3	3
r	64	6.1181	7.9524	6.4694	7.9524
$c_{\max}$		3	3	3	3

由表 3.5.2～表 3.5.4 可得：

(1) 在求解网状配置瞄准点时，若采用解析法，则当不满足式(3.2.13)时，将出现复根(表 3.5.2)，即无解的情况，而逼近法不存在这类问题；

(2) 采用解析法与逼近法求解网状配置瞄准点，得到的结果存在一定差异，结果的优劣还需通过瞄准点配置对应的毁伤目标概率来衡量。

2) 瞄准点配置求解方法时间复杂度分析

时间复杂度是影响未来空域窗瞄准点配置求解方法质量的重要因素。在整个仿真中，采用单核心运算，逼近法数值计算精度为 10^{-4}，得到的结果及分析如下：

(1) 采用解析法求解网状配置，在有解的情况下，平均解算时间为 0.24s；

(2) 采用逼近法求解网状配置，由于有 4 个参数需要优化(分别为 OX 轴方向与 OZ 轴方向的瞄准点数量 h_x、h_z 及瞄准点间隔 $\varDelta_x$、$\varDelta_z$)，平均解算时间为 1.93s；

(3) 采用逼近法求解圆形配置，待优化参数只有 2 个(分别为相邻圆环半径差 r 与圆环最大数量 $c_{\max}$)，平均解算时间为 0.72s。

在单核心情况下，逼近法的时间复杂度较高，并且网状配置的时间复杂度高于圆形配置，这是由于网状配置的待优化参数较多。

另外，数值方法逼近求解网状配置与圆形配置时，很大一部分计算量都用于逼近解的邻域，也就是说，解算初值的选取对于解算时间的影响较大。因此，可以通过解析法求解网状配置的近似解，在此基础上，再通过逼近法优化网状配置的解，可以明显减少逼近法求解网状配置的解算时间。采用该方法后，网状配置瞄准点的平均求解时间降低至 1.26s。

逼近法求解瞄准点配置时，需要在一个区域内选取若干个点计算逼近程度，若采用并行计算，则多个核心同时计算这些点的逼近程度，将进一步降低逼近法的解算时间。

3) 不同射击方式对面射击毁伤概率对比

在计算得到不同条件下不同方法对应的配置参数后，利用式(2.1.1)计算该瞄准点配置方案的毁伤目标概率，作为配置方案优劣的衡量指标，同时计算集火射击(弹丸数量为未来空域窗射击方案中的齐射弹丸数量)的毁伤概率，以及最优弹丸散布密度对应的最优毁伤概率作为对比。射击方法如下：

(1) 方法 A 为网状配置瞄准点(解析法)对应毁伤概率；

(2) 方法 B 为网状配置瞄准点(逼近法)对应毁伤概率；

(3) 方法 C 为圆形配置瞄准点(逼近法)对应毁伤概率；

(4) 方法 D 为集火射击毁伤概率；

(5) 方法 E 为最优弹丸散布密度对应毁伤概率，即最优毁伤概率。

计算结果如表 3.5.5 所示。

表 3.5.5 不同射击方法的毁伤概率对比

方法	n	$[E_{x2}, E_{z2}]$/m			
		[15, 6]	[25, 10]	[15, 10]	[25, 6]
A		0.3393	0.2082	—	—
B		0.4272	0.2186	0.3111	0.3111
C	48	0.3957	0.2005	0.3106	0.2422
D		0.2808	0.1144	0.1792	0.1792
E		0.4311	0.2203	0.3143	0.3143
A		0.4243	0.2580	0.3152	0.3150
B		0.5003	0.2679	0.3734	0.3734
C	64	0.4581	0.2483	0.3726	0.2885
D		0.3064	0.1258	0.1964	0.1964
E		0.5049	0.2703	0.3775	0.3775

由表 3.5.5 可得：

(1) 无论是解析法还是逼近法，得到的未来空域窗瞄准点配置，其毁伤目标概率均明显高于集火射击的毁伤目标概率；

(2) 采用逼近法得到的网状配置对应的毁伤概率高于采用解析法时的结果，并且其毁伤概率接近最优毁伤概率；

(3) 大多数情况下，网状配置的毁伤概率高于圆形配置的毁伤概率，而特例发生在相关误差$[E_{x2},E_{z2}]$取[15,10]m 时，圆形配置的毁伤概率较高，这是由于圆形配置的弹丸散布密度在各个方向较为均匀，因此当相关误差在 OX 轴方向与 OZ 轴方向差异较大时，圆形配置无法像网状配置一样，根据相关误差特性调整各个方向的弹丸散布密度，使弹丸散布更好地覆盖目标散布。

当相关误差$[E_{x2},E_{z2}]$分别取[15, 10]m 与[25, 6]m 时，圆形配置和网状配置的瞄准点如图 3.5.1 和图 3.5.2 所示。

在图 3.5.1 中，相比于相关误差取[25, 6]m，此时相关误差在 OX 轴方向与 OZ 轴方向的差异较小，目标在各个方向的散布可能性较为均匀，网状配置的包络趋近于一个正方形，其弹丸散布密度在各个方向也趋于相同；而在图 3.5.2 中，OX 轴的相关误差是 OZ 轴的 4.16 倍，采用逼近法得到的网状配置方案趋近于一个扁的矩形，其长宽比约为 4.16，弹丸散布集中于目标散布的主要区域，相比之下，圆形配置在目标散布区域的弹丸散布密度就较为稀疏，这也导致了此时圆形配置的毁伤目标概率低于网状配置。

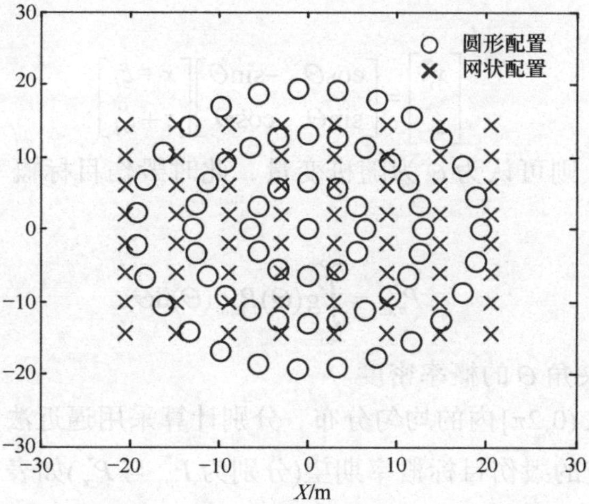

图 3.5.1　相关误差取[15, 10]m 时圆形配置与网状配置瞄准点

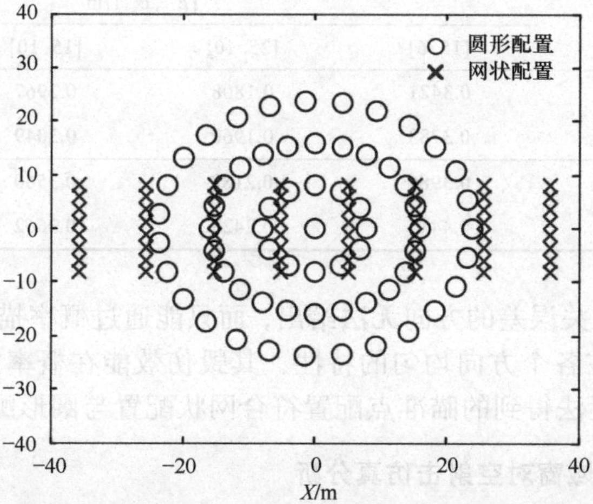

图 3.5.2　相关误差取[25, 6]m 时圆形配置与网状配置瞄准点

4) 网状配置与圆形配置性能比较

网状配置方法与圆形配置方法各有优劣，采用逼近法求解，在误差大小与方向均可精确给出的情况下，网状配置方法对应的毁伤目标概率十分接近最优毁伤概率。然而，在误差方向无法给出的情况下，圆形配置的综合毁伤概率更高。

当考虑实际误差与预测迎弹面坐标系夹角 Θ 时，毁伤目标概率的计算变为

$$P_{n,\omega}(\Theta)=1-\int_{-\infty}^{+\infty}\int_{-\infty}^{+\infty}\frac{\rho^2}{\pi\varepsilon_x\varepsilon_z}\mathrm{e}^{-\rho^2\left(\frac{x^2}{\varepsilon_x^2}+\frac{z^2}{\varepsilon_z^2}\right)}\prod_{i\in\Gamma}\left(1-\frac{p(x_i^*,z_i^*)}{\omega}\right)\mathrm{d}x\mathrm{d}z \tag{3.5.1}$$

其中

$$\begin{bmatrix} x_i^* \\ z_i^* \end{bmatrix} = \begin{bmatrix} \cos\Theta & -\sin\Theta \\ \sin\Theta & \cos\Theta \end{bmatrix} \begin{bmatrix} x+\xi_i \\ z+\zeta_i \end{bmatrix} \tag{3.5.2}$$

若 Θ 未知，则可认为 Θ 为随机变量，此时毁伤目标概率变为随机事件，其期望 $P_{n,\omega}^*$ 为

$$P_{n,\omega}^* = \int_{-\infty}^{+\infty} g(\Theta) P_{n,\omega}(\Theta) \mathrm{d}\Theta \tag{3.5.3}$$

其中，$g(\Theta)$ 为夹角 Θ 的概率密度。

设夹角服从 $(0,2\pi]$ 内的均匀分布，分别计算采用逼近法，得到的网状配置与圆形配置对应的毁伤目标概率期望(分别为 P_{mx}^* 与 P_{cx}^*)如表 3.5.6 所示。

表 3.5.6　毁伤目标概率期望

参数	n	$[E_{x2},E_{z2}]$ /m			
		[15, 6]	[25, 10]	[15, 10]	[25, 6]
P_{mx}^*	48	0.3421	0.1808	0.2967	0.1970
P_{cx}^*		0.3783	0.1960	0.3049	0.2340
P_{mx}^*	64	0.3980	0.2188	0.3560	0.2320
P_{cx}^*		0.4415	0.2425	0.3662	0.2775

可见，在相关误差的方向无法给出，而只能通过概率描述时，圆形配置由于其弹丸散布在各个方向均匀的特性，其毁伤效能在概率意义下优于网状配置。因此，逼近法得到的瞄准点配置符合网状配置与圆形配置的特点。

3.5.2　多未来空域窗对空射击仿真分析

1) 毁伤概率估计函数系数 K 的计算

采用单门舰炮进行射击，射速 6000 发/min，因此射击间隔 Δt 为 0.01s；目标尺寸 $B \times L$ 为 7.5m × 4.5m，命中一发即可毁伤(ω 取 1)；射击不相关误差 $[E_{x1},E_{z1}]$ 取[5, 3]m，改变相关误差及目标速度误差，如表 3.5.7 所示。

表 3.5.7　射击相关误差与目标速度误差　(单位：m)

参数	$[E_{x2},E_{y2},E_{z2}]$								
	[15, 10, 9]			[25, 20, 15]			[15, 15, 15]		
σ_x	25	35	50	25	35	50	25	25	35
σ_y	25	35	50	25	35	50	35	25	25
σ_z	15	21	30	15	21	30	21	30	30

采用网状配置计算瞄准点，根据式(2.1.1)分别计算相关误差及目标速度误差取值不同时，不同弹丸数量对应的毁伤概率如表 3.5.8 所示。

表 3.5.8　不同弹丸数量对应的毁伤概率

$[E_{x2},E_{y2},E_{z2}]$/m	$[\sigma_x,\sigma_y,\sigma_z]$/m	n									
		16	25	36	49	64	80	90	100	121	144
[15, 10, 9]	[25, 25, 25]	0.47	0.59	0.68	0.74	0.79	0.81	0.82	0.83	0.84	0.84
	[35, 35, 35]	0.47	0.59	0.67	0.72	0.76	0.78	0.78	0.79	0.79	0.79
	[50, 50, 50]	0.47	0.57	0.64	0.69	0.71	0.73	0.73	0.73	0.73	0.72
[25, 20, 15]	[25, 25, 25]	0.24	0.32	0.39	0.46	0.51	0.54	0.56	0.58	0.60	0.61
	[35, 35, 35]	0.24	0.32	0.39	0.44	0.49	0.52	0.53	0.54	0.56	0.57
	[50, 50, 50]	0.24	0.31	0.38	0.43	0.46	0.48	0.49	0.50	0.51	0.51
[15, 15, 15]	[25, 35, 35]	0.34	0.43	0.51	0.76	0.62	0.65	0.67	0.68	0.69	0.70
	[25, 25, 50]	0.34	0.43	0.50	0.57	0.60	0.63	0.64	0.65	0.66	0.67
	[35, 25, 50]	0.34	0.43	0.50	0.56	0.59	0.62	0.62	0.63	0.64	0.64

选取范数$\|A\|=\max|A|$计算$\|\mathrm{d}P_{n,\omega}/\mathrm{d}n-\mathrm{d}P_e/\mathrm{d}n\|$，基于表 3.5.8 中的数据，用$\Delta P_{n,\omega}/\Delta n$代替$\mathrm{d}P_{n,\omega}/\mathrm{d}n$，优化系数$K=[k_u,k_m,k_l]$，其目标函数为

$$J=\min\left\|\frac{\mathrm{d}P_{n,\omega}}{\mathrm{d}n}-\frac{\mathrm{d}P_e}{\mathrm{d}n}\right\| \tag{3.5.4}$$

约束条件为

$$\begin{cases}0\leqslant k_u\leqslant 1\\0\leqslant k_m\leqslant 1\\0\leqslant k_l\leqslant 1\\k_u+k_m+k_l=1\end{cases} \tag{3.5.5}$$

采用内点法求解该问题，得到系数为[0.4160,0.1404,0.4436]，对应$\|\mathrm{d}P_{n,\omega}/\mathrm{d}n-\mathrm{d}P_e/\mathrm{d}n\|$为 0.0010。

2) 单个未来空域窗弹丸数量计算

射击间隔Δt、目标尺寸$B\times L$、目标毁伤特性ω及不相关误差$[E_{x1},E_{z1}]$不变，相关误差$[E_{x2},E_{y2},E_{z2}]$取[20, 20, 15]m。弹丸速度为[0,1100,0]m/s，选取三种典型运动状态的目标，目标速度V_t分别为[30, −680, −5]m/s(与弹丸相对运动)、[480, −480, −5]m/s(与弹丸倾斜运动)及[−680, −30,0]m/s(与弹丸垂直运动)。目标速度误差取速度的 0.1，将目标速度误差投影至预测迎弹面，得到目标速度误差如表 3.5.9 所示。

表 3.5.9 不同目标速度对应的速度误差

V_t /(m/s)	σ_x /m	σ_y /m	σ_z /m
[30, −680, −5]	1.85	68.04	0.30
[480, −480, −5]	31.97	59.88	0.32
[−680, −30, 0]	56.72	37.63	0

分别计算目标速度取不同值时，不同弹丸数量的$\left|\mathrm{d}P_e/\mathrm{d}n\right|$，如图 3.5.3 所示。

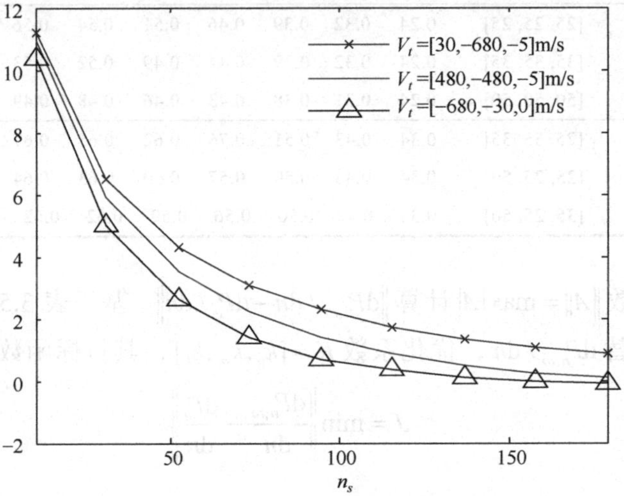

图 3.5.3 不同弹丸数量的毁伤概率估计函数导数

$\left|\mathrm{d}P_e/\mathrm{d}n\right|$在$n=0$处取最大值，而在$n\to+\infty$时收敛至 0，因此可以取$\delta=(1-\alpha)\sup\left|\mathrm{d}P_e/\mathrm{d}n\right|$作为未来空域窗弹丸数量$n_s$取值的基准，其中$\alpha\in(0,1)$。这里取$\alpha=0.9$，即$\left|\mathrm{d}P_e/\mathrm{d}n\right|$衰减至最大值的 10%作为基准，得到目标速度不同时的弹丸数量n_s及计算耗时t_s，如表 3.5.10 所示。

表 3.5.10 不同目标速度对应的弹丸数量

V_t	[30, −680, −5]m	[480, −480, −5]m	[−680, −30, 0]m
n_s	94	116	178
t_s	0.5202s	0.5846s	0.5796s

为方便进行瞄准点配置，对n_s进行近似处理，分别取 90、110 与 180。为验证弹丸数量快速决策方法的有效性，通过式(2.3.7)计算n_s及其邻近值对应

的毁伤概率、毁伤概率估计函数导数与毁伤概率导数的差值(表中用导数差值表示)，如表 3.5.11～表 3.5.13 所示。

表 3.5.11　V_t 取[30, −680, −5]m/s 时 n_s 及邻近值对应的毁伤概率与导数差值

V_t /(m/s)	n_s			$\left\|dP_{n,\omega}-dP_e\right\|/dn$
	162	180	198	
[30, −680, −5]	0.8455	0.8644	0.8802	1.37×10^{-4}

表 3.5.12　V_t 取[480, −480, −5]m/s 时 n_s 及邻近值对应的毁伤概率与导数差值

V_t /(m/s)	n_s			$\left\|dP_{n,\omega}-dP_e\right\|/dn$
	100	110	121	
[480, −480, −5]	0.6991	0.7135	0.7273	1.88×10^{-4}

表 3.5.13　V_t 取[−680, −30, 0]m/s 时 n_s 及邻近值对应的毁伤概率与导数差值

V_t /(m/s)	n_s			$\left\|dP_{n,\omega}-dP_e\right\|/dn$
	80	90	100	
[−680, −30, 0]	0.6171	0.6287	0.6415	1.84×10^{-4}

由表 3.5.11～表 3.5.13 可得，通过毁伤概率估计函数 P_e 可以较为精确地估计毁伤概率对弹丸数量的导数，从而得到使毁伤概率接近收敛的弹丸数量。

在计算耗时方面，由式(2.3.7)计算表 3.5.10 中的毁伤概率，每个毁伤概率的计算时间都在 10min 以上，并且随着弹丸数量的增多，计算耗时会进一步增加，而采用毁伤概率估计函数 P_e 进行决策时，得到结果所用的时间在 0.5s 左右，如果增加处理器主频及核心数，其效率将进一步提高。

3) 瞄准点的空间配置与多未来空域窗配置间隔

根据 3.3.2 节中的瞄准点的空间配置原则，首先在平面内求解瞄准点配置，在此结果的基础上，对第 i 个瞄准点增加一个偏移量 $[i\cdot\Delta t\cdot v_{tx}, i\cdot\Delta t\cdot v_{ty}, i\cdot\Delta t\cdot v_{tz}]$。由于越靠近目标散布中心，毁伤概率越高，而随着弹丸序数 i 的增加，目标散布区域将不断增加，因此首先根据平面内弹丸瞄准点位置相对目标散布中心的距离对弹丸进行排序，即对于 $i<j$，$i,j\in\Gamma$，有

$$\left\|[x_i, z_i]\right\| < \left\|[x_j, z_j]\right\| \tag{3.5.6}$$

求解目标速度不同时的多未来空域窗瞄准点配置，以目标速度 V_t 取[30,

–680, –5]m/s 为例，平面内的瞄准点配置及空间内的瞄准点配置如图 3.5.4 和图 3.5.5 所示。

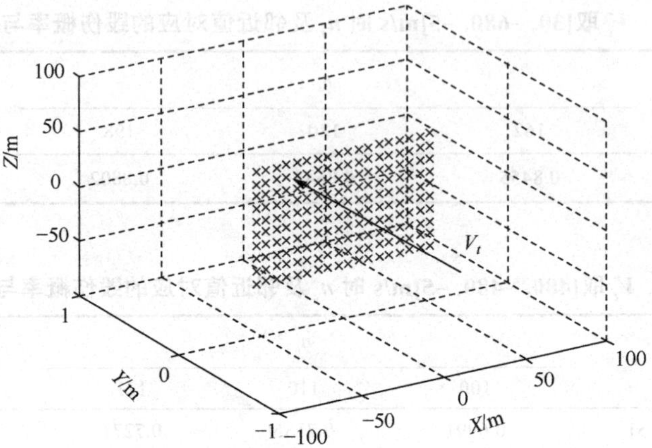

图 3.5.4　V_t 取[30, –680, –5]m/s 时的平面内的瞄准点配置

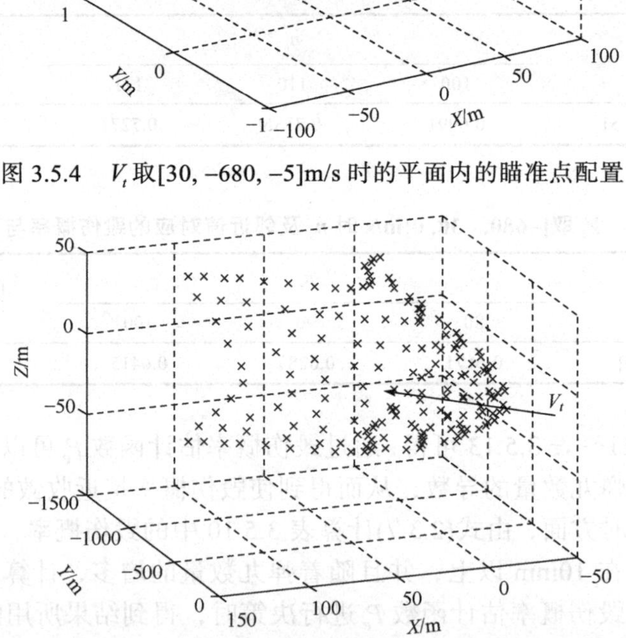

图 3.5.5　V_t 取[30, –680, –5]m/s 时的空间内的瞄准点配置

根据目标速度取值不同时的单未来空域窗弹丸数量，得到对应的多未来空域窗配置间隔如表 3.5.14 所示。

表 3.5.14　多未来空域窗配置间隔

V_t /(m/s)	t_m /s	d_m /m
[30, –680, –5]	0.89	605.80
[480, –480, –5]	1.09	739.93
[–680, –30, 0]	1.79	1218.38

4) 不同射击方式的毁伤概率对比

为验证多未来空域窗射击方法的有效性，对比不同射击方法的毁伤概率。给出下列几种射击方式：

方法一：空间内的瞄准点配置——多未来空域窗射击。

沿目标航路配置多个未来空域窗，考虑弹丸到达时差，在空间内配置每个未来空域窗内的瞄准点。

方法二：空间内的瞄准点配置——单未来空域窗射击。

在目标航路上配置一个未来空域窗，考虑弹丸到达时差，在空间内配置未来空域窗内的瞄准点。

方法三：平面内的瞄准点配置——多未来空域窗射击。

沿目标航路配置多个未来空域窗，不考虑弹丸到达时差，在平面内配置每个未来空域窗内的瞄准点。

方法四：平面内的瞄准点配置——单未来空域窗射击。

在目标航路上配置一个未来空域窗，不考虑弹丸到达时差，在平面内配置未来空域窗内的瞄准点。

方法五：跟踪集火射击。

不采用未来空域窗射击方式，始终向目标提前点射击。

设目标由射击远界到近界区间内，舰炮总共可以发射 360 发弹丸(射击时间 3.6s，目标运动约 2.5km)，因此根据之前的计算结果，若采用多未来空域窗射击，则 V_t 取[30, −680, −5]m/s 时可以布设 2 个未来空域窗，V_t 取[480, −480, −5]m/s 可以布设 3 个未来空域窗，V_t 取[−680, −30, 0]m/s 时可以布设 4 个未来空域窗；若采用单未来空域窗射击，则未来空域窗内有 360 发弹丸。

目标速度不同时，各方法对应的毁伤概率如表 3.5.15 所示。

表 3.5.15　不同方式的未来空域窗射击毁伤概率对比

方法	V_t		
	[30, −680, −5]/(m/s)	[480, −480, −5]/(m/s)	[−680, −30, 0]/(m/s)
方法一	0.9203	0.9104	0.8820
方法二	0.9101	0.7831	0.6547
方法三	0.7937	0.3511	0.3375
方法四	0.6989	0.2135	0.1678
方法五	0.2420	0.2514	0.2702

由仿真结果可得：

(1) 采用空间内的瞄准点配置，对应的毁伤概率总是大于平面内的瞄准点配置，并且随着目标速度与弹丸速度垂直程度的增加，其优势越来越明显；

(2) 当目标速度与弹丸速度不垂直时，应当采用多未来空域窗射击，此时对于单未来空域窗，其毁伤概率随弹丸数量的增加收敛至一个小于 1 的值，因此一味地增加单未来空域窗内的弹丸数量反而会造成浪费；

(3) 对于散布区域较大的目标，跟踪集火射击的毁伤概率很低，这是因为弹丸散布没有充分地覆盖目标散布区域，因此在这种情况下有必要使用多未来空域窗射击。

综上，在未来空域窗射击中，对瞄准点进行空间配置，并采用多未来空域窗射击方法，可以有效地提高对目标的毁伤概率。

3.5.3 对任意分布目标的未来空域窗射击仿真分析

为验证方法的正确性与有效性，进行仿真分析。首先，与现有舰炮对面区域射击瞄准点配置方法进行对比，在给定误差条件下分别采用现有方法与本书方法求解瞄准点配置，对比各自理论毁伤概率，并与理论最优毁伤概率进行比较；然后在不规则目标分布条件下，采用本方法(对任意分布目标的未来空域窗非均匀瞄准点配置方法)进行瞄准点配置求解；最后基于统计模拟法，根据不规则目标分布生成随机目标位置，并按照瞄准点配置结果与不相关误差生成随机弹着点，用统计模拟法多次仿真计算毁伤概率，验证方法的有效性。

1. 与现有方法比较

现有研究给出了舰炮对岸区域射击的瞄准点配置方法，该方法在连续空间内求解最优中间函数的解析形式，适用于目标散布服从正态分布与均匀分布的情况。因此，分别在目标散布服从正态分布与均匀分布的情况下，采用现有方法与本方法求解瞄准点配置。

设射击不相关误差、目标尺寸、毁伤目标所需炮弹数量期望如表 3.5.16 所示。

表 3.5.16 初始条件

E_{x1} /m	E_{z1} /m	B /m	L /m	ω
36	13	14.4	7.8	1.3

1) 正态分布

设目标散布服从正态分布，目标分布误差与炮弹总数如表 3.5.17 所示。

表 3.5.17　目标分布误差与炮弹总数

参数组	E_{x2} /m	E_{z2} /m	n_s
A	90	36	225
B	40	25	50

采用现有方法与本方法求解瞄准点配置，得到瞄准点与目标分布情况如图 3.5.6～图 3.5.9 所示。

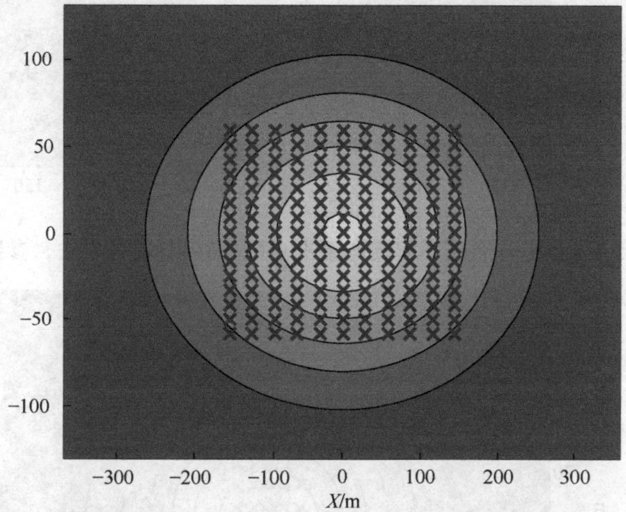

图 3.5.6　目标分布概率密度与瞄准点配置结果(现有方法，参数组 A)

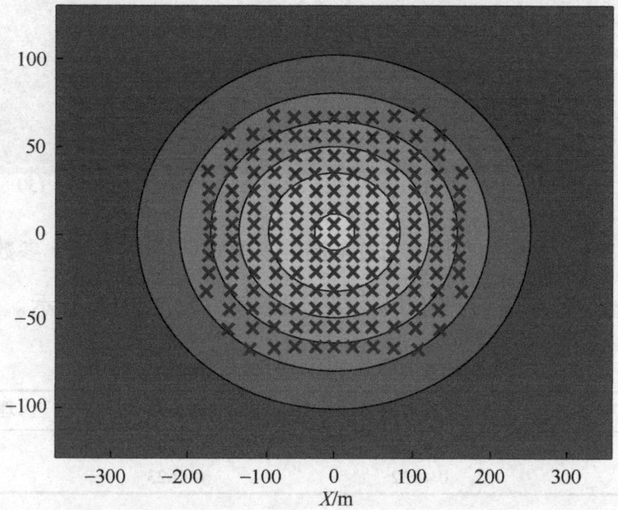

图 3.5.7　目标分布概率密度与瞄准点配置结果(本方法，参数组 A)

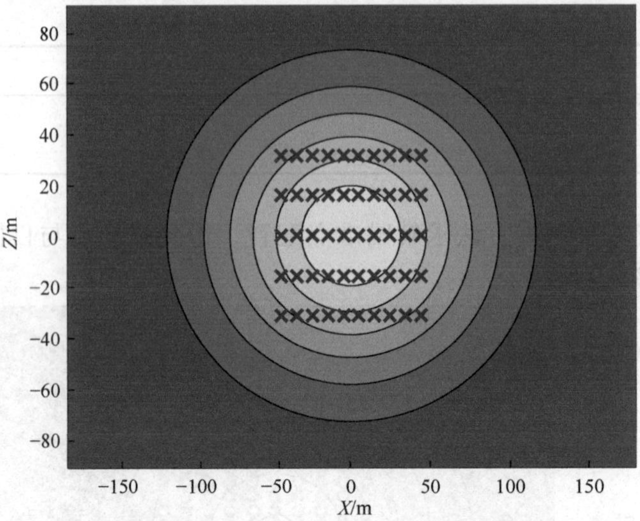

图 3.5.8　目标分布概率密度与瞄准点配置结果(现有方法，参数组 B)

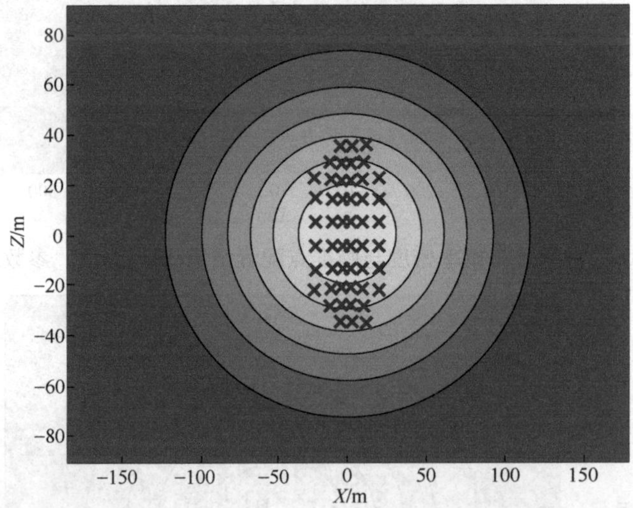

图 3.5.9　目标分布概率密度与瞄准点配置结果(本方法，参数组 B)

现有方法、本方法与理论最优毁伤概率如表 3.5.18 所示。

表 3.5.18　毁伤概率对比(参数组 A 和 B)

参数组	现有方法	本方法	理论最优毁伤概率
A	0.4808	0.4809	0.4865
B	0.4532	0.4623	0.4742

2) 均匀分布

设目标散布服从均匀分布，目标分布误差与炮弹总数如表 3.5.19 所示。

表 3.5.19　目标分布误差与炮弹总数

参数组	L_a/m	L_b/m	n_s
C	216	130	225
D	120	60	65

采用现有方法与本方法求解瞄准点配置，得到瞄准点与目标散布情况如图 3.5.10～图 3.5.13 所示。

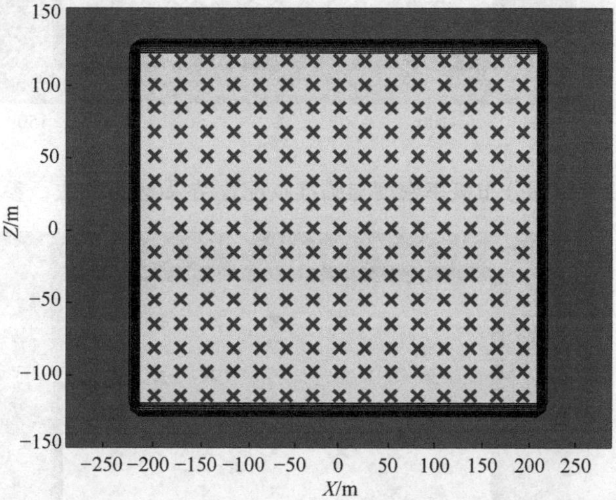

图 3.5.10　目标分布概率密度与瞄准点配置结果(现有方法，参数组 C)

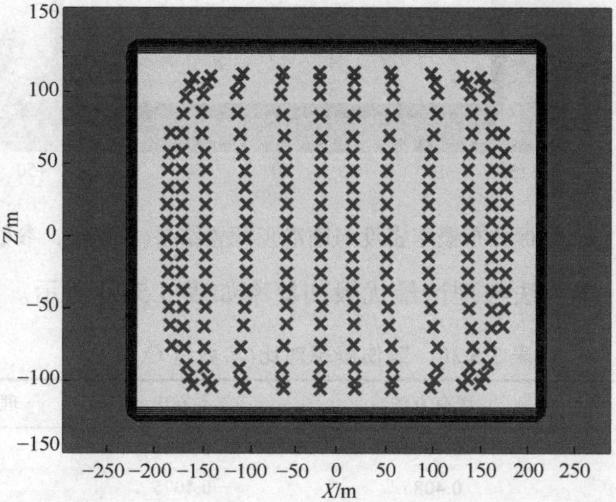

图 3.5.11　目标分布概率密度与瞄准点配置结果(本方法，参数组 C)

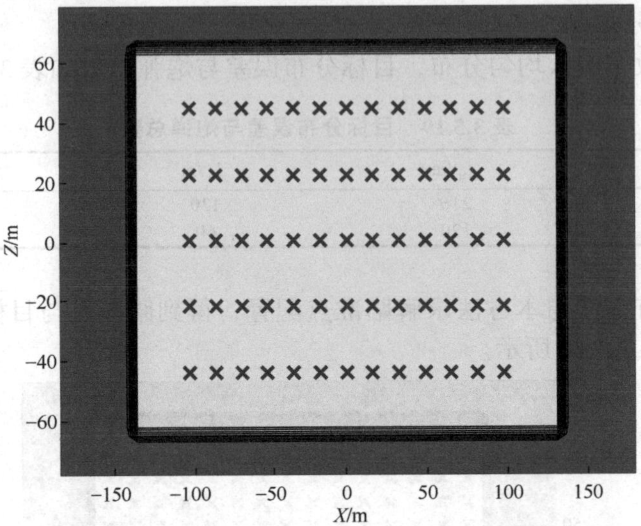

图 3.5.12 目标分布概率密度与瞄准点配置结果(现有方法，参数组 D)

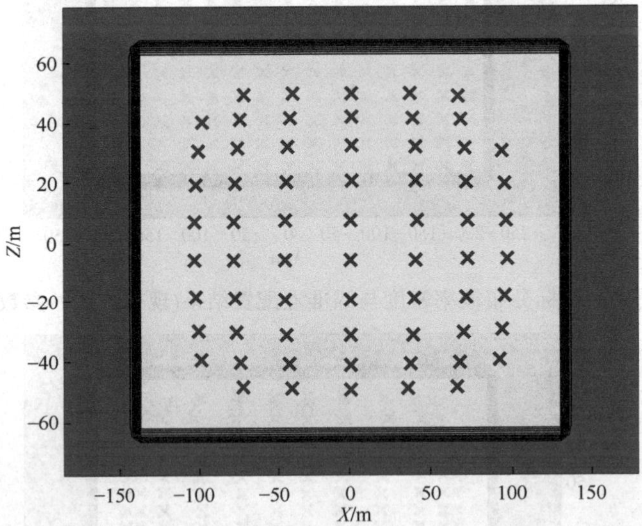

图 3.5.13 目标分布概率密度与瞄准点配置结果(本方法，参数组 D)

现有方法、本方法与理论最优毁伤概率如表 3.5.20 所示。

表 3.5.20 毁伤概率对比(参数组 C 和 D)

参数组	现有方法	本方法	理论最优毁伤概率
C	0.4504	0.4615	0.5000
D	0.4085	0.4075	0.4734

3) 结果分析

由表 3.5.18、表 3.5.20，以及图 3.5.6～图 3.5.13 可得，本方法能够有效求解目标服从规则分布的情况，并且求解得到的瞄准点配置方案与现有方法对应的毁伤概率相近。

2. 任意目标分布条件下的瞄准点配置求解

设目标服从不规则的分布，此时现有方法无法进行瞄准点配置求解，分别针对两种目标分布情况采用本方法进行求解。其中，目标分布情况 E 是多个期望不同的正态分布的合成分布；目标分布情况 F 是初始分布为正态分布进行概率更新后的不规则目标分布。

设射击不相关误差、目标尺寸、毁伤目标所需炮弹数量期望、炮弹总数如表 3.5.21 所示。

表 3.5.21　初始条件

E_{x1} /m	E_{z1} /m	B /m	L /m	ω	n_s
14	18	16.8	25.2	1.2	45

1) 目标分布情况 E

目标分布情况 E 为三个正态分布的合成分布，三个正态分布的期望与均方差如表 3.5.22 所示。

表 3.5.22　目标分布情况 E 期望与均方差　(单位：m)

分布	期望	均方差
$f_1(x,z)$	(98, 72)	(84, 108)
$f_2(x,z)$	(−56, 100)	(56, 54)
$f_3(x,z)$	(98, 54)	(56, 90)

合成目标分布概率密度(连续空间) $f_{\mathrm{E}}(x,z)$ 为

$$f_{\mathrm{E}}(x,z)=\frac{f_1(x,z)+f_2(x,z)+f_3(x,z)}{\int_{-\infty}^{+\infty}\int_{-\infty}^{+\infty} f_1(x,z)+f_2(x,z)+f_3(x,z)\mathrm{d}x\mathrm{d}z} \tag{3.5.7}$$

进而可以得到离散概率密度。

求解得到离散目标分布概率密度如图 3.5.14 所示，最优中间函数与最优有效范围如图 3.5.15 与图 3.5.16 所示，射击瞄准点初分配、优化分配结果与分布概率密度如图 3.5.17 所示。

2) 目标分布情况 F

目标分布情况 F 是初始正态分布进行概率更新后的后验分布，设初始分布的期望为[0,0]m，均方差为[84, 90]m，离散概率密度为 $g_{\mathrm{F}}(\xi,\zeta)$。则概率更新函数 $h_{ud}(\xi,\zeta)$ 为

$$h_{ud}(\xi,\zeta)=\mathrm{e}^{-\left[\left(\frac{\xi-56}{42}\right)^2+\left(\frac{\zeta+54}{54}\right)^2\right]} \tag{3.5.8}$$

后验分布离散概率密度 $g_{\mathrm{F},p}(\xi,\zeta)$ 为

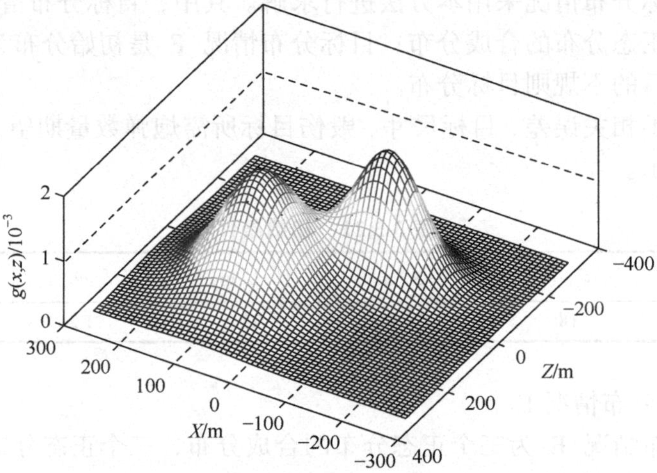

图 3.5.14　离散目标分布概率密度(目标分布情况 E)

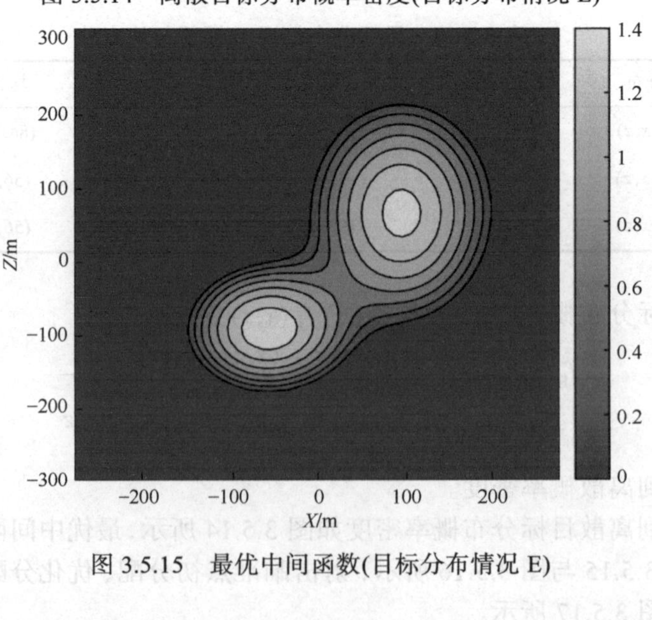

图 3.5.15　最优中间函数(目标分布情况 E)

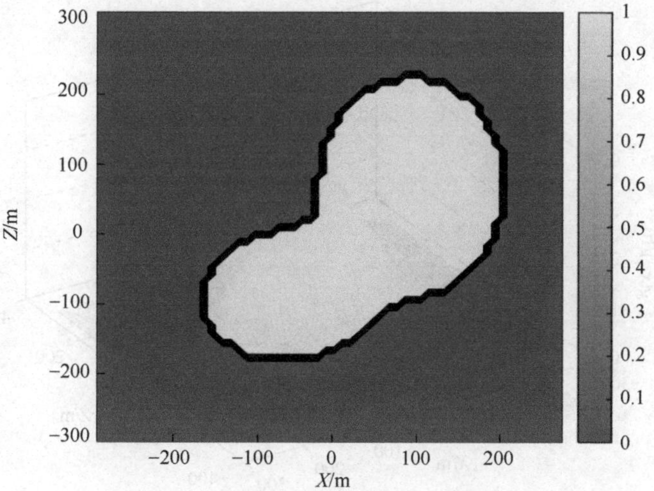

图 3.5.16　最优有效范围(目标分布情况 E)

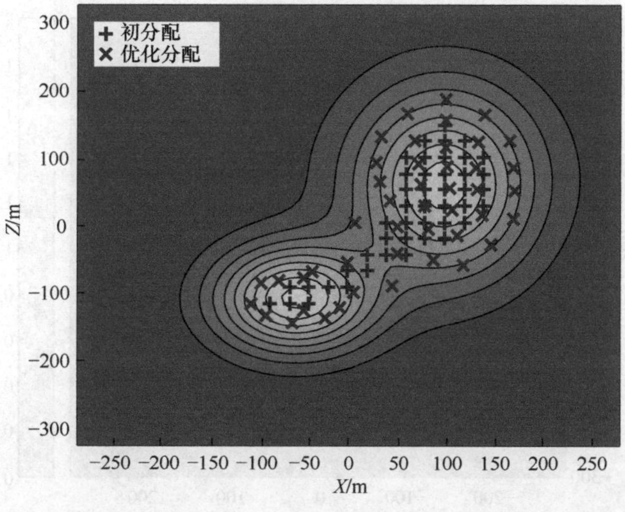

图 3.5.17　射击瞄准点初分配、优化分配结果与分布概率密度(目标分布情况 E)

$$g_{\mathrm{F},p}(\xi,\zeta)=\frac{g_{\mathrm{F}}(\xi,\zeta)(1-h_{ud}(\xi,\zeta))}{\sum_{\Phi} g_{\mathrm{F}}(\xi,\zeta)(1-h_{ud}(\xi,\zeta))} \tag{3.5.9}$$

求解得到离散目标分布概率密度如图 3.5.18 所示，最优中间函数与最优有效范围如图 3.5.19 与图 3.5.20 所示，射击瞄准点初分配、优化分配结果与分布概率密度如图 3.5.21 所示。

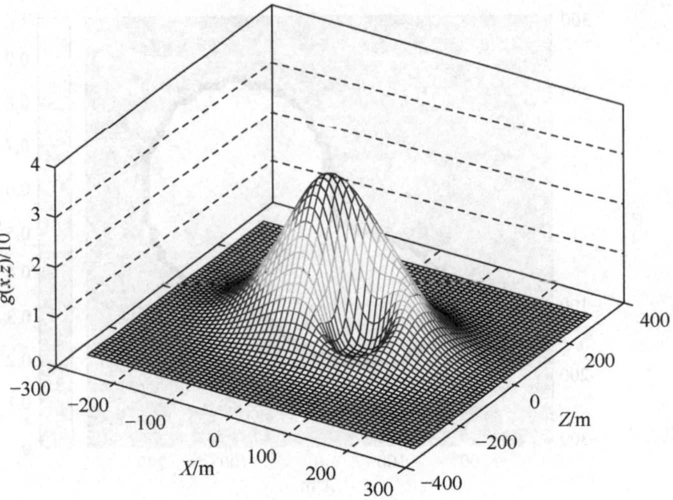

图 3.5.18　离散目标分布概率密度(目标分布情况 F)

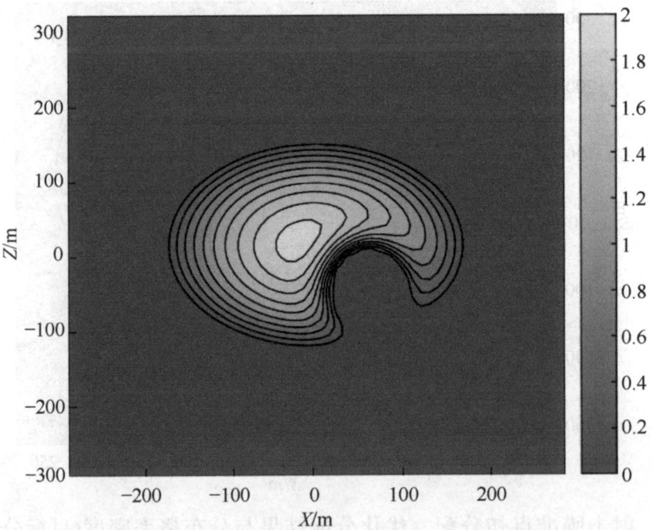

图 3.5.19　最优中间函数(目标分布情况 F)

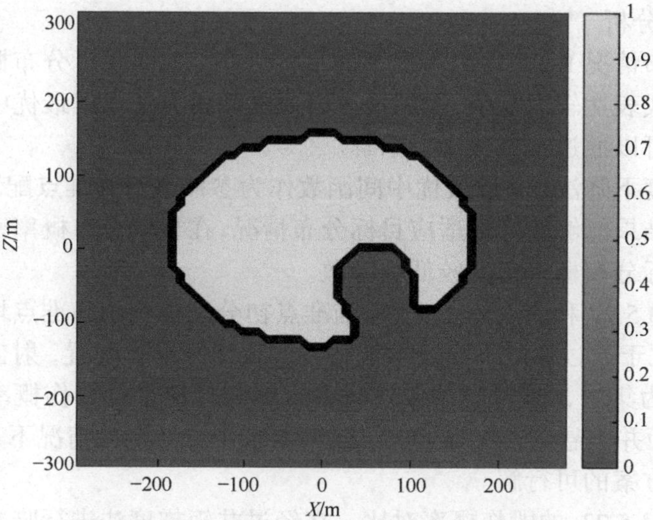

图 3.5.20　最优有效范围(目标分布情况 F)

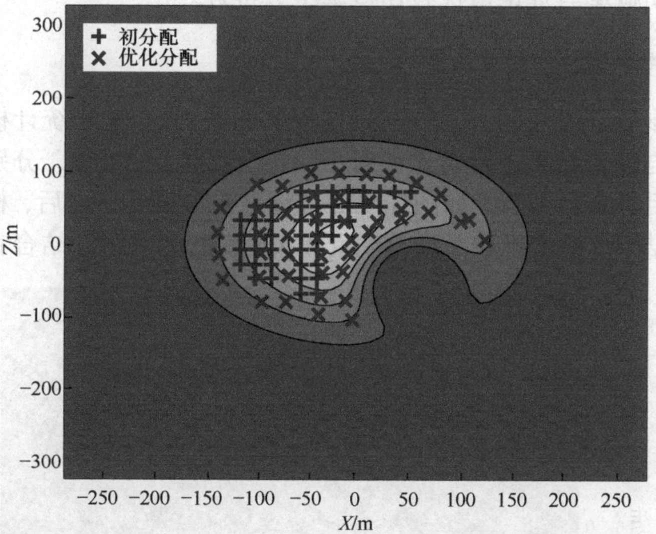

图 3.5.21　射击瞄准点初分配、优化分配结果与分布概率密度(目标分布情况 F)

3) 毁伤概率

目标分布情况 E、F 对应的射击瞄准点初分配毁伤概率、射击瞄准点优化分配毁伤概率与理论最优毁伤概率如表 3.5.23 所示。

表 3.5.23　毁伤概率对比

目标分布情况	初分配毁伤概率	射击瞄准点优化分配毁伤概率	理论最优毁伤概率
E	0.4076	0.4552	0.4613
F	0.4980	0.5647	0.5714

4) 结果分析

目标分布情况 E、F 均为不规则的目标分布，此时目标分布概率密度函数通过解析形式表达较为复杂，采用现有研究的解析方法求解最优中间函数较为困难，此时可以通过本方法进行求解。

采用梯度下降法，并以最优中间函数作为参照进行瞄准点配置优化，因此瞄准点配置结果能够较好地适应目标分布情况，在目标分布概率密度较高处集中，并在目标分布概率密度较低处分散。

根据图 3.5.17 和图 3.5.21，射击瞄准点初分配得到的瞄准点均在最优有效范围内，相比于通过梯度下降法求解得到的最终瞄准点配置，射击瞄准点初分配的结果较为集中，其对应的毁伤概率虽然与理论最优毁伤概率存在一定差距，但是差距并不悬殊，在对于求解效率要求十分苛刻的情况下，也能够作为瞄准点配置方案的可行解。

根据表 3.5.23 的毁伤概率对比，在经过共轭梯度法进行瞄准点配置优化后，对应毁伤概率与理论最优毁伤概率十分接近。

3. 基于统计模拟法的方法验证

为进一步验证方法的有效性与毁伤概率的准确性，基于统计模拟法计算毁伤概率，并与理论结果进行对比。对于目标分布情况 E、F，分别根据分布概率密度生成目标实际位置，如图 3.5.22 与图 3.5.23 所示。之后，根据射击瞄准点优化分配结果、射击不相关误差，生成实际瞄准点位置，结合目标尺寸与毁

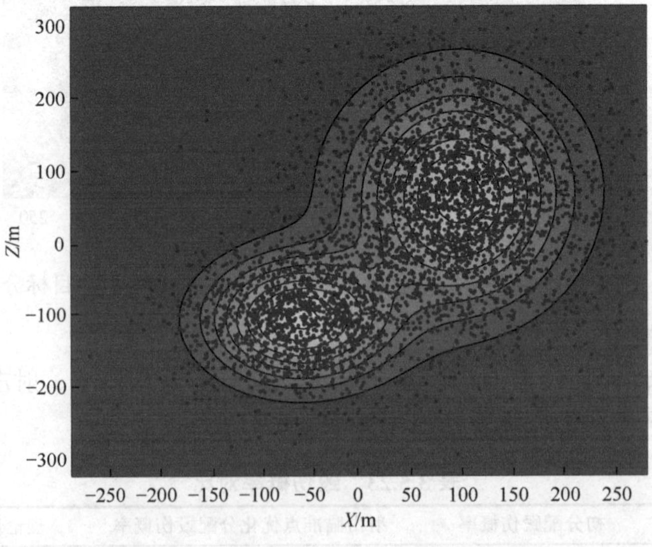

图 3.5.22　随机目标位置(目标分布情况 E)

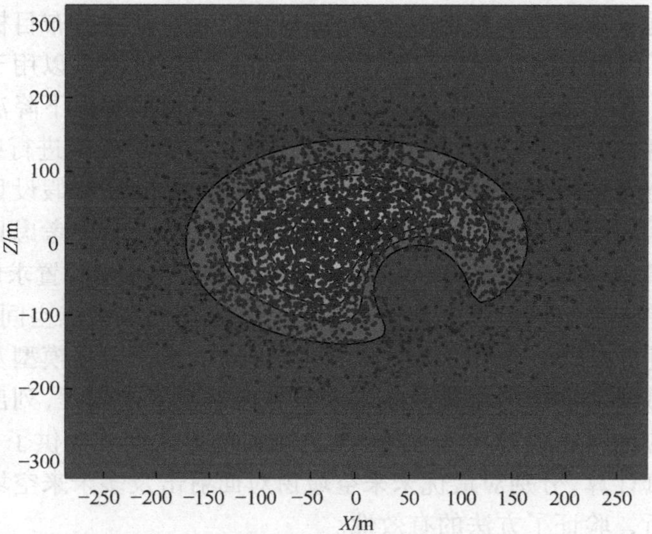

图 3.5.23　随机目标位置(目标分布情况 F)

伤目标所需炮弹数量期望，判断是否能够毁伤目标，作为一次仿真事件。对于每一种分布情况，分别进行 10000 次仿真，统计毁伤目标次数，计算统计模拟法毁伤概率，并设定置信度为 0.95，求解对应的毁伤概率置信区间，与理论计算毁伤概率进行对比，如表 3.5.24 所示。

表 3.5.24　统计模拟法毁伤概率对比

目标分布情况	理论毁伤概率	统计模拟法毁伤概率	统计模拟法置信区间
E	0.4552	0.4577	(0.4479, 0.4674)
F	0.5647	0.5645	(0.5548, 0.5742)

在表 3.5.24 中，对于目标分布情况 E、F，根据式(2.4.7)计算得到的理论毁伤概率与统计模拟法毁伤概率相近，并且理论毁伤概率均落于置信度 0.95 对应的置信区间内，验证了本方法求解得到的瞄准点配置的有效性。

3.6　本 章 小 结

本章在第 2 章相关模型的基础上，得到了典型瞄准点配置方法、最优未来空域窗瞄准点配置求解方法以及多未来空域窗配置求解方法。根据这些方法建立了最优未来空域窗的射击流程，并进行了仿真验证与分析。其中，典型瞄准点配置包括网状配置、圆形配置及针对任意分布目标的非均匀瞄准点配置，相应的瞄准点配置求解方法包括解析法、逼近法以及对任意分布目标的梯度下降法。解析法可以用于网状配置，计算效率较高；而逼近法可以用于网状配置与圆形配置，通用性及优化效果较好；对任意分布目标的梯度下降法能够适应目标分布的任意性，具有较高的优化水平。当需要对空中目标进行射击时，需要采用多未来空域窗射击方法，此时为了提高解算效率，需要假设目标散布服从正态分布并采用等间隔网状瞄准点配置方法。通过 2.3 节中考虑目标速度误差的毁伤概率模型计算毁伤概率，得到本章的多未来空域窗配置求解方法，可以求解相应的单未来空域窗弹丸数量及多未来空域窗的瞄准点空间配置，能够提高武器对高速、强机动空中目标的命中毁伤能力。基于上述模型及方法给出了最优未来空域窗对面射击流程及多未来空域窗对空射击流程，列出了最优未来空域窗具体应用时的关键环节，为未来空域窗的射击实施提供了方法参考。最后进行了仿真计算，分别对最优未来空域窗对面射击及多未来空域窗对空射击进行仿真分析，验证了方法的有效性。

第 4 章　具有末制导搜索能力武器的区域射击模型

在反舰导弹对海射击、空中悬浮弹反导射击、舰空导弹子母弹射击、悬浮式深弹反鱼雷射击、无人机攻击等具有末制导能力的武器对同一目标进行射击时，通常采用的方法是使发射的每发弹的射击瞄准点均相同。一般情况下，射击瞄准点方向为目标的散布中心方向。使用该方法，当目标定位精度较高时，单发弹对目标的捕捉概率是较易满足要求的，但是当目标定位精度很低时，弹对目标的捕捉概率则可能很难满足要求。如果在武器射击时，不使每发弹的瞄准点完全相同，而是采用人工散布的方法，使每发弹的射击瞄准点在方向上人为地偏移目标散布中心某一位置(即人工散布)，从而形成一个较大的射击扇面，以提高至少一发弹捕捉到目标的概率，这种射击方法称为区域射击，也称为人工散布射击。这种射击方式的提出实质就是：当弹飞达预定区域后，弹上传感器开机搜索目标，但由于目标的散布区过大，单发弹的捕捉概率不能满足要求，这样由多发弹协同组合，能够形成更大的搜索区域，提高对目标的捕捉概率。因此，区域射击首先要解决的问题是：为了提高射击效能，多发弹朝多个目标瞄准点射击，如何确定这些瞄准点的坐标。

由于上述武器的技术机理、应用范围存在较大差异，目前关于作战应用的研究一般只针对特定的武器。然而，这类武器具有一定的共性，即能够在发射后搜捕并攻击目标，可以将区域射击方法应用于打击概略目标、低精度目标、高时滞目标的作战任务中，因此可以通过统一的模型对这类武器的毁伤过程进行描述，并研究相应的区域射击方法。

本章建立具有末制导搜索能力武器的毁伤概率模型，并对毁伤概率模型进行优化求解。根据打击过程与目标散布区域特点，可以将具有末制导搜索能力武器的毁伤概率模型分为目标一维散布与目标二维散布两种情况。其中，目标一维散布对应武器在平面内搜索并打击目标，这些目标包括水面、陆上、水下目标，对应的武器包括反舰导弹、悬浮式深弹、巡飞弹药等；目标二维散布对应武器在空间内搜索并打击目标，这些目标主要是空中目标，对应的武器包括悬浮子弹药、舰空弹、子母弹等。在目标一维散布与二维散布的情况中，又可以根据目标精度的好坏再划分为目标服从均匀分布与正态分布两种情况。其中，当目标信息精度十分恶劣时，表现为概略目标，无法得到目标速度，只能通过一定的手段划定目标可能出现的区域，包括人为划定目标散布区域，由于无法估计目标在该区域内可能的分布情况，因此假设目标在散布区域内出现的概率密度均相等，即服从均匀分布；而在另一种情况下，可以估计目标的速度，因此不仅可以划定目标的散布区域，还可以估计目标在散布区域内出现的概率密度，目标在散布区域内呈现正态分布。同时，通过在离散空间内描述目标分布概率密度函数，还针对目标一维任意分布情况进行分析，给出具体的区域射击毁伤概率模型。另外，考虑到实施区域射击的武器型号可能不同，还需要分析异类武器的区域射击问题。

4.1　目标一维散布的区域射击毁伤概率模型

当对水面、陆上目标进行打击时，虽然目标处于一个平面内，但是具有末制导搜索能力的武器具备运动的能力，可以沿航线或弹道对指定区域进行搜索，因此可以将目标的散布区域进行投影，投影至武器速度的法向，从而目标在平面区域内的散布可以等效为在线段上的散布，即一维散布。而对于水下目标，由于水下声环境复杂，跟踪定位精度较差，一般不考虑目标的深度，因此也可以等同于在平面内的情况。

4.1.1　目标一维正态分布的区域射击毁伤概率模型

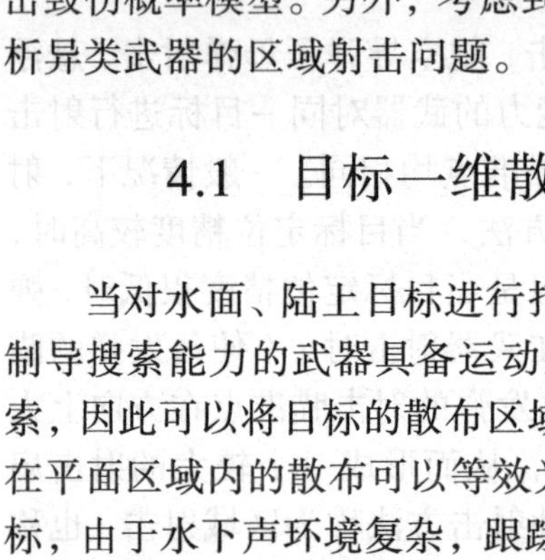

图 4.1.1　对一维正态分布目标的区域射击

首先建立目标一维正态分布的区域射击毁伤概率模型。构建平面直角坐标系，设武器自控终点误差(或射弹散布、布设误差等)服从正态分布，沿 X 轴的概率误差为 E_{tx1}，武器的搜索半宽沿 X 轴为 D_x；武器的射击瞄准点(配置点、布设点)为 x_{ti}，$i\in\Omega$；目标散布服从正态分布，其概率误差沿 X 轴为 E_{tx2}，如图 4.1.1 所示。

为简化分析，对上述参数进行归一化处理，有 $\varepsilon_{tx}=E_{tx2}/E_{tx1}$、$\delta_x=D_x/E_{tx1}$、$\xi_{ti}=x_{ti}/E_{tx1}$，分别为归一化后的目标散布误差、武器搜索半宽、武器射击瞄准点。

因此，可以建立射击毁伤概率模型，武器的毁伤概率 P_{t1n} 为

$$P_{t1n}=1-\int_{-\infty}^{+\infty}\frac{\rho}{\sqrt{\pi}\varepsilon_{tx}}\mathrm{e}^{-\rho^2\frac{x^2}{\varepsilon_{tx}^2}}\prod_{i\in\Omega}(1-Qp(x+\xi_{ti}))\mathrm{d}x \tag{4.1.1}$$

其中，Q 为武器捕获后毁伤目标的概率；$p(\xi)$ 为武器瞄准点取 ξ 时的毁伤概率期望，即

$$p(\xi)=\frac{\rho}{\sqrt{\pi}}\int_{-\delta_x}^{\delta_x}\mathrm{e}^{-\rho^2(x-\xi)^2}\mathrm{d}x\mathrm{d}z \tag{4.1.2}$$

接下来求解误差条件、武器数量固定时的最优毁伤概率及对应的最优中间函数。

设中间函数 $U_{t1n}(x)$ 为

$$U_{t1n}(x)=-\sum_{i\in\Omega}\ln(1-Qp(x+\xi_{ti})) \tag{4.1.3}$$

因此有

$$\begin{aligned}\tau_{t1n}&=\int_{-\infty}^{+\infty}U_{t1n}(x)\mathrm{d}x\\&=-n\int_{-\infty}^{+\infty}\ln(1-Qp(x))\mathrm{d}x\end{aligned} \tag{4.1.4}$$

从而 τ_{t1n} 可以作为等周条件用于最优中间函数的求取。设

$$F_{t1n}=\mathrm{e}^{-\rho^2\frac{x^2}{\varepsilon_{tx}^2}-U_{t1n}(x)} \tag{4.1.5}$$

从而

$$P_{t1n}=1-\frac{\rho}{\sqrt{\pi}\varepsilon_{tx}}\int_{-\infty}^{+\infty}F_{t1n}\mathrm{d}x \tag{4.1.6}$$

结合等周条件，有

$$I_{t1n}(x,U_{t1n},U_{t1n,x})=\int_{-\infty}^{+\infty}\int_{-\infty}^{+\infty}(F_{t1n}(x,z)+\lambda U_{t1n}(x,z))\mathrm{d}x\mathrm{d}z \tag{4.1.7}$$

显然 $I_{t1n}(x,U_{t1n},U_{t1n,x})$ 与 P_{t1n} 在同一 $(x,U_{t1n},U_{t1n,x})$ 取到极值，因此设

$$H_{t1n}(x)=F_{t1n}(x)+\lambda U_{t1n}(x) \tag{4.1.8}$$

当 $(x,U_{t1n},U_{t1n,x})$ 取极值时，有

$$\frac{\partial H_{t1n}(x)}{\partial U_{t1n}}-\frac{\partial}{\partial x}\frac{\partial H_{t1n}(x)}{\partial U_{t1n,x}}=0 \tag{4.1.9}$$

由 $H_{t1n}(x)$ 不显含 $\dfrac{\partial H_{t1n}(x)}{\partial U_{t1n,x}}$，因此有

$$\frac{\partial H_{t1n}(x)}{\partial U_{t1n}}=0 \tag{4.1.10}$$

即最优中间函数$U_{t1n,o}(x)$使

$$-\exp\left(-\rho^2\frac{x^2}{\varepsilon_{tx}^2}-U_{t1n,o}(x)\right)+\lambda=0 \tag{4.1.11}$$

即

$$U_{t1n,o}(x)=-\rho^2\frac{x^2}{\varepsilon_{tx}^2}-\ln\lambda \tag{4.1.12}$$

将$U_{t1n,o}(x)$代入式(4.1.4)，有

$$\tau_{t1n}=\int_{-\infty}^{+\infty}U_{t1n,o}(x)\mathrm{d}x \tag{4.1.13}$$

结合$U_{t1n,o}(x)\in\{U_{t1n}(x)\}$，有$U_{t1n,o}(x)\geqslant 0$，即

$$x^2\leqslant-\varepsilon_{tx}^2\frac{\ln\lambda}{\rho^2} \tag{4.1.14}$$

解得

$$R_{t1n}=-\frac{\ln\lambda}{\rho^2}=\sqrt[3]{\frac{3\varepsilon_{tx}^2\tau_{t1n}}{4\rho^2}} \tag{4.1.15}$$

因此有

$$U_{t1n,o}(x)=\begin{cases}\dfrac{\rho^2}{\varepsilon_{tx}^2}(R_{t1n}^2-x^2), & x^2\leqslant R_{t1n}^2\\ 0, & x^2>R_{t1n}^2\end{cases} \tag{4.1.16}$$

将$U_{t1n,o}(x)$代入式(4.1.6)，可以得到最优毁伤概率$P_{t1n,o}$为

$$P_{t1n,o}=1-\int_{-\infty}^{+\infty}\frac{\rho}{\sqrt{\pi}\varepsilon_{tx}}\mathrm{e}^{-\rho^2\frac{x^2}{\varepsilon_{tx}^2}-U_{t1n,o}(x)}\mathrm{d}x \tag{4.1.17}$$

即当误差条件、武器搜索能力、武器数量固定时，$P_{t1n,o}$为当前条件下的最优毁伤概率。

下面从另一方面证明$U_{t1n,o}(x)$是使P_{t1n}最大的函数。

假设存在某一函数$U_{t1n}(x)=U_{t1n,o}(x)+\eta(x)$，使得$P_{t1n}$更大。下面证明，只有当$\eta(x)=0$时，$P_{t1n}$才最大。显然函数$\eta(x)$不可能是任意值，它同样要满足式(4.1.4)的约束条件，所以在$|x|>R$时，$\eta(x)$不可能为负数，并且有

$$\int_{-\infty}^{+\infty} U_{t1n}(x)\mathrm{d}x = \int_{-\infty}^{+\infty} U_{t1n,o}(x)\mathrm{d}x + \int_{-\infty}^{+\infty} \eta(x)\mathrm{d}x$$

$$= \tau_{t1n} + \int_{-\infty}^{+\infty} \eta(x)\mathrm{d}x$$

$$= \tau_{t1n} = \int_{-\infty}^{+\infty} \eta(x)\mathrm{d}x = 0$$

为了证明式(4.1.17)是最优的，需要证明以下不等式

$$\frac{\rho}{\sqrt{\pi}\varepsilon}\int_{-\infty}^{+\infty} \mathrm{e}^{-\frac{\rho^2 x^2}{\varepsilon^2}-U_{t1n,o}(x)}\mathrm{d}x - \frac{\rho}{\sqrt{\pi}\varepsilon}\int_{-\infty}^{+\infty} \mathrm{e}^{-\frac{\rho^2 x^2}{\varepsilon^2}-U_{t1n}(x)}\mathrm{d}x \leqslant 0$$

即

$$\frac{\rho}{\sqrt{\pi}\varepsilon}\int_{-\infty}^{+\infty} \mathrm{e}^{-\frac{\rho^2 x^2}{\varepsilon^2}-U_{t1n,o}(x)}(1-\mathrm{e}^{-\eta(x)})\mathrm{d}x \leqslant 0$$

对于函数 $f(z)=1-\mathrm{e}^{-z}-z$，对于任意 z 值，都有 $f(z)\leqslant 0$，也就是有 $1-\mathrm{e}^{-z}\leqslant z$，所以有 $1-\mathrm{e}^{-\eta(x)}\leqslant \eta(x)$，这样有

$$\frac{\rho}{\sqrt{\pi}\varepsilon}\int_{-\infty}^{+\infty} \mathrm{e}^{-\frac{\rho^2 x^2}{\varepsilon^2}-U_{t1n,o}(x)}(1-\mathrm{e}^{-\eta(x)})\mathrm{d}x \leqslant \frac{\rho}{\sqrt{\pi}\varepsilon}\int_{-\infty}^{+\infty} \eta(x)\mathrm{e}^{-\frac{\rho^2 x^2}{\varepsilon^2}-U_{t1n,o}(x)}\mathrm{d}x$$

由于在 $|x|>R$ 时，$\eta(x)\geqslant 0$，所以有

$$\int_{R}^{+\infty} \eta(x)\mathrm{e}^{-\frac{\rho^2 x^2}{\varepsilon^2}}\mathrm{d}x \leqslant \frac{\rho}{\sqrt{\pi}\varepsilon}\int_{R}^{+\infty} \eta(x)\mathrm{e}^{-\frac{\rho^2 R^2}{\varepsilon^2}}\mathrm{d}x$$

$$\frac{\rho}{\sqrt{\pi}\varepsilon}\int_{-\infty}^{-R} \eta(x)\mathrm{e}^{-\frac{\rho^2 x^2}{\varepsilon^2}}\mathrm{d}x \leqslant \frac{\rho}{\sqrt{\pi}\varepsilon}\int_{-\infty}^{-R} \eta(x)\mathrm{e}^{-\frac{\rho^2 R^2}{\varepsilon^2}}\mathrm{d}x$$

所以有

$$\frac{\rho}{\sqrt{\pi}\varepsilon}\int_{-\infty}^{+\infty} \eta(x)\mathrm{e}^{-\frac{\rho^2 x^2}{\varepsilon^2}-U_{t1n,o}(x)}\mathrm{d}x \leqslant \frac{\rho}{\sqrt{\pi}\varepsilon}\int_{-\infty}^{+\infty} \eta(x)\mathrm{e}^{-\frac{\rho^2 R^2}{\varepsilon^2}}\mathrm{d}x$$

$$= \frac{\rho}{\sqrt{\pi}\varepsilon}\mathrm{e}^{-\frac{\rho^2 R^2}{\varepsilon^2}}\int_{-\infty}^{+\infty} \eta(x)\mathrm{d}x$$

$$= 0$$

所以证明$U_{t1n,o}(x)$是使P_{t1n}最大的函数。

4.1.2 目标一维均匀分布的区域射击毁伤概率模型

以目标散布中心为坐标原点O，武器速度方向为Y轴，建立直角坐标系。

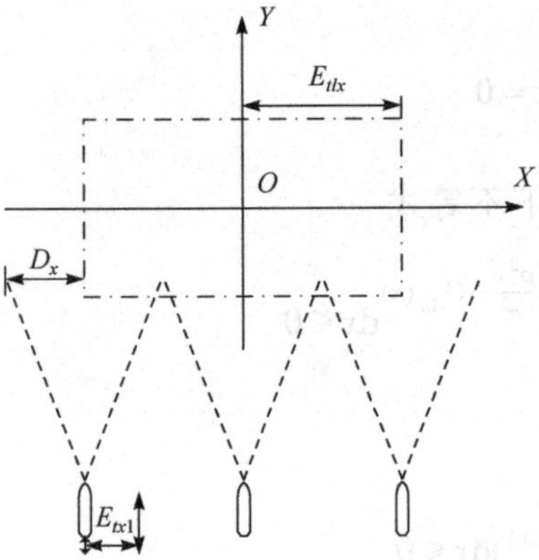

图 4.1.2 对一维均匀分布目标的区域射击

由于采用平行搜索的方式，武器搜捕目标的概率在Y轴的边缘分布为 1，武器命中目标的概率可以投影在X轴进行计算。设武器瞄准点为x_{ti}，$i\in\Omega$；D_x为武器搜索的等效半宽，武器到达瞄准点的自控终点误差为E_{tx1}(概率误差)，即射击不相关误差，目标散布区域半长在X轴上为E_{tlx}；Q为武器捕获后毁伤目标的概率。目标散布区域与武器搜捕态势如图 4.1.2 所示。

为简化分析，对上述参数归一化处理，有$\delta_x=D_x/E_{tx1}$，$l_x=E_{tlx}/E_{tx1}$，$\xi_{ti}=x_{ti}/E_{tx1}$。从而，武器毁伤目标的概率为

$$P_{t1e}=1-\int_{-\infty}^{+\infty}f_{t1e}(x)\prod_{i\in\Omega}(1-Qp(x+\xi_i))\mathrm{d}x \tag{4.1.18}$$

其中，$p(\xi)$为射击系统误差取ξ时，单枚武器捕获到目标的概率，即

$$p(\xi)=\frac{\rho}{\sqrt{\pi}}\int_{-\delta_x}^{\delta_x}\mathrm{e}^{-\rho^2(x-\xi)^2}\mathrm{d}x$$

$f_{t1e}(x)$为目标散布的概率密度函数，即

$$f_{t1e}(x)=\begin{cases}\dfrac{1}{2l_x}, & x\in[-l_x,l_x]\\ 0, & x\notin[-l_x,l_x]\end{cases}$$

因此毁伤目标的概率也可以表示为

$$P_{t1e}=1-\int_{-l_x}^{l_x}f_{t1e}(x)\prod_{i\in\Omega}(1-Qp(x+\xi_i))\mathrm{d}x \tag{4.1.19}$$

引入射弹散布密度函数U_{t1e}，即

$$\begin{aligned}U_{t1e}&=-\ln\prod_{i\in\Omega}(1-Qp(x+\xi_i))\\&=-\sum_{i\in\Omega}\ln(1-Qp(x+\xi_i))\end{aligned}$$

式(4.1.19)变为

$$P_{t1e}=1-\int_{-l_x}^{l_x} f(x)\mathrm{e}^{-U_{t1e}}\mathrm{d}x$$

注意到 U_{t1e} 在 $(-\infty,+\infty)$ 上的积分与瞄准点位置无关，即

$$\begin{aligned}\int_{-\infty}^{+\infty} U_{t1e}\mathrm{d}x&=-n\int_{-\infty}^{+\infty}\ln(1-Qp(x+\xi_i))\mathrm{d}x\\&=-n\int_{-\infty}^{+\infty}\ln(1-Qp(x))\mathrm{d}x\\&=\tau_{t1e}\end{aligned}\tag{4.1.20}$$

因此可以将式(4.1.20)作为一个等周条件，通过变分法求解最优的 U_{t1e} 及对应的 P_{t1e}，此时目标函数变为

$$I_{t1e}=f_{t1e}(x)\mathrm{e}^{-U_{t1e}}+\lambda U_{t1e}$$

进行变分求解时，要求目标函数二阶连续，当目标散布区域为矩形时，其概率密度 $f_{t1e}(x)$ 有两个间断点 $x\in[-l_x,l_x]$，因此作 $f_{t1e}(x)$ 的延拓 $f^*_{t1e}(x)$，有

$$f^*_{t1e}(x)=\begin{cases}f_{t1e}(x), & x\in[-l_x+\delta,l_x-\delta]\\ \varphi_{t1e,1}(x), & x\in(-l_x-\delta,-l_x+\delta)\\ \varphi_{t1e,2}(x), & x\in(l_x-\delta,l_x+\delta)\\ 0, & x\in(-\infty,-l_x-\delta]\cup[l_x+\delta,\infty)\end{cases}$$

其中，$\varphi_{t1e,1}(x)\in C^2(-l_x-\delta,-l_x+\delta)$，并且

$$\begin{cases}\lim\limits_{x^-\to -l_x-\delta}\varphi_{t1e,1}(x)=0\\ \lim\limits_{x^+\to -l_x+\delta}\varphi_{t1e,1}(x)=\dfrac{1}{2l_x}\end{cases}$$

而 $\varphi_{t1e,2}(x)\in C^2(l_x-\delta,l_x+\delta)$，并且

$$\begin{cases}\lim\limits_{x^-\to \varepsilon-\delta}\varphi_2(x)=\dfrac{1}{2l_x}\\ \lim\limits_{x^+\to \varepsilon+\delta}\varphi_2(x)=0\end{cases}$$

因此有

$$\lim_{\delta\to 0}\int_{-l_x}^{l_x} f^*_{t1e}(x)\mathrm{e}^{-U_{t1e}}\mathrm{d}x=\int_{-l_x}^{l_x} f_{t1e}(x)\mathrm{e}^{-U_{t1e}}\mathrm{d}x$$

用 $f^*_{t1e}(x)$ 代替 $f_{t1e}(x)$ 得到 I^*_{t1e}，根据欧拉-拉格朗日条件，U_{t1e} 的最优值

$U_{t1e,o}$应为

$$\frac{\partial I_{t1e}^*}{\partial U_{t1e}}-\frac{\mathrm{d}}{\mathrm{d}x}\cdot\frac{\partial I_{t1e}^*}{\partial U_{t1e,x}}=0$$

的解，即$U_{t1e,o}$应使

$$-f_{t1e}^*(x)\mathrm{e}^{-U_{t1e,o}}+\lambda=0$$

从而有

$$U_{t1e,o}=-\ln\frac{\lambda}{f_{t1e}^*(x)} \tag{4.1.21}$$

将式(4.1.21)代入式(4.1.20)中，有

$$\int_{-\infty}^{+\infty}-\ln\frac{\lambda}{f_{t1e}^*(x)}\mathrm{d}x=\tau_{t1e} \tag{4.1.22}$$

由于$f_{t1e}(x)$定义在$[-l_x,l_x]$内，射弹散布密度在$[-l_x,l_x]$外的取值对于P_{t1e}的提高并没有贡献。因此，将式(4.1.22)变为

$$\int_{-l_x}^{l_x}-\ln\frac{\lambda}{f_{t1e}(x)}\mathrm{d}x=\tau_{t1e}$$

解得

$$\lambda=\frac{1}{2l_x}\exp\left(-\frac{\tau_{t1e}}{2l_x}\right)$$

代入式(4.1.21)中，有

$$U_{t1e,o}(x)=\begin{cases}\dfrac{\tau_{t1e}}{2l_x}, & x\in[-l_x,l_x]\\ 0, & x\notin[-l_x,l_x]\end{cases} \tag{4.1.23}$$

得到最优毁伤概率$P_{t1e,o}(n)$为

$$\begin{aligned}P_{t1e,o}(n)&=1-2l_x\lambda\\&=1-\exp\left(-\frac{\tau_{t1e}}{2l_x}\right)\end{aligned} \tag{4.1.24}$$

4.1.3　目标一维任意分布的区域射击毁伤概率模型

为解决目标任意分布情况的区域射击瞄准点求解问题，在离散空间内描述目标的分布概率，从而适应任意目标分布情况，之后通过变分法求解离散空间内的最优中间函数。

1) 离散空间区域射击毁伤概率模型

设 $f(x)$ 是连续空间内目标分布的概率密度函数，有

$$\begin{cases}\int_{-\infty}^{+\infty} f(x)\mathrm{d}x = 1 \\ f(x) \geqslant 0\end{cases} \tag{4.1.25}$$

为精确反映目标的概率分布，同时考虑计算的可行性，将坐标空间等间隔离散化，间隔记为 Δx，如图 4.1.3 所示(图 4.1.3 中 $F(x)$ 为离散空间概率密度函数，$f(x)$ 为连续空间概率密度函数)。

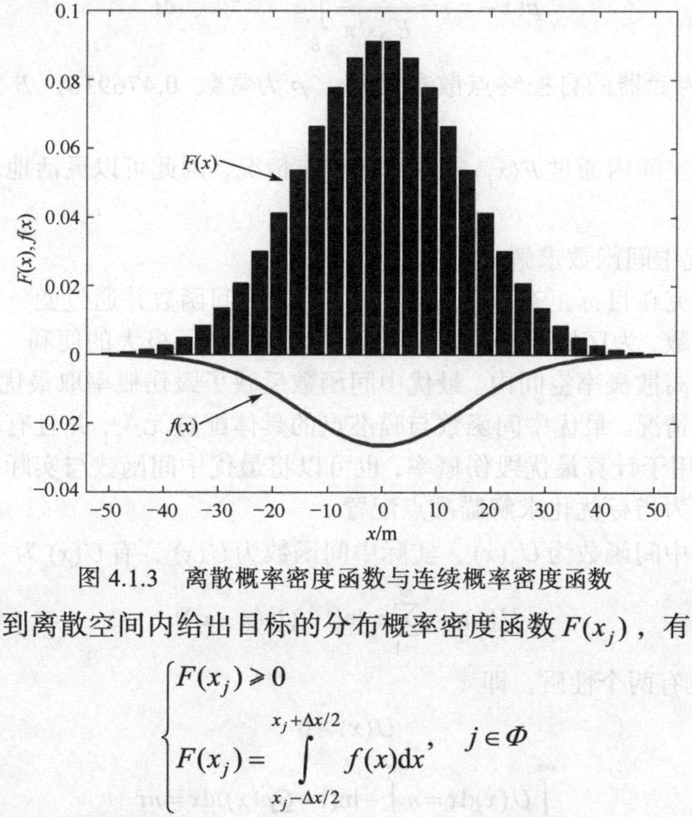

图 4.1.3　离散概率密度函数与连续概率密度函数

从而得到离散空间内给出目标的分布概率密度函数 $F(x_j)$，有

$$\begin{cases}F(x_j) \geqslant 0 \\ F(x_j) = \int_{x_j - \Delta x/2}^{x_j + \Delta x/2} f(x)\mathrm{d}x, \quad j \in \Phi\end{cases} \tag{4.1.26}$$

其中，x_j 为离散的目标位置。

另外，由于连续空间内的概率密度函数定义域可能为 $(-\infty,+\infty)$，而离散空间 Φ 只能取有限个点，为保证充分覆盖目标散布区域，设 α 为允许误差，有

$$\sum_{j\in\Phi} F(x_j) \geqslant 1 - \alpha \tag{4.1.27}$$

同时，记 $m(\Phi)$ 为离散空间 Φ 的范围，即 Φ 内坐标最大值与坐标最小值的

差值为

$$m(\Phi) = \max\{x_j\} - \min\{x_j\} \tag{4.1.28}$$

可以得到离散空间内的毁伤目标概率为

$$P_K = 1 - \sum_{j\in\Phi} F(x_j)\prod_{i=1}^{m}(1 - Qp(x - x_i))^{n_i} \tag{4.1.29}$$

其中，m 为瞄准点数量；n_i 为每个瞄准点上分配的武器数量；$p(x-x_i)$ 为瞄准点取 x_i 时的捕获判断函数，即

$$p(x - x_i) = \frac{\rho}{E_{x1}\sqrt{\pi}}\int_{-B}^{+B} \mathrm{e}^{-\frac{\rho^2(x-x_i-t)^2}{E_{x1}^2}}\mathrm{d}t \tag{4.1.30}$$

其中，E_{x1} 为武器的自控终点散布误差；ρ 为常数 0.476936；B 为武器搜索半宽。

在离散空间内通过 $F(x_j)$ 描述目标分布情况，因此可以灵活地表示目标的各种分布。

2) 最优中间函数求解

现有研究在目标正态分布的条件下，引入中间函数并通过变分法求解得到最优中间函数，为区域射击的瞄准点配置求解提供了极大的便利，这一方法也可以拓展至离散概率空间内。最优中间函数反映了毁伤概率取最优时，瞄准点配置的理想情况。最优中间函数与瞄准点的具体配置无关，并且有较好的解析形式，可以用于计算最优毁伤概率，也可以将最优中间函数与实际中间函数的差值范数作为指标优化求解瞄准点配置。

记最优中间函数为 $U_o(x)$，实际中间函数为 $U(x)$，有 $U(x)$ 为

$$U(x) = -\sum_{i=1}^{m} n_i \ln(1 - Qp(x - x_i)) \tag{4.1.31}$$

$U(x)$ 具有两个性质，即

$$U(x) \geqslant 0 \tag{4.1.32}$$

$$\int_{-\infty}^{+\infty} U(x)\mathrm{d}x = n\int_{-\infty}^{+\infty} -\ln(1 - Qp(x))\mathrm{d}x = n\tau \tag{4.1.33}$$

其中，n 为武器总数，$n = \sum_{i=1}^{m} n_i$。

在离散空间内，式(4.1.33)变为

$$\int_{-\infty}^{+\infty} U(x)\mathrm{d}x = \lim_{\Delta x\to 0}\Delta x\sum_{\infty} U(x) \tag{4.1.34}$$

因此，在实际计算中，仍通过式(4.1.33)计算 $n\tau$ 以获得更为准确的结果。

现有研究分别在连续空间内求解了目标正态分布与均匀分布情况下的最优中间函数。连续空间内的 $U_o(x)$ 与目标概率密度函数 $f(x)$ 强相关，因此当 $f(x)$ 形式复杂时，求解 $U_o(x)$ 将十分困难。

这里通过变分法求解离散空间内的最优中间函数。

将 $U(x)$ 代入式(4.1.29)后，有

$$P_K = 1 - \sum_{\infty} F(x)\exp(-U(x)) \tag{4.1.35}$$

结合式(4.1.33)，可以基于变分法构建指标函数为

$$H = F(x)\exp(-U(x)) + \lambda U(x) \tag{4.1.36}$$

H 的极值满足式(4.1.37)，即欧拉方程，此时中间函数取最优值 $U_o(x)$，即

$$\frac{\partial H}{\partial U} - \frac{\mathrm{d}}{\mathrm{d}x}\frac{\partial H}{\partial U_x} = 0 \tag{4.1.37}$$

从而解得

$$U_o(x) = \ln F(x) - \ln\lambda \tag{4.1.38}$$

注意到，$U_o(x)$ 同时应当满足式(4.1.32)与式(4.1.33)。为方便分析，引入有效区间 Ω，在有效空间内最优中间函数取值有效，即

$$\Omega = \{x \mid U_o(x) > 0\} \tag{4.1.39}$$

令最优中间函数在 Ω 外取 0，即

$$U_o(x) = 0, \quad x \notin \Omega \tag{4.1.40}$$

从而可以通过式(4.1.34)与式(4.1.37)解出 $U_o(x)$，有

$$\Delta x \sum_{\Omega} (\ln F(x) - \ln\lambda) = n\tau \tag{4.1.41}$$

$U_o(x)$ 最优性的证明　欲证明 $U_o(x)$ 对应的毁伤概率取最优，即

$$1 - \sum_{j\in\Phi} F(x_j)\exp(-U_o(x_j)) \geqslant 1 - \sum_{j\in\Phi} F(x_j)\exp(-U(x_j))$$

或

$$\sum_{j\in\Phi} F(x_j)\exp(-U_o(x_j)) \leqslant \sum_{j\in\Phi} F(x_j)\exp(-U(x_j))$$

为便于表述，以下不再强调 x_j，统一用 x 表示离散坐标点。

引入 $\eta(x)$ 有

$$U(x) = U_o(x) + \eta(x)$$

从而有

$$\sum_{\Phi} F(x)\exp(-U_o(x)) - \sum_{\Phi} F(x)\exp(-U_o(x)-\eta(x)) \leqslant 0$$

当且仅当 $\eta(x)\equiv 0$ 时，等号成立。其中

$$U_o(x)+\eta(x)\in\{U(x)\}$$

证明　注意到，对于任意 $z\in\mathbb{R}$，有

$$1-\mathrm{e}^{-z}-z\leqslant 0$$

即

$$1-\mathrm{e}^{-z}\leqslant z$$

从而有

$$\begin{aligned}
&\sum_{\Phi} F(x)\exp(-U_o(x)) - \sum_{\Phi} F(x)\exp(-U_o(x)-\eta(x))\\
&=\sum_{\Phi} F(x)\exp(-U_o(x))[1-\exp(\eta(x))]\\
&\leqslant \sum_{\Phi} \eta(x)F(x)\exp(-U_o(x))
\end{aligned}$$

即需要证明

$$\sum_{\Phi} \eta(x)F(x)\exp(-U_o(x))\leqslant 0$$

设 $\overline{\Omega}=\Phi-\Omega$，由 Ω 的定义，有

$$\begin{aligned}
&U_o(x)>0,\quad x\in\Omega\\
&U_o(x)=0,\quad x\notin\Omega
\end{aligned}$$

再由

$$U_o(x)=\ln F(x)-\ln\lambda$$

有

$$F(x)\exp(-U_o(x))=\lambda=\text{const}$$

从而有

$$\begin{aligned}
&\sum_{\Phi} \eta(x)F(x)\exp(-U_o(x))\\
&=\sum_{\overline{\Omega}} \eta(x)F(x) + \sum_{\Omega} \eta(x)F(x)\exp(-U_o(x))\\
&=\sum_{\overline{\Omega}} \eta(x)F(x) + \sum_{\Omega} \eta(x)\lambda
\end{aligned}$$

而由

$$F(x)<\lambda,\quad x\notin\Omega$$

有

$$\begin{aligned}&\sum_{\bar{\Omega}}\eta(x)F(x)+\sum_{\Omega}\eta(x)\lambda\\&\leqslant\sum_{\bar{\Omega}}\eta(x)\lambda+\sum_{\Omega}\eta(x)\lambda\\&=\lambda\sum_{\Phi}\eta(x)\end{aligned}$$

注意到，由于

$$U_o(x)+\eta(x)\in\{U(x)\}$$

因此有

$$\int_{-\infty}^{+\infty}U(x)\mathrm{d}x=\lim_{\Delta x\to 0}\Delta x\sum_{\infty}U(x)$$

即

$$\Delta x\sum_{\infty}U_o(x)=\Delta x\sum_{\infty}(U_o(x)+\eta(x))=n\tau$$

从而有

$$\Delta x\sum_{\infty}\eta(x)=0$$

考虑到

$$F(x)=0,\quad x\notin\Phi$$

因而

$$\lambda\sum_{\infty}\eta(x)=\lambda\sum_{\Phi}\eta(x)=0$$

即

$$\sum_{\Phi}F(x)\exp(-U_o(x))-\sum_{\Phi}F(x)\exp(-U_o(x)-\eta(x))\leqslant 0$$

从而有

$$1-\sum_{j\in\Phi}F(x_j)\exp(-U_o(x_j))\geqslant 1-\sum_{j\in\Phi}F(x_j)\exp(-U(x_j))$$

即 $U_o(x)$ 的最优性得证。

满足式(4.1.37)的 $U_o(x)$ 有无限多个，然而根据区域射击问题的具体情况，区间 Ω 的范围 $\|\Omega\|$ 应当尽可能大，这样在 Ω 内 $U_o(x)$ 的极值 $\max U_o(x)$ 就会尽可能小，从而利于实际瞄准点配置。

因此，求解最优中间函数 $U_o(x)$ 的问题变为求解最大 $\|\Omega\|$ 的问题，这里引

入概率阈值 F_p 进行求解。

取 F_p 定义域为

$$F_p \in [\min_{j\in\Phi} F(x_j), \max_{j\in\Phi} F(x_j)] \tag{4.1.42}$$

以 F_p 为阈值对 $F(x_j)$ 进行划分，取 Ω 为

$$\Omega = \{x \mid F(x_j) \geqslant F_p\} \tag{4.1.43}$$

对于任意 F_p，可以根据式(4.1.43)得到有效区间 Ω，之后根据式(4.1.41)解得 λ。得到 λ 后，还需要判断是否有

$$U_o(x) = \ln F(x) - \ln\lambda \geqslant 0 \tag{4.1.44}$$

因此，需要优化求解 F_p，使 F_p 尽可能小，并且满足式(4.1.44)，从而增大 Ω 的范围。可以采用二分法求解，求解得到 F_p 后，就可以解出 Ω、λ，进而根据式(4.1.37)得到离散形式的最优中间函数 $U_o(x)$。

二分法求解最优中间函数 $U_o(x)$，设目标分布服从期望为 0、标准差为 12 的正态分布，则 $F(x)$ 如图 4.1.4 所示。

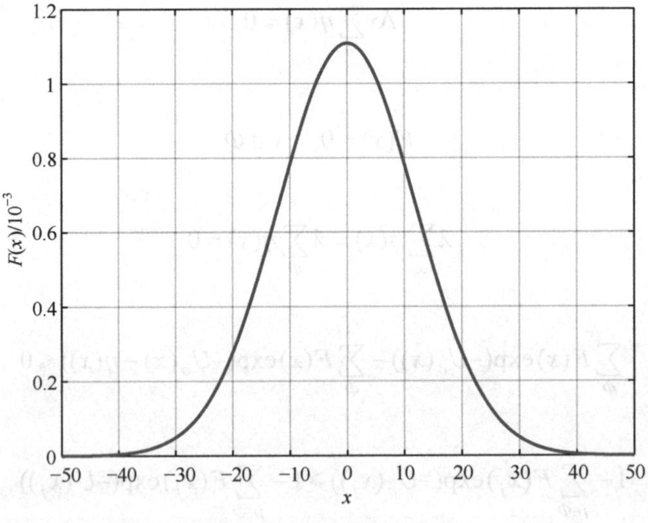

图 4.1.4　目标散布情况

设武器数量 n 为 5，武器搜索半宽 B 为 3，捕获后毁伤目标的概率 Q 为 0.7。从而根据式(4.1.45)计算得到 $n\tau$ 为 36.1418。

$$n\tau = n\int_{-\infty}^{+\infty} -\ln(1 - Qp(x))\mathrm{d}x \tag{4.1.45}$$

根据概率密度函数 $F(x)$ 的取值得到概率阈值 F_p 的定义域为 $[1.88\times10^{-7}, 0.0011]$。

概率阈值 F_p 将 $F(x)$ 分成两个区域，概率密度大于等于 F_p 的区域作为有效区间 Ω，概率密度小于 F_p 的区域作为其他区间，如图 4.1.5 所示。

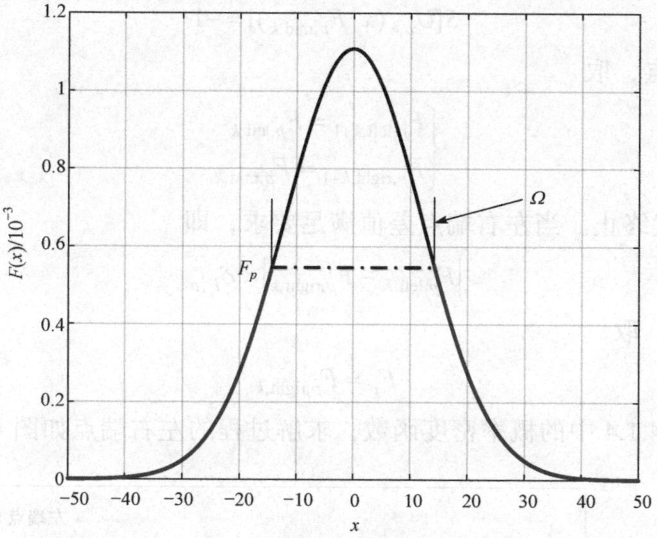

图 4.1.5　概率阈值与有效区间

为了最大化 Ω 的长度，需要降低 F_p 并满足在 Ω 内 $U(x)\geqslant 0$ 的条件。

根据概率阈值 F_p 计算得到有效区间 Ω，记为 $\Omega(F_p)$，对应的第 k 次迭代最优中间函数记为 $U_{o,k}(x\mid F_p)$。函数符号取值 $S(U_k)$ 定义为

$$S(U_{o,k})=\begin{cases}1, & \exists x\in\Omega(F_p), U_{o,k}(x)<0\\ -1, & \forall x\in\Omega(F_p), U_{o,k}(x)\geqslant 0\end{cases} \tag{4.1.46}$$

二分法求解时，根据左右端点的符号 $S(U_k)$ 确定下一个值并进行求解。设初始左端点 $F_{p,\text{left},0}$ 为定义域上的最小值，即 1.88×10^{-7}，初始右端点 $F_{p,\text{right},0}$ 为定义域上的最大值，即 0.0011。求解过程中，右端点的 $S(U_k)$ 始终为−1，左端点的 $S(U_k)$ 始终为 1。

二分法迭代求解 F_p 的步骤为如下：

(1) 首先计算中点 $F_{p,\text{mid},k}$，即

$$F_{p,\text{mid},k}=(F_{p,\text{left},k}+F_{p,\text{right},k})/2 \tag{4.1.47}$$

(2) 更新左右端点。若

$$S[U_{o,k}(x\mid F_{p,\text{mid},k})]=1 \tag{4.1.48}$$

则更新左端点，取

$$\begin{cases} F_{p,\text{left},k+1} = F_{p,\text{mid},k} \\ F_{p,\text{right},k+1} = F_{p,\text{right},k} \end{cases} \tag{4.1.49}$$

若

$$S[U_{o,k}(x \mid F_{p,\text{mid},k})] = -1 \tag{4.1.50}$$

则更新右端点，取

$$\begin{cases} F_{p,\text{left},k+1} = F_{p,\text{left},k} \\ F_{p,\text{right},k+1} = F_{p,\text{mid},k} \end{cases} \tag{4.1.51}$$

(3) 迭代终止。当左右端点差值满足要求，即

$$\left| F_{p,\text{left},k} - F_{p,\text{right},k} \right| < \delta_{F,p} \tag{4.1.52}$$

时终止迭代，取

$$F_p = F_{p,\text{right},k} \tag{4.1.53}$$

对于图 4.1.4 中的概率密度函数，求解过程的左右端点如图 4.1.6 所示。

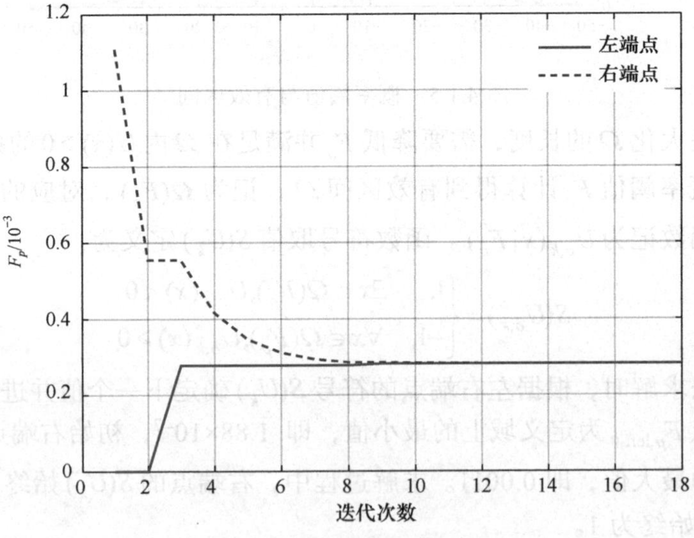

图 4.1.6　二分法求解过程

最终得到最优中间函数 $U_{o,k}(x \mid F_p)$ 如图 4.1.7 所示，有效区间 $\Omega(F_p)$ 如图 4.1.8 所示。

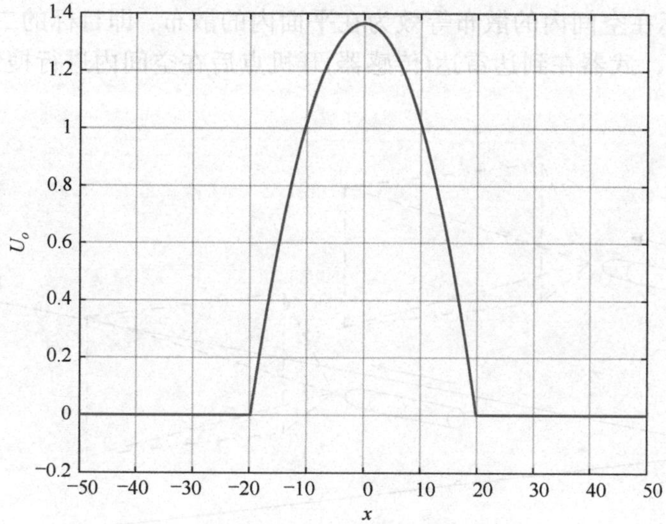

图 4.1.7　最优中间函数

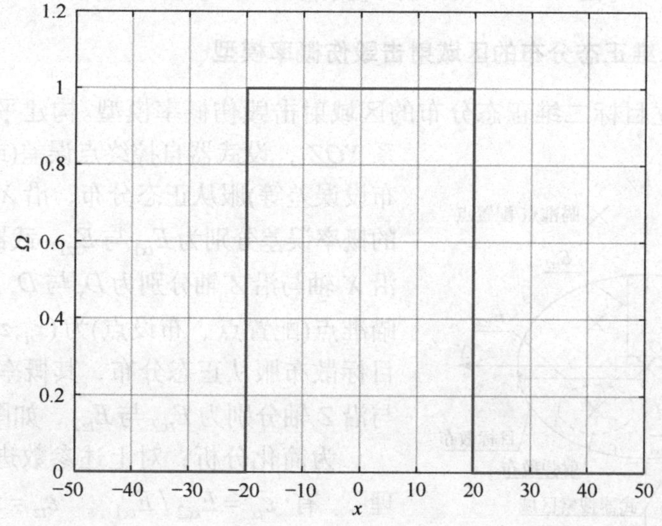

图 4.1.8　有效区间

有效区间测度$\|\Omega\|$为 39.7466。

4.2　目标二维散布的区域射击毁伤概率模型

当对空中目标进行打击时(如悬浮子弹药或舰空弹子母弹)，目标处于空间内，由于武器与目标的相对运动，可以将目标在空间内的散布投影到一个平面内，从而目标在空间内的散布等效为在平面内的散布，即目标的二维散布。如图 4.2.1 所示，武器在到达雷达(传感器)开机点后在空间内进行搜索。

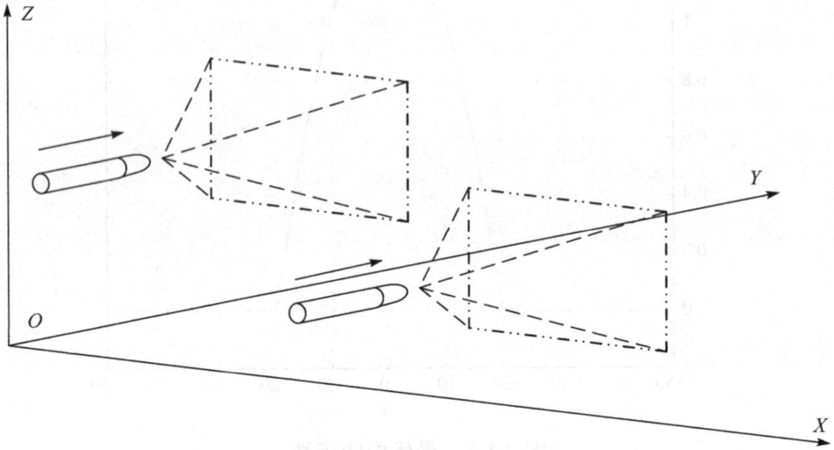

图 4.2.1 具有末制导搜索能力武器对空间的搜索

4.2.1 目标二维正态分布的区域射击毁伤概率模型

首先建立目标二维正态分布的区域射击毁伤概率模型。构建平面直角坐标系 XOZ，设武器自控终点误差(或射弹散布、布设误差等)服从正态分布，沿 X 轴与沿 Z 轴的概率误差分别为 E_{tx1} 与 E_{tz1}，武器的搜索半宽沿 X 轴与沿 Z 轴分别为 D_x 与 D_z；武器的射击瞄准点(配置点、布设点)为 (x_{ti},z_{ti})，$i\in\Omega$；目标散布服从正态分布，其概率误差沿 X 轴与沿 Z 轴分别为 E_{tx2} 与 E_{tz2}，如图 4.2.2 所示。

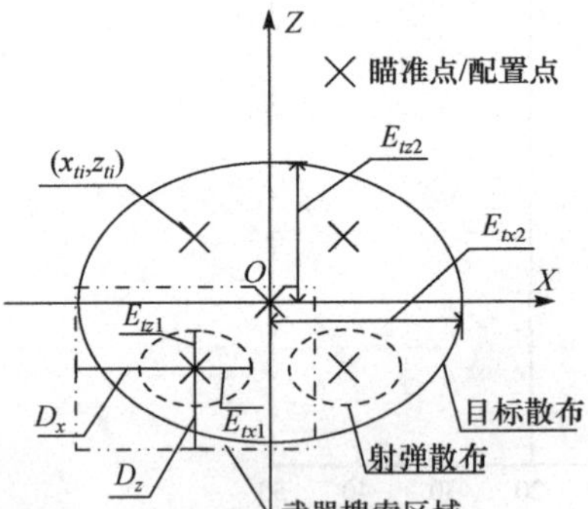

图 4.2.2 目标二维正态分布情况下的区域射击

为简化分析，对上述参数进行归一化处理，有 $\varepsilon_{tx}=E_{tx2}/E_{tx1}$、$\varepsilon_{tz}=E_{tz2}/E_{tz1}$，$\delta_x=D_x/E_{tx1}$、$\delta_z=D_z/E_{tz1}$，$\xi_{ti}=x_{ti}/E_{tx1}$、$\zeta_{ti}=z_{ti}/E_{tz1}$，分别为归一化后的目标散布误差、武器搜索半宽、武器射击瞄准点。

因此，可以建立射击毁伤概率模型，武器的毁伤概率 P_{t2n} 为

$$P_{t2n}=1-\int_{-\infty}^{+\infty}\int_{-\infty}^{+\infty}\frac{\rho^2}{\pi\varepsilon_{tx}\varepsilon_{tz}}\mathrm{e}^{-\rho^2\left(\frac{x^2}{\varepsilon_{tx}^2}+\frac{z^2}{\varepsilon_{tz}^2}\right)}\prod_{i\in\Omega}(1-Qp(x+\xi_{ti},z+\zeta_{ti}))\mathrm{d}x\mathrm{d}z \tag{4.2.1}$$

其中，Q 为武器捕获后毁伤目标的概率；$p(\xi,\zeta)$ 为武器瞄准点取 (ξ,ζ) 时的毁

伤概率期望，即

$$p(\xi,\zeta)=\frac{\rho^2}{\pi}\int_{-\delta_z}^{\delta_z}\int_{-\delta_x}^{\delta_x}\mathrm{e}^{-\rho^2\left[(x-\xi)^2+(z-\zeta)^2\right]}\mathrm{d}x\mathrm{d}z \tag{4.2.2}$$

接下来求解误差条件、武器数量固定时的最优毁伤概率及对应的最优中间函数。设中间函数 $U_{t2n}(x,z)$ 为

$$U_{t2n}(x,z)=-\sum_{i\in\Omega}\ln(1-Qp(x+\xi_{ti},z+\zeta_{ti})) \tag{4.2.3}$$

因此有

$$\begin{aligned}\tau_{t2n}&=\int_{-\infty}^{+\infty}\int_{-\infty}^{+\infty}U_{t2n}(x,z)\mathrm{d}x\mathrm{d}z\\&=-n\int_{-\infty}^{+\infty}\int_{-\infty}^{+\infty}\ln(1-Qp(x,z))\mathrm{d}x\mathrm{d}z\end{aligned} \tag{4.2.4}$$

从而 τ_{t2n} 可以作为等周条件用于最优中间函数的求取。设

$$F_{t2n}=\mathrm{e}^{-\rho^2\left(\frac{x^2}{\varepsilon_{tx}^2}+\frac{z^2}{\varepsilon_{tz}^2}\right)-U_{t2n}(x,z)} \tag{4.2.5}$$

从而有

$$P_{t2n}=1-\frac{\rho^2}{\pi\varepsilon_{tx}\varepsilon_{tz}}\int_{-\infty}^{+\infty}\int_{-\infty}^{+\infty}F_{t2n}\mathrm{d}x\mathrm{d}z \tag{4.2.6}$$

结合等周条件，有

$$I_{t2n}(x,z,U_{t2n},U_{t2n,x},U_{t2n,z})=\int_{-\infty}^{+\infty}\int_{-\infty}^{+\infty}(F_{t2n}(x,z)+\lambda U_{t2n}(x,z))\mathrm{d}x\mathrm{d}z \tag{4.2.7}$$

显然 $I_{t2n}(x,z,U_{t2n},U_{t2n,x},U_{t2n,z})$ 与 P_{t2n} 在同一 $(x,z,U_{t2n},U_{t2n,x},U_{t2n,z})$ 取到极值，因此设

$$H_{t2n}(x,z)=F_{t2n}(x,z)+\lambda U_{t2n}(x,z) \tag{4.2.8}$$

当 $I_{t2n}(x,z,U_{t2n},U_{t2n,x},U_{t2n,z})$ 取极值时，有

$$\frac{\partial H_{t2n}(x,z)}{\partial U_{t2n}}-\frac{\partial}{\partial x}\frac{\partial H_{t2n}(x,z)}{\partial U_{t2n,x}}-\frac{\partial}{\partial z}\frac{\partial H_{t2n}(x,z)}{\partial U_{t2n,z}}=0 \tag{4.2.9}$$

由于 $H_{t2n}(x,z)$ 不显含 $\partial H_{t2n}(x,z)/\partial U_{t2n,x}$ 及 $\partial H_{t2n}(x,z)/\partial U_{t2n,z}$，因此有

$$\frac{\partial H_{t2n}(x,z)}{\partial U_{t2n}}=0 \tag{4.2.10}$$

即最优中间函数 $U_{t2n,o}(x,z)$ 使

$$-\exp\left[-\rho^2\left(\frac{x^2}{\varepsilon_{tx}^2}+\frac{z^2}{\varepsilon_{tz}^2}\right)-U_{t2n,o}(x,z)\right]+\lambda=0 \tag{4.2.11}$$

即

$$U_{t2n,o}(x,z)=-\rho^2\left(\frac{x^2}{\varepsilon_{tx}^2}+\frac{z^2}{\varepsilon_{tz}^2}\right)-\ln\lambda \tag{4.2.12}$$

将 $U_{t2n,o}(x,z)$ 代入式(4.2.4)，有

$$\tau_{t2n}=\int_{-\infty}^{+\infty}\int_{-\infty}^{+\infty}U_{t2n,o}(x,z)\mathrm{d}x\mathrm{d}z \tag{4.2.13}$$

结合 $U_{t2n,o}(x,z)\in\{U_{t2n}(x,z)\}$，有 $U_{t2n,o}(x,z)\geqslant 0$，即

$$\frac{x^2}{\varepsilon_{tx}^2}+\frac{z^2}{\varepsilon_{tz}^2}\leqslant-\frac{\ln\lambda}{\rho^2} \tag{4.2.14}$$

解得

$$R_{t2n}=-\frac{\ln\lambda}{\rho^2}=\sqrt[4]{\frac{2\tau_{t2n}}{\pi\rho^2\varepsilon_{tx}\varepsilon_{tz}}} \tag{4.2.15}$$

因此有

$$U_{t2n,o}(x,z)=\begin{cases}\rho^2\left(R_{t2n}^2-\dfrac{x^2}{\varepsilon_{tx}^2}-\dfrac{z^2}{\varepsilon_{tz}^2}\right), & \dfrac{x^2}{\varepsilon_{tx}^2}+\dfrac{z^2}{\varepsilon_{tz}^2}\leqslant R_{t2n}^2\\ 0, & \dfrac{x^2}{\varepsilon_{tx}^2}+\dfrac{z^2}{\varepsilon_{tz}^2}>R_{t2n}^2\end{cases} \tag{4.2.16}$$

将 $U_{t2n,o}(x,z)$ 代入式(4.2.6)，可以得到最优毁伤概率 $P_{t2n,o}$ 为

$$\begin{aligned}P_{t2n,o}&=1-\int_{-\infty}^{+\infty}\int_{-\infty}^{+\infty}\frac{\rho^2}{\pi\varepsilon_{tx}\varepsilon_{tz}}\mathrm{e}^{-\rho^2\left(\frac{x^2}{\varepsilon_{tx}^2}+\frac{z^2}{\varepsilon_{tz}^2}\right)-U_{t2n,o}(x,z)}\mathrm{d}x\mathrm{d}z\\&=1-\left(1+\rho^2R_{t2n}^2\right)\mathrm{e}^{-\rho^2R_{t2n}^2}\end{aligned} \tag{4.2.17}$$

即误差条件、武器搜索能力、武器数量固定时，$P_{t2n,o}$ 为当前条件下的最优毁伤概率。

4.2.2 目标二维均匀分布的区域射击毁伤概率模型

在应对概略目标时，一般没有目标的运动参数信息，其位置信息也只能通

过估计、推测的方法得到。与 4.2.1 节不同，此时不能再假设目标散布服从正态分布，由于无法确定目标在规定的散布区域内的概率分布情况，通常的做法是假设目标在散布区域内出现的概率密度均相等，即服从均匀分布。其瞄准、射击示意图如图 4.2.3 所示。

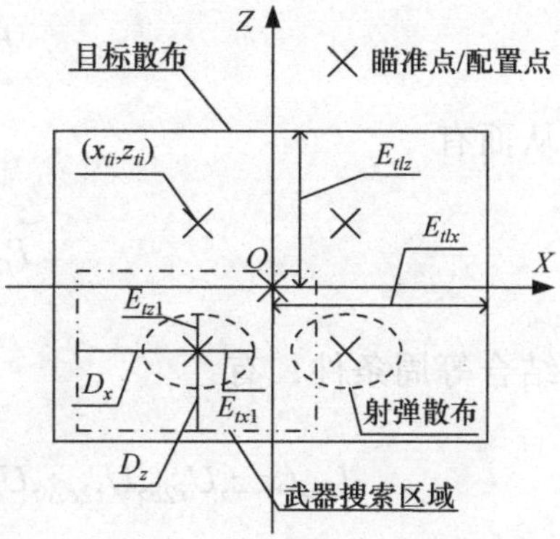

图 4.2.3　对二维均匀分布目标的区域射击

图 4.2.2 与图 4.2.3 的差异在于图 4.2.3 中目标的散布区域为一个人为设定或根据有限的情报信息推测的矩形。在构建的平面直角坐标系 XOZ 中，设武器自控终点误差(或射弹散布、布设误差等)服从正态分布，沿 X 轴与沿 Z 轴的概率误差分别为 E_{tx1} 与 E_{tz1}，武器的搜索半宽沿 X 轴与沿 Z 轴分别为 D_x 与 D_z；武器的射击瞄准点(配置点、布设点)为 (x_{ti},z_{ti})，$i\in\Omega$；目标散布服从均匀分布，目标散布区域的长与宽分别为 E_{tlx} 与 E_{tlz}。

对上述参数进行归一化处理，有 $l_x=E_{tlx}/E_{tx1}$、$l_z=E_{tlz}/E_{tz1}$，$\delta_x=D_x/E_{tx1}$、$\delta_z=D_z/E_{tz1}$，$\xi_{ti}=x_{ti}/E_{tx1}$、$\zeta_{ti}=z_{ti}/E_{tz1}$，分别为归一化后的目标散布区域长宽、武器搜索半宽、武器射击瞄准点。

建立射击毁伤概率模型，武器的毁伤概率 P_{t2e} 为

$$P_{t2e}=1-\int_{-l_z}^{l_z}\int_{-l_x}^{l_x}\frac{1}{4l_xl_z}\prod_{i\in\Omega}(1-Qp(x+\xi_{ti},z+\zeta_{ti}))\mathrm{d}x\mathrm{d}z \tag{4.2.18}$$

其中，Q 为武器捕获后毁伤目标的概率；$p(\xi,\zeta)$ 同式(4.2.2)。

接下来求解误差条件、武器数量固定时的最优毁伤概率及对应的最优中间函数。设中间函数 $U_{t2e}(x,z)$ 为

$$U_{t2e}(x,z)=-\sum_{i\in\Omega}\ln(1-Qp(x+\xi_{ti},z+\zeta_{ti})) \tag{4.2.19}$$

因此有

$$\begin{aligned}\tau_{t2e}&=\int_{-\infty}^{+\infty}\int_{-\infty}^{+\infty}U_{t2e}(x,z)\mathrm{d}x\mathrm{d}z\\&=-n\int_{-\infty}^{+\infty}\int_{-\infty}^{+\infty}\ln(1-Qp(x,z))\mathrm{d}x\mathrm{d}z\end{aligned} \tag{4.2.20}$$

从而 τ_{t2e} 可以作为等周条件用于最优中间函数的求取。设

$$F_{t2e}=\frac{1}{4l_xl_z}\mathrm{e}^{-U_{t2e}(x,z)} \tag{4.2.21}$$

从而有

$$P_{t2e}=1-\int_{-l_z}^{l_z}\int_{-l_x}^{l_x}F_{t2n}\mathrm{d}x\mathrm{d}z \tag{4.2.22}$$

结合等周条件，有

$$I_{t2e}(x,z,U_{t2e},U_{t2e,x},U_{t2e,z})=\int_{-\infty}^{+\infty}\int_{-\infty}^{+\infty}(F_{t2e}(x,z)+\lambda U_{t2e}(x,z))\mathrm{d}x\mathrm{d}z \tag{4.2.23}$$

显然 $I_{t2e}(x,z,U_{t2e},U_{t2e,x},U_{t2e,z})$ 与 P_{t2e} 在同一 $(x,z,U_{t2e},U_{t2e,x},U_{t2e,z})$ 取到极值，因此设

$$H_{t2e}(x,z)=F_{t2e}(x,z)+\lambda U_{t2e}(x,z) \tag{4.2.24}$$

当 $I_{t2e}(x,z,U_{t2e},U_{t2e,x},U_{t2e,z})$ 取极值时，有

$$\frac{\partial H_{t2e}(x,z)}{\partial U_{t2e}}-\frac{\partial}{\partial x}\frac{\partial H_{t2e}(x,z)}{\partial U_{t2e,x}}-\frac{\partial}{\partial z}\frac{\partial H_{t2e}(x,z)}{\partial U_{t2e,z}}=0 \tag{4.2.25}$$

由 $H_{t2e}(x,z)$ 不显含 $\frac{\partial H_{t2e}(x,z)}{\partial U_{t2e,x}}$ 及 $\frac{\partial H_{t2e}(x,z)}{\partial U_{t2e,z}}$，因此有

$$\frac{\partial H_{t2e}(x,z)}{\partial U_{t2e}}=0 \tag{4.2.26}$$

即最优中间函数 $U_{t2e,o}(x,z)$ 使

$$-\frac{1}{4l_xl_z}\exp(-U_{t2e,o}(x,z))+\lambda=0 \tag{4.2.27}$$

即

$$U_{t2e,o}(x,z)=\ln 4l_xl_z\lambda \tag{4.2.28}$$

由于概率密度函数 $f_{t2e}(x,z)$

$$f_{t2e}(x,z)=\begin{cases}\dfrac{1}{4l_xl_z}, & x\in[-l_x,l_x],\quad z\in[-l_z,l_z]\\ 0, & 其他\end{cases} \tag{4.2.29}$$

结合 $U_{t2e,o}(x,z)\in\{U_{t2e}(x,z)\}$ ，$U_{t2e,o}(x,z)\geqslant 0$，因此有

$$U_{t2e,o}(x,z)=\begin{cases}\ln 4l_xl_z\lambda, & x\in[-l_x,l_x],\quad z\in[-l_z,l_z]\\ 0, & 其他\end{cases} \tag{4.2.30}$$

将 $U_{t2e,o}(x,z)$ 代入式(4.2.20)，有

$$\tau_{t2e} = \int_{-\infty}^{+\infty}\int_{-\infty}^{+\infty} U_{t2e,o}(x,z)\mathrm{d}x\mathrm{d}z \tag{4.2.31}$$

解得

$$\lambda = \frac{1}{4l_x l_z}\exp\left(\frac{\tau_{t2e}}{4l_x l_z}\right) \tag{4.2.32}$$

代入式(4.2.30)，有

$$U_{t2e,o}(x,z) = \begin{cases} \dfrac{\tau_{t2e}}{4l_x l_z}, & x\in[-l_x,l_x],\quad z\in[-l_z,l_z] \\ 0, & \text{其他} \end{cases} \tag{4.2.33}$$

将 $U_{t2e,o}(x,z)$ 代入式(4.2.22)，可以得到最优毁伤概率 $P_{t2e,o}$ 为

$$\begin{aligned} P_{t2e,o} &= 1-\int_{-l_z}^{l_z}\int_{-l_x}^{l_x}\frac{1}{4l_x l_z}\mathrm{e}^{-U_{t2e,o}(x,z)}\mathrm{d}x\mathrm{d}z \\ &= 1-\exp\left(-\frac{\tau_{t2e}}{4l_x l_z}\right) \end{aligned} \tag{4.2.34}$$

当误差条件、武器搜索能力、武器数量固定时，$P_{t2e,o}$ 为当前条件下的最优毁伤概率。

4.3　异类武器的区域射击模型

在实际作战中，不可避免地会出现同时使用异类武器组织作战任务的情况，因此有必要分析异类武器的区域射击毁伤过程，并建立相应的异类武器区域射击模型。

异类武器的区域射击与同类武器区域射击的差别体现在三个方面，一是武器的射弹散布误差(自控终点误差、布设误差)不同，二是武器的搜索半宽不同，三是武器捕获后毁伤目标的概率不同。以目标一维正态分布下的异类武器区域射击为例，武器的瞄准射击过程如图 4.3.1 所示。

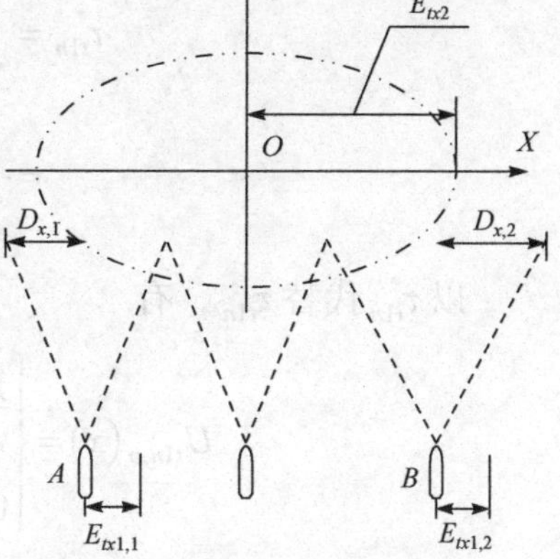

图 4.3.1　异类武器的区域射击

图 4.3.1 中，武器 A 的搜索半宽为 $D_{x,1}$，射弹散布误差为 $E_{tx1,1}$，捕获后毁伤目标的概率为 Q_1；武器 B 的搜索半宽为 $D_{x,2}$，射弹散

布误差为 $E_{tx1,2}$，捕获后毁伤目标的概率为 Q_2。因此，相应的毁伤概率模型、最优中间函数等均需要重新进行分析。

更普遍地，设武器的类型集合为 $\varXi$，第 i 类武器的集合为 $\varOmega_i$（$i\in\varXi$），归一化的瞄准点为 $\xi_{ti,j}$，$j\in\varOmega_i$，瞄准点数量为 n_i，其搜索半宽为 $D_{x,i}$、$D_{z,i}$，射弹散布误差为 $E_{tx1,i}$、$E_{tz1,i}$，捕获后毁伤目标的概率为 Q_i，并且有 $\sum\limits_{i\in\varXi}n_i=n$。在较为简单的情况下，设不同武器的射弹散布相同，即对于 $\forall i,j\in\varXi$，有 $E_{tx1,i}=E_{tx1,j}$ 及 $E_{tz1,i}=E_{tz1,j}$，此时可以不改变参数归一化的过程。下面根据目标的散布情况分别进行分析。

1) 目标一维正态分布的异类武器区域射击模型

目标一维正态分布时，对于异类武器的区域射击，其毁伤概率 P_{t1n}^* 表示为

$$P_{t1n}^*=1-\int_{-\infty}^{+\infty}\frac{\rho^2}{\sqrt{\pi}\varepsilon_{tx}}\mathrm{e}^{-\rho^2\frac{x^2}{\varepsilon_{tx}^2}}\prod_{i\in\varXi}\prod_{j\in\varOmega_i}\left(1-Q_ip_i\left(x+\xi_{ti,j}\right)\right)\mathrm{d}x \tag{4.3.1}$$

相应地，有

$$p_i\left(\xi\right)=\frac{\rho^2}{\sqrt{\pi}}\int_{-\delta_{x,i}}^{\delta_{x,i}}\mathrm{e}^{-\rho^2(x-\xi)^2}\mathrm{d}x\mathrm{d}z \tag{4.3.2}$$

从而异类武器的中间函数 $U_{t1n}^*(x)$ 为

$$U_{t1n}^*(x)=-\sum_{i\in\varXi}\sum_{j\in\varOmega_i}\ln\left(1-Q_ip_i\left(x+\xi_{ti,j}\right)\right) \tag{4.3.3}$$

这样有

$$\begin{aligned}\tau_{t1n}^*&=\int_{-\infty}^{+\infty}U_{t1n}^*(x)\mathrm{d}x\\&=-\sum_{i\in\varXi}n_i\int_{-\infty}^{+\infty}\ln(1-Q_ip_i(x))\mathrm{d}x\end{aligned} \tag{4.3.4}$$

以 τ_{t1n}^* 代替 τ_{t1n}，有

$$U_{t1n,o}^*\left(x\right)=\begin{cases}\dfrac{\rho^2}{\varepsilon_{tx}^2}((R_{t1n}^*)^2-x^2), & x^2\leqslant(R_{t1n}^*)^2\\0, & x^2>(R_{t1n}^*)^2\end{cases} \tag{4.3.5}$$

其中

$$R_{t1n}^{*}=\sqrt[3]{\frac{3\varepsilon_{tx}\tau_{t1n}^{*}}{4\rho^{2}}} \tag{4.3.6}$$

2) 目标一维均匀分布的异类武器区域射击模型

目标一维均匀分布时，异类武器的区域射击毁伤概率 P_{t1e}^{*} 为

$$P_{t1e}^{*}=1-\int_{-\infty}^{+\infty}f_{t1e}(x)\prod_{i\in\Xi}\prod_{j\in\Omega_i}\left(1-Q_i p_i\left(x+\xi_{ti,j}\right)\right)\mathrm{d}x \tag{4.3.7}$$

其中，$f_{t1e}(x)$ 为

$$f_{t1e}(x)=\begin{cases}\dfrac{1}{2l_x}, & x\in[-l_x,l_x]\\ 0, & x\notin[-l_x,l_x]\end{cases} \tag{4.3.8}$$

$p_i(\xi)$ 同式(4.3.2)，中间函数为

$$U_{t1e}^{*}(x)=-\sum_{i\in\Xi}\sum_{j\in\Omega_i}\ln\left(1-Q_i p_i\left(x+\xi_{ti,j}\right)\right) \tag{4.3.9}$$

τ_{t1e}^{*} 同式(4.3.4)，根据式(4.1.21)的条件，最优中间函数 $U_{t1e,o}^{*}(x)$ 有

$$\tau_{t1e}^{*}=\int_{-\infty}^{+\infty}U_{t1e,o}^{*}(x)\mathrm{d}x \tag{4.3.10}$$

从而可以解得

$$U_{t1e,o}^{*}(x)=\begin{cases}\dfrac{\tau_{t1e}^{*}}{2l_x}, & x\in[-l_x,l_x]\\ 0, & x\notin[-l_x,l_x]\end{cases} \tag{4.3.11}$$

$$P_{t1e,o}^{*}(n)=1-\exp\left(-\frac{\tau_{t1e}^{*}}{2l_x}\right) \tag{4.3.12}$$

3) 目标二维正态分布的异类武器区域射击模型

目标二维正态分布时，异类武器的区域射击毁伤概率 P_{t2n}^{*} 为

$$P_{t2n}^{*}=1-\int_{-\infty}^{+\infty}\int_{-\infty}^{+\infty}\frac{\rho^{2}}{\pi\varepsilon_{tx}\varepsilon_{tz}}\mathrm{e}^{-\rho^{2}\left(\frac{x^{2}}{\varepsilon_{tx}^{2}}+\frac{z^{2}}{\varepsilon_{tz}^{2}}\right)}\prod_{i\in\Xi}\prod_{j\in\Omega_i}\left(1-Q_i p_i\left(x+\xi_{ti,j},z+\zeta_{ti,j}\right)\right)\mathrm{d}x\mathrm{d}z \tag{4.3.13}$$

其中

$$p_i(\xi,\zeta)=\frac{\rho^{2}}{\pi}\int_{-\delta_{z,i}}^{\delta_{z,i}}\int_{-\delta_{x,i}}^{\delta_{x,i}}\mathrm{e}^{-\rho^{2}\left[(x-\xi)^{2}+(z-\zeta)^{2}\right]}\mathrm{d}x\mathrm{d}z \tag{4.3.14}$$

引入中间函数，即

$$U_{t2n}^{*}(x,z)=-\sum_{i\in\Xi}\sum_{j\in\Omega_i}\ln\left(1-Q_i p_i\left(x+\xi_{ti,j},z+\zeta_{ti,j}\right)\right) \tag{4.3.15}$$

有

$$\begin{aligned}\tau_{t2n}^{*}&=\int_{-\infty}^{+\infty}\int_{-\infty}^{+\infty}U_{t2n}^{*}(x,z)\mathrm{d}x\mathrm{d}z\\&=-\sum_{i\in\Xi}n_i\int_{-\infty}^{+\infty}\int_{-\infty}^{+\infty}\ln\left(1-Q_i p_i(x,z)\right)\mathrm{d}x\mathrm{d}z\end{aligned} \tag{4.3.16}$$

结合式(4.2.10)和式(4.2.13)，有

$$U_{t2n,o}^{*}(x,z)=\begin{cases}\rho^2\left[(R_{t2n}^{*})^2-\dfrac{x^2}{\varepsilon_{tx}^2}-\dfrac{z^2}{\varepsilon_{tz}^2}\right], & \dfrac{x^2}{\varepsilon_{tx}^2}+\dfrac{z^2}{\varepsilon_{z}^2}\leqslant (R_{t2n}^{*})^2\\0, & \dfrac{x^2}{\varepsilon_{tx}^2}+\dfrac{z^2}{\varepsilon_{tz}^2}>(R_{t2n}^{*})^2\end{cases} \tag{4.3.17}$$

其中

$$R_{t2n}^{*}=\sqrt[4]{\frac{2\tau_{t2n}^{*}}{\pi\rho^2\varepsilon_{tx}\varepsilon_{tz}}} \tag{4.3.18}$$

并且有

$$\begin{aligned}P_{t2n,o}^{*}&=1-\int_{-\infty}^{+\infty}\int_{-\infty}^{+\infty}\frac{\rho^2}{\pi\varepsilon_{tx}\varepsilon_{tz}}\mathrm{e}^{-\rho^2\left(\frac{x^2}{\varepsilon_{tx}^2}+\frac{z^2}{\varepsilon_{tz}^2}\right)-U_{t2n,o}^{*}(x,z)}\mathrm{d}x\mathrm{d}z\\&=1-[1+\rho^2(R_{t2n}^{*})^2]\mathrm{e}^{-\rho^2(R_{t2n}^{*})^2}\end{aligned} \tag{4.3.19}$$

4) 目标二维均匀分布的异类武器区域射击模型

目标二维均匀分布时，异类武器的区域射击毁伤概率 P_{t2e}^{*} 为

$$P_{t2e}^{*}=1-\int_{-\infty}^{+\infty}\int_{-\infty}^{+\infty}\frac{1}{4l_x l_z}\prod_{i\in\Xi}\prod_{j\in\Omega_i}\left(1-Q_i p_i\left(x+\xi_{ti,j},z+\zeta_{ti,j}\right)\right)\mathrm{d}x\mathrm{d}z \tag{4.3.20}$$

同理，引入中间函数，即

$$U_{t2e}^{*}(x,z)=-\sum_{i\in\Xi}\sum_{j\in\Omega_i}\ln\left(1-Q_i p_i\left(x+\xi_{ti,j},z+\zeta_{ti,j}\right)\right) \tag{4.3.21}$$

从而有

$$
\begin{aligned}
\tau_{t2e}^{*} &= \int_{-\infty}^{+\infty}\int_{-\infty}^{+\infty} U_{t2e}^{*}(x,z)\mathrm{d}x\mathrm{d}z \\
&= -\sum_{i\in\Xi} n_i \int_{-\infty}^{+\infty}\int_{-\infty}^{+\infty} \ln(1-Q_i p_i(x,z))\mathrm{d}x\mathrm{d}z
\end{aligned}
\tag{4.3.22}
$$

结合式(4.2.26)和式(4.2.31)，有

$$
U_{t2e,o}^{*}(x,z)=\begin{cases}\dfrac{\tau_{t2e}^{*}}{4l_x l_z}, & x\in[-l_x,l_x],\ z\in[-l_z,l_z]\\ 0, & \text{其他}\end{cases}
\tag{4.3.23}
$$

$$
\begin{aligned}
P_{t2e,o}^{*} &= 1-\int_{-\infty}^{+\infty}\int_{-\infty}^{+\infty}\frac{1}{4l_x l_z}\mathrm{e}^{-U_{t2e,o}^{*}(x,z)}\mathrm{d}x\mathrm{d}z \\
&= 1-\exp\left(\frac{\tau_{t2e}^{*}}{4l_x l_z}\right)
\end{aligned}
\tag{4.3.24}
$$

当异类武器的射弹散布误差不再相同时，不能再进行归一化处理，需要建立非归一化的毁伤概率模型并求解相应的最优毁伤概率。

4.4　本 章 小 结

本章分析了具有末制导搜索能力武器的区域射击特点，并按照武器-目标打击过程的维度、目标散布特性将毁伤概率模型分为五种，即目标一维正态分布、目标一维均匀分布、目标一维任意分布、目标二维正态分布、目标二维均匀分布，分别建立了相应的具有末制导搜索武器区域射击毁伤概率模型，并进行了优化求解，得到了最优毁伤概率，能够为进一步的区域射击参数配置提供理论基础。

同时，通过在离散空间内描述目标分布概率密度函数，还给出了针对目标一维任意分布的区域射击毁伤概率模型，求解得到了适用于目标一维任意分布的区域射击最优中间函数与理论最优毁伤概率。目标二维任意分布的情况可以基于目标一维任意分布的结论给出。

最后，分析了更为复杂的异类武器区域射击毁伤概率模型，能够为实际情况中异类武器的区域射击实施提供模型参考。

第 5 章　具有末制导搜索能力武器的区域射击配置求解与射击流程

具有末制导搜索能力武器在进行区域射击时，一般将武器部署于远离己方平台的位置，并实施防御或进攻任务，如反舰导弹超视距攻击、悬浮子弹药进行区域防空、悬浮式深弹防御攻击方鱼雷等。与舰炮的未来空域窗射击不同，具有末制导搜索能力的区域射击配置参数求解过程需要考虑两个特点：一是从射击参数求解、武器发射到产生毁伤效果需要较长的时间；二是单发武器具有搜捕并导引至目标的能力，在捕获到目标后的命中概率较高。这就需要在进行区域射击前决定实施作战行动的武器数量，而不是尽最大的可能发射弹药。因此，具有末制导搜索能力武器的区域射击参数配置除了射击瞄准点配置及解算外，还需要根据任务需求解算发射的武器数量，以达到预定的毁伤概率。

本章在第 4 章区域射击毁伤概率模型的基础上，进行具有末制导搜索能力武器区域射击的瞄准点配置、瞄准点配置解算及基于预定毁伤概率的武器数量求解。

5.1　具有末制导搜索能力武器的区域射击瞄准点配置求解方法

针对目标服从规则的正态分布、均匀分布与不规则的任意分布两种情况，分别提出相应的区域射击瞄准点配置方法。

5.1.1　对规则分布目标的区域射击瞄准点配置求解

在发射武器数量、误差条件等固定的情况下，影响区域射击毁伤效能的主要因素就是武器的射击瞄准点。确定瞄准点配置方法及瞄准点配置的解算是两个相互依赖的过程，瞄准点配置方法的选取应当考虑瞄准点配置求解过程是否有解、是否收敛。

第 4 章引入了中间函数 $U_t(x,z)$（$U_t(x,z)$ 泛指具有末制导搜索能力武器区域射击的中间函数，$U_{t,o}(x,z)$ 泛指最优中间函数），瞄准点配置直接影响中间函数的取值，进而影响射击毁伤效能，并且已经求取了目标呈现不同散布时，区域射击方法的最优中间函数$U_{t1n,o}(x)$、$U_{t1e,o}(x)$、$U_{t2n,o}(x,z)$及$U_{t2e,o}(x,z)$，分别对应目标一维正态分布、一维均匀分布、二维正态分布及二维均匀分布。因此，可以通过优化瞄准点配置，使给定配置的中间函数逼近最优中间函数的方法，来求解瞄准点配置。

因此，可以采用 3.2.2 节的函数逼近法求解瞄准点配置。在$x\in\mathbb{R}$(目标二维散布时为$(x,z)\in\mathbb{R}^2$)上引入范数$\|\cdot\|$，即

$$\|g(x)\|_1=\sqrt{\int_{-\infty}^{+\infty}g^2(x)\mathrm{d}x} \tag{5.1.1}$$

对于目标二维散布的情况，则为

$$\|g(x,z)\|_2=\sqrt{\int_{-\infty}^{+\infty}\int_{-\infty}^{+\infty}g^2(x,z)\mathrm{d}x\mathrm{d}z} \tag{5.1.2}$$

优化瞄准点配置参数，使$\|U_{t,o}(x)-U_t(x)\|_1$最小，即可求解得到范数$\|\cdot\|$意义下的最优瞄准点配置(当目标二维散布时为$\|U_{t,o}(x,z)-U_t(x,z)\|_2$)。

在进行瞄准点配置求解时，需要先采用一种规则的瞄准点配置方法，减少需要求解的参数数量，即将区域射击的瞄准点$[x_{ti},z_{ti}]$ $(i\in\Omega)$参数空间映射至一个参数数量更少的参数空间，以提升求解效率。下面针对目标不同的散布情况给出瞄准点配置及相应的求解目标函数。

1) 目标一维正态分布的瞄准点配置及求解

目标一维正态分布时，采用等间隔配置方法，将瞄准点$x_{t1n,i}$ $(i\in\Omega)$映射至参数空间$\Delta_{t1n,x}\in\mathbb{R}$，其映射关系为

$$x_{t1n,i}=-(n_{t1n}-1)\frac{\Delta_{t1n,x}}{2}+(i-1)\Delta_{t1n,x} \tag{5.1.3}$$

其中，n_{t1n}为目标一维正态分布时的发射武器数量。

由式(4.1.16)得到最优中间函数$U_{t1n,o}(x)$，从而范数为

$$\|U_{t1n,o}(x)-U_{t1n}(x)\|_1=\sqrt{\int_{-\infty}^{+\infty}(U_{t1n,o}(x)-U_{t1n}(x))^2\mathrm{d}x} \tag{5.1.4}$$

由$U_{t1n,o}(x)$的形式，在$x\notin[-R_{t1n},R_{t1n}]$时有$U_{t1n,o}(x)=0$，因此范数可以简化为

$$\|U_{t1n,o}(x)-U_{t1n}(x)\|_1=\sqrt{\int_{-R_{t1n}}^{R_{t1n}}(U_{t1n,o}(x)-U_{t1n}(x))^2\mathrm{d}x} \tag{5.1.5}$$

算例分析 研究Q、δ、ε、h、n等参数变化对最佳瞄准点配置的影响，各参数取值如下：

(1) 齐射的武器数量n分别取 12 与 24；

(2) 目标瞄准点$h\in\{1,2,3,4,5,6\}$；

(3) 捕获目标后武器毁伤目标概率$Q\in\{0.1,0.4,0.7,1\}$；

(4) 武器搜索的等效半宽与不相关误差之比$\delta\in\{0.5,1,2,5,10\}$；

(5) 相关误差与不相关误差之比$\varepsilon\in\{0.5,1,2,5,10\}$。

分别讨论Q、δ、ε的变化对于捕获后武器毁伤目标概率的影响，三个参数的基准值分别为Q取 0.4、δ取 2、ε取 2，每次计算取三个参数中的一个为变量，其余参数取基准值，得到结果如表 5.1.1～表 5.1.3 所示。其中，n_i为每个瞄准点分配的武器数量；Δ为相邻两个瞄准点之间的距离(进行了如前面的归一化处理)；P_0为n个武器集火射击时对目标的毁伤概率。

表 5.1.1 捕获目标后武器毁伤目标概率 Q 的影响

n	Q	0.1	0.4	0.7	1
12	h	1	3	6	6
	n_i	12	(4,4,4)	(2,2,2,2,2,2)	(2,2,2,2,2,2)
	Δ	0	2.9290	1.8543	2.1968
	P_0	0.3919	0.7443	0.8176	0.8483
	$w(n,n_i,h)$	0.3919	0.8258	0.9519	0.9891
24	h	2	5	5	6
	n_i	(12,12)	(4,5,6,5,4)	(4,5,6,5,4)	(4,4,4,4,4,4)
	Δ	3.2585	2.5679	3.4998	2.7042
	P_0	0.5799	0.8272	0.8704	0.8904
	$w(n,n_i,h)$	0.5935	0.9520	0.9945	0.9993

表 5.1.2 武器搜索的等效半宽与不相关误差之比 δ 的影响

n	δ	0.5	1	2	5	10
12	h	2	3	3	3	1
	n_i	(6,6)	(4,4,4)	(4,4,4)	(4,4,4)	12
	Δ	2.7539	2.2524	2.9290	4.1014	0
	P_0	0.3866	0.5638	0.7443	0.9618	0.9977
	$w(n,n_i,h)$	0.3942	0.6092	0.8258	0.9756	0.9977

续表

n	δ	0.5	1	2	5	10
24	h	2	6	5	2	1
	n_i	(12,12)	(4,4,4,4,4,4)	(4,5,6,5,4)	(12,12)	24
	Δ	3.4159	1.4372	2.5679	8.6190	0
	P_0	0.5484	0.6916	0.8272	0.9810	0.9999
	$w(n,n_i,h)$	0.5977	0.8110	0.9520	0.9984	0.9999

表 5.1.3　相关误差与不相关误差之比 ε 的影响

n	ε	0.5	1	2	5	10
12	h	1	2	3	6	6
	n_i	12	(6,6)	(4,4,4)	(2,2,2,2,2,2)	(2,2,2,2,2,2)
	Δ	0	2.2772	2.9290	2.7083	4.1407
	P_0	0.9866	0.9457	0.7443	0.3692	0.1918
	$w(n,n_i,h)$	0.9866	0.9473	0.8258	0.5576	0.3562
24	h	1	2	5	6	6
	n_i	24	(12,12)	(4,5,6,5,4)	(4,4,4,4,4,4)	(4,4,4,4,4,4)
	Δ	0	3.3856	2.5679	3.3952	4.8255
	P_0	0.9997	0.9863	0.8272	0.4284	0.2243
	$w(n,n_i,h)$	0.9997	0.9941	0.9520	0.7589	0.5351

综合表 5.1.1～表 5.1.3，可得如下结论：

(1) 齐射的武器数量 n 增加会同时加剧 Q、δ、ε 对毁伤概率的影响，且随着武器数量的增大，区域射击效率提高更快。

(2) Q 的增大提高了区域射击的毁伤概率，但是当 Q 减小到一定程度时，即当单发武器能力下降到一定程度时，区域射击效能将与集火射击相同。由此可见，Q 是实现区域射击的必要条件，即武器能力达到一定时，通过区域射击技术提高毁伤概率的方法才是可行的。

(3) 武器搜索的等效半宽与不相关误差之比 δ 的增加会提高区域射击的毁伤概率。然而，δ 超过一定数值后，由于武器搜索宽度已经可以覆盖目标散布区域，这意味着单发武器捕获目标的概率足够高，此时区域射击不再有优势，也就是说，区域射击是在目标散布区域过大而导致单发武器的捕捉概率不能满足要求时采用的射击方法。

(4) 当相关误差(主要是目标定位误差)较大时，采用区域射击方式比采用集火射击方式有利，当ε较大时，区域射击的优势更加明显，其毁伤概率比同样参数下的集火射击高出一倍以上。

2) 目标一维均匀分布的瞄准点配置及求解

目标一维均匀分布时，采用等间隔配置方法，将瞄准点$x_{t1e,i}$ $(i\in\Omega)$映射至参数空间$\varDelta_{t1e,x}\in\mathbb{R}$，其映射关系为

$$x_{t1e,i}=-(n_{t1e}-1)\frac{\varDelta_{t1e,x}}{2}+(i-1)\varDelta_{t1e,x} \tag{5.1.6}$$

其中，n_{t1e}为目标一维正态分布时的发射武器数量。

由式(4.1.23)得到最优中间函数$U_{t1e,o}(x)$，从而范数为

$$\left\|U_{t1e,o}(x)-U_{t1e}(x)\right\|_1=\sqrt{\int_{-\infty}^{+\infty}(U_{t1e,o}(x)-U_{t1e}(x))^2\mathrm{d}x} \tag{5.1.7}$$

由$U_{t1e,o}(x)$的形式，在$x\notin[-l_x,l_x]$时有$U_{t1e,o}(x)=0$，因此范数可以简化为

$$\left\|U_{t1e,o}(x)-U_{t1e}(x)\right\|_1=\sqrt{\int_{-l_x}^{l_x}(U_{t1e,o}(x)-U_{t1e}(x))^2\mathrm{d}x} \tag{5.1.8}$$

3) 目标二维正态分布的瞄准点配置及求解

目标二维正态分布时，采用等间隔网状配置方法，将瞄准点$(x_{t2n,i},z_{t2n,i})$ $(i\in\Omega)$映射至参数空间$(\varDelta_{t2n,x},\varDelta_{t2n,z})\in\mathbb{R}^2$及$(h_{t2n,x},h_{t2n,z})\in\mathbb{N}^+$，其映射关系为

$$\begin{cases}x_{t2n,i}=-(h_{t2n,x}-1)\dfrac{\varDelta_{t2n,x}}{2}+(i-1)\varDelta_{t2n,x}\\ z_{t2n,i}=-(h_{t2n,z}-1)\dfrac{\varDelta_{t2n,z}}{2}+(i-1)\varDelta_{t2n,z}\end{cases} \tag{5.1.9}$$

由式(4.2.16)得到最优中间函数$U_{t2n,o}(x,z)$，从而范数为

$$\left\|U_{t2n,o}(x,z)-U_{t2n}(x,z)\right\|_2=\sqrt{\int_{-\infty}^{+\infty}\int_{-\infty}^{+\infty}(U_{t2n,o}(x,z)-U_{t2n}(x,z))^2\mathrm{d}x\mathrm{d}z} \tag{5.1.10}$$

由$U_{t2n,o}(x,z)$的形式，在$\left(\dfrac{x^2}{\varepsilon_{tx}^2}+\dfrac{z^2}{\varepsilon_{tz}^2}\right)\notin[0,R_{t2n}^2]$时有$U_{t2n,o}(x,z)=0$，因此范数可以简化为

$$\left\|U_{t2n,o}(x,z)-U_{t2n}(x,z)\right\|_2=\sqrt{\iint_{\frac{x^2}{\varepsilon_{tx}^2}+\frac{z^2}{\varepsilon_{tz}^2}\leqslant R_{t2n}^2}(U_{t2n,o}(x,z)-U_{t2n}(x,z))^2\mathrm{d}x\mathrm{d}z} \tag{5.1.11}$$

4) 目标二维均匀分布的瞄准点配置及求解

目标二维均匀分布时，采用等间隔网状配置方法，将瞄准点 $(x_{t2e,i},z_{t2e,i})$ $(i\in\Omega)$ 映射至参数空间 $(\Delta_{t2e,x},\Delta_{t2e,z})\in\mathbb{R}^2$ 及 $(h_{t2e,x},h_{t2e,z})\in\mathbb{N}^{+,2}$，其映射关系为

$$\begin{cases} x_{t2e,i}=-(h_{t2e,x}-1)\dfrac{\Delta_{t2e,x}}{2}+(i-1)\Delta_{t2e,x} \\ z_{t2e,i}=-(h_{t2e,z}-1)\dfrac{\Delta_{t2e,z}}{2}+(i-1)\Delta_{t2e,z} \end{cases} \tag{5.1.12}$$

由式(4.2.30)得到最优中间函数 $U_{t2e,o}(x,z)$，从而范数为

$$\left\|U_{t2e,o}(x,z)-U_{t2e}(x,z)\right\|_2=\sqrt{\int_{-\infty}^{+\infty}\int_{-\infty}^{+\infty}(U_{t2e,o}(x,z)-U_{t2e}(x,z))^2\,\mathrm{d}x\mathrm{d}z} \tag{5.1.13}$$

由 $U_{t2e,o}(x,z)$ 的形式，在 $x\notin[-l_x,l_x]$ 或 $z\notin[-l_z,l_z]$ 时有 $U_{t2e,o}(x,z)=0$，因此范数可以简化为

$$\left\|U_{t2e,o}(x,z)-U_{t2e}(x,z)\right\|_2=\sqrt{\int_{-l_z}^{l_z}\int_{-l_x}^{l_x}(U_{t2e,o}(x,z)-U_{t2e}(x,z))^2\,\mathrm{d}x\mathrm{d}z} \tag{5.1.14}$$

在确定了配置参数及目标函数后，就可以通过现有的优化方法进行求解，进而得到瞄准点配置。

5.1.2　对任意分布目标的区域射击瞄准点配置求解

求解瞄准点位置的思路是使瞄准点配置对应的实际中间函数 $U(x)$ 尽可能接近最优中间函数 $U_o(x)$，首先给出描述两者接近程度的指标，之后求解指标的梯度，最后构建瞄准点位置的迭代求解模型。

1) 中间函数差值指标梯度求解

设实际中间函数 $U(x)$ 与最优中间函数 $U_o(x)$ 的差值范数为 I，有

$$I=\left\|U(x)-U_o(x)\right\|_2=\sqrt{\Delta x\sum_{j\in\Phi}(U(x_j)-U_o(x_j))^2} \tag{5.1.15}$$

I 的形式较为复杂，取 I^* 为

$$I^*=\Delta x\sum_{j\in\Phi}(U(x_j)-U_o(x_j))^2 \tag{5.1.16}$$

I^* 与 I 单调性相同，因此可以转化为求解 I^* 对瞄准点位置的梯度。

对于每个瞄准点位置 x_i，求解 $\partial I^*/\partial x_i$，有

$$\left\{\begin{aligned}&\frac{\partial I^*}{\partial x_i}=2\Delta x\sum_{j\in\Phi}\left[(U(x_j)-U_o(x_j))\frac{\partial U(x_j)}{\partial p(x_j-x_i)}\frac{\partial p(x_j-x_i)}{\partial x_i}\right]\\&\frac{\partial U(x_j)}{\partial p(x_j-x_i)}=\frac{n_iQ}{1-Qp(x_j-x_i)}\\&\frac{\partial p(x_j-x_i)}{\partial x_i}=\frac{\rho}{E_{x1}\sqrt{\pi}}\left[\mathrm{e}^{-\frac{\rho^2(x_j-x_i-b)^2}{E_{x1}^2}}-\mathrm{e}^{-\frac{\rho^2(x_j-x_i+b)^2}{E_{x1}^2}}\right]\end{aligned}\right. \tag{5.1.17}$$

2) 射击瞄准点位置迭代求解模型

根据梯度(5.1.17)，可以构建求解射击瞄准点位置的迭代模型，设定速率因子为η(一般取$\eta\in(0,1]$)，则有

$$x_{i,q+1}=x_{i,q}-\eta\frac{\partial I^*}{\partial x_i} \tag{5.1.18}$$

记所有瞄准点位置向量为X，即

$$X=[x_1,\cdots,x_i,\cdots,x_m]^{\mathrm{T}} \tag{5.1.19}$$

给定允许误差$\delta>0$，则迭代终止条件为

$$\left|X_q-X_{q-1}\right|<\delta \tag{5.1.20}$$

5.2 基于预定毁伤概率的武器数量求解方法

在进行具有末制导搜索能力武器的区域射击时，一般会根据作战任务需求给出一个预定毁伤概率P_c，再由P_c计算所需的武器数量。

当误差条件、武器搜索能力固定时，影响区域射击毁伤概率的因素有武器数量n_t及武器的瞄准点配置。在5.1节中已经给出了瞄准点配置的求解方法，因此影响区域射击毁伤概率的因素只剩下武器数量n_t，可以将实际毁伤概率P_t表示为武器数量n_t的函数$P_t(n_t)$，武器数量求解问题便转换为一个优化问题，其中，指标函数为

$$J=\min n_t \tag{5.2.1}$$

约束条件为

$$\begin{cases}P_t(n_t)\geqslant P_c\\n_t\in\mathbb{N}^+\end{cases} \tag{5.2.2}$$

显然，$P_t(n_t)$ 的形式是较为复杂的，因而需要构建一种求解方法得到满足要求的 n_t。这里给出一种迭代求解 n_t 的方法。

对于武器数量 n_t，引入迭代序列 $n_{t,i}$，并且有

$$\begin{cases} n_{t,1} = \phi(P_c) \\ n_{t,k+1} = \vartheta(n_{t,k}) \end{cases} \tag{5.2.3}$$

其中，$k \in \mathbb{N}^+$；$\phi(P_c)$ 为初值计算函数；$\vartheta(n_{t,k})$ 为武器数量计算迭代函数；迭代的终止条件为 $\left|n_{t,k} - n_{t,k-1}\right| < 1$。迭代过程如图 5.2.1 所示，首先通过初值计算函数 $\phi(P_c)$ 计算到武器数量初值(虚线圆)，之后通过武器数量计算迭代函数 $\vartheta(n_{t,k})$ 不断逼近真实武器数量(实心圆)。

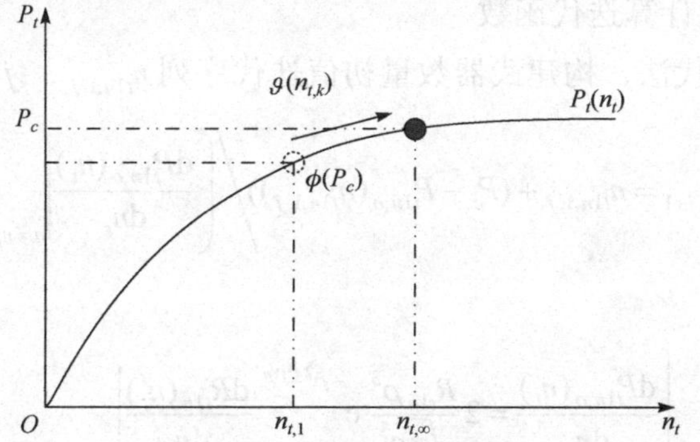

图 5.2.1　迭代法示意图

为了使迭代过程在满足终止条件时有 $P_t(n_{t,k}) \geqslant P_c$，需要使 $P_t(n_{t,k}) < P_c$ 时，有

$$\vartheta(n_{t,k}) - n_{t,k} > 1 \tag{5.2.4}$$

下面根据目标具体的散布情况分别给出 $\phi(P_c)$ 及 $\vartheta(n_{t,k})$ 的具体形式。

5.2.1　目标一维正态分布的武器数量求解

1) 初值计算函数

误差条件、武器搜索能力固定时，区域射击的最优毁伤效能 $P_{t1n,o}$ 与瞄准点配置无关，而与武器数量 n_{t1n} 有关，因此有 $P_{t1n,o}(n_{t1n})$，注意到

$$\begin{cases} P_{t1n,o}(0) = 0 \\ P_{t1n,o}(\infty) = 1 \end{cases} \tag{5.2.5}$$

并且 $P_{t1n,o}(n_{t1n})$ 是严格的单调递增函数，故存在反函数 $P_{t1n,o}^{-1}(P_t)$，$P_t \in [0,1)$。因而可以通过 $P_{t1n,o}^{-1}(P_t)$ 求解 $n_{t1n,1}$，得到使最优毁伤概率达到预定毁伤概率 P_c 的

武器数量初值 $n_{t1n,1}$，即

$$n_{t1n,1}=P_{t1n,o}^{-1}(P_c)=\phi_{t1n}(P_c) \tag{5.2.6}$$

根据式(4.1.17)，有

$$\begin{aligned}P_{t1n,o}&=1-\int_{-\infty}^{+\infty}\frac{\rho}{\sqrt{\pi}\varepsilon_{tx}}\mathrm{e}^{-\rho^2\frac{x^2}{\varepsilon_{tx}^2}-U_{t1n,o}(x)}\mathrm{d}x\\&=\frac{\rho}{\sqrt{\pi}\varepsilon_{tx}}\int_{-R_{t1n}}^{R_{t1n}}\mathrm{e}^{-\rho^2\frac{x^2}{\varepsilon_{tx}^2}}\mathrm{d}x-\frac{2\rho R_{t1n}}{\sqrt{\pi}\varepsilon_{tx}}\mathrm{e}^{-\rho^2\frac{R_{t1n}^2}{\varepsilon_{tx}^2}}\end{aligned} \tag{5.2.7}$$

显然，式(5.2.7)无解析解，因此需要通过数值方法求解 $P_{t1n,o}^{-1}(P_c)$。

2) 武器数量计算迭代函数

采用牛顿迭代法，构建武器数量初值迭代序列 $n_{t1n,1,j}$，$j\in\mathbb{N}^+$，有

$$n_{t1n,1,j+1}=n_{t1n,1,j}+(P_c-P_{t1n,o}(n_{t1n,1,j}))\bigg/\left(\left.\frac{\mathrm{d}P_{t1n,o}(n_t)}{\mathrm{d}n_t}\right|_{n_t=n_{t1n,1,j}}\right) \tag{5.2.8}$$

其中

$$\begin{cases}\dfrac{\mathrm{d}P_{t1n,o}(n_t)}{\mathrm{d}n_t}=2\dfrac{R_{t1n}\rho^3}{\sqrt{\pi}\varepsilon_{tx}^3}\mathrm{e}^{-\rho^2\frac{R_{t1n}^2}{\varepsilon_{tx}^2}}\left.\dfrac{\mathrm{d}R_{t1n}(n_t)}{\mathrm{d}n_t}\right|_{n_t=n_{t1n,1,j}}\\[2ex]\dfrac{\mathrm{d}R_{t1n}(n_t)}{\mathrm{d}n_t}=\dfrac{1}{3}\sqrt[3]{\dfrac{3\varepsilon_{tx}^2\tau_{t1n}^*}{4\rho^2}}n_t^{-2/3}\end{cases} \tag{5.2.9}$$

并且 $\tau_{t1n}=n_t\tau_{t1n}^*$。

通过式(5.2.8)与式(5.2.9)得到武器数量初值 $n_{t1n,1}$，之后需要求解使实际毁伤概率 $P_{t1n}(n_t)$ 达到预定毁伤概率 P_c 的武器数量 $n_{t1n,k}$。

依然采用牛顿迭代法求解 $n_{t1n,k}$，即 $n_{t,k+1}=\vartheta_{t1n}(n_{t1n,k})$，有

$$n_{t1n,k+1}=n_{t1n,k}+(P_c-P_{t1n}(n_{t1n,k}))\bigg/\left(\left.\frac{\mathrm{d}P_{t1n}(n_t)}{\mathrm{d}n_t}\right|_{n_t=n_{t1n,k}}\right) \tag{5.2.10}$$

其中，$P_{t1n}(n_{t1n,k})$ 为给定武器数量 $n_{t1n,k}$ 时，通过式(5.1.5)及优化方法得到的射击瞄准点对应的实际毁伤概率。式(5.2.10)中 $\mathrm{d}P_{t1n}(n_t)/\mathrm{d}n_t$ 自变量在数域 $\mathbb{N}$ 内取值，所以没有严格意义上的导数。然而，当采用优化方法求解瞄准点配置时，总是使实际的毁伤概率 $P_{t1n}(n_t)$ 趋近最优毁伤概率 $P_{t1n,o}(n_t)$，因此可以假设有

$$P_{t1n}(n_t) \approx P_{t1n,o}(n_t) \tag{5.2.11}$$

从而有 $\dfrac{dP_{t1n}(n_t)}{dn_t} \approx \dfrac{dP_{t1n,o}(n_t)}{dn_t}$，即以 $\dfrac{dP_{t1n,o}(n_t)}{dn_t}$ 代替 $\dfrac{dP_{t1n}(n_t)}{dn_t}$ 进行求解，结合式 (5.2.4)，式(5.2.10)变为

$$\begin{aligned} n_{t,k+1} &= \vartheta_{t1n}(n_{t1n,k}) \\ &= n_{t1n,k} + \left\lceil (P_c - P_{t1n}(n_{t1n,k})) \Bigg/ \left(\left.\frac{dP_{t1n,o}(n_t)}{dn_t}\right|_{n_t=n_{t1n,k}} \right) \right\rceil \end{aligned} \tag{5.2.12}$$

其中，$\lceil \cdot \rceil$ 为向上取整；$\dfrac{dP_{t1n,o}(n_t)}{dn_t}$ 同式(5.2.9)。

5.2.2　目标一维均匀分布的武器数量求解

1) 初值计算函数

与目标一维正态分布不同，目标一维均匀分布时最优毁伤概率函数有关于武器数量 n_t 的解析形式，因而可以直接通过式(4.1.24)构建武器数量初值函数 $\phi_{t1e}(P_c)$。引入 τ'_{t1e}，即

$$\tau'_{t1e} = -\int_{-\infty}^{+\infty} \ln(1 - Qp(x))dx \tag{5.2.13}$$

因此有

$$\tau_{t1e} = n_t \tau'_{t1e} \tag{5.2.14}$$

根据式(4.1.24)有

$$n_t = -2l_x \ln(1 - P_{t1e,o}) / \tau'_{t1e} \tag{5.2.15}$$

从而有

$$n_{t1e,1} = \phi_{t1e}(P_c) = \lceil -2l_x \ln(1 - P_c) / \tau'_{t1e} \rceil \tag{5.2.16}$$

2) 武器数量计算迭代函数

之后构建求解武器数量的迭代函数 $\vartheta_{t1e}(n_{t1e,k})$。依然采用牛顿迭代法，构建式(5.2.17)：

$$n_{t1e,k+1} = n_{t1e,k} + (P_c - P_{t1e}(n_{t1e,k})) \Bigg/ \left(\left.\frac{dP_{t1e}(n_t)}{dn_t}\right|_{n_t=n_{t1e,k}} \right) \tag{5.2.17}$$

其中，$P_{t1e}(n_{t1e,k})$ 为武器数量取 $n_{t1e,k}$ 时，通过式(5.1.8)及优化方法求解得到的瞄准点配置对应的实际毁伤概率。显然由于 $n_{t1e,k}$ 的取值，$\dfrac{dP_{t1e}(n_t)}{dn_t}$ 在 $n_{t1e,k}$ 上没有

意义。与式(5.2.11)相同，用$\frac{\mathrm{d}P_{t1e,o}(n_t)}{\mathrm{d}n_t}$代替$\frac{\mathrm{d}P_{t1e}(n_t)}{\mathrm{d}n_t}$，结合式(5.2.4)，有

$$n_{t1e,k+1} = \vartheta_{t1e}(n_{t1e,k}) = n_{t1e,k} + \left\lceil (P_c - P_{t1e}(n_{t1e,k})) \Bigg/ \left(\frac{\mathrm{d}P_{t1e,o}(n_t)}{\mathrm{d}n_t} \Bigg|_{n_t = n_{t1e,k}} \right) \right\rceil \tag{5.2.18}$$

其中

$$\frac{\mathrm{d}P_{t1e,o}(n)}{\mathrm{d}t} = \frac{\tau'_{t1e}}{2l_x}\exp\left(-\frac{n_t\tau'_{t1e}}{2l_x}\right) \tag{5.2.19}$$

5.2.3 目标二维正态分布的武器数量求解

1) 初值计算函数

目标二维正态分布时，最优毁伤概率函数(4.2.17)具有解析形式，即

$$P_{t2n,o} = 1 - \left(1 + \rho^2 R_{t2n}^2\right)\mathrm{e}^{-\rho^2 R_{t2n}^2} \tag{5.2.20}$$

其中，当误差条件、武器搜捕能力固定时$R_{t2n}(n_t)$为武器数量n_t的函数。此时，$P_{t2n,o}$也可以表示为

$$P_{t2n,o} = P_{t2n,o}(R_{t2n}) = P_{t2n,o}(n_t) \tag{5.2.21}$$

然而，式(5.2.21)为n_t的隐函数，无法得到$n_t = P_{t2n,o}^{-1}(P_t)$的解析形式，因此需要构建迭代方程求解$n_{t2n,1} = P_{t2n,o}^{-1}(P_c)$。

$R_{t2n}(n_t)$是n_t的显函数，因此可以构建解析形式的$n_t = R_{t2n}^{-1}(n_t)$。引入τ'_{t2n}，即

$$\tau'_{t2n} = -\int_{-\infty}^{+\infty}\int_{-\infty}^{+\infty} \ln(1 - Qp(x,z))\mathrm{d}x\mathrm{d}z \tag{5.2.22}$$

因此有

$$\tau_{t2n} = n_t\tau'_{t2n} \tag{5.2.23}$$

然而，由于$n_t \in \mathbb{N}^+$，即$\overline{\overline{\{R_{t2n}(n_t)\}}} = \overline{\overline{\{n_t\}}} = \aleph_0$，需要进行$n_t$的延拓$n'_t \in \mathbb{R}^+$，使对于$\forall R_{t2n} \in \mathbb{R}^+$，有一一映射$R_{t2n} \leftrightarrow n'_t$。从而由式(4.2.15)与式(5.2.23)，有

$$n_t = \lceil n'_t \rceil = \frac{\pi\rho^2\varepsilon_{tx}\varepsilon_{tz}R_{t2n}^4}{2\tau'_{t2n}} \tag{5.2.24}$$

因此，可以将R_{t2n}作为自变量，构建迭代方程求解R_{t2n}，使$P_{t2n,o}(R_{t2n}) = P_c$，构建迭代方程，即

$$R_{t2n,k+1}=\sqrt{\frac{1}{\rho^2}\ln\frac{1+\rho^2R_{t2n,k}^2}{1-P_c}} \tag{5.2.25}$$

对于 $k\in\mathbb{N}^+$，有

$$\lim_{k\to\infty}P_{t2n,o}(R_{t2n,k+1})=P_c \tag{5.2.26}$$

即迭代方程(5.2.26)收敛。

证明 迭代方程式(5.2.26)收敛。

将迭代过程以算子 T_R 表示为 $R_{k+1}=T_RR_k$（$R_{t2n,k}$ 简写为 R_k），要证明该迭代过程收敛，即证算子 T_R 为压缩映像，即对于 $k\in\mathbb{N}^+$，有

$$\frac{|T_RR_{k+1}-T_RR_k|}{|R_{k+1}-R_k|}<1 \tag{5.2.27}$$

式(5.2.27)可以表示为

$$\frac{|T_RR_{k+1}-T_RR_k|}{|R_{k+1}-R_k|}=\left|\sqrt{\frac{1}{\rho^2}\ln\frac{1+\rho^2R_{k+1}^2}{1-P_c}}-\sqrt{\frac{1}{\rho^2}\ln\frac{1+\rho^2R_k^2}{1-P_c}}\right|\Big/|R_{k+1}-R_k| \tag{5.2.28}$$

令 $t_k=1+\rho^2R_k^2$，则有 $t_k\in[1,+\infty)$，并且 $R_k=\sqrt{\dfrac{t_k-1}{\rho^2}}$，此时有

$$\begin{aligned}\frac{|T_RR_{k+1}-T_RR_k|}{|R_{k+1}-R_k|}&=\frac{\left|\sqrt{\ln t_{k+1}-\ln(1-P_c)}-\sqrt{\ln t_k-\ln(1-P_c)}\right|}{\left|\sqrt{t_{k+1}-1}-\sqrt{t_k-1}\right|}\\&=\frac{\left|\int_{t_k}^{t_{k+1}}[2\tau\sqrt{\ln\tau-\ln(1-P_c)}]^{-1}\mathrm{d}\tau\right|}{\left|\int_{t_k}^{t_{k+1}}(2\sqrt{\tau-1})^{-1}\mathrm{d}\tau\right|}\end{aligned} \tag{5.2.29}$$

注意到当 $t_{k+1}>t_k$ 时，式(5.2.29)可以表示为

$$\frac{\int_{t_k}^{t_{k+1}}[2\tau\sqrt{\ln\tau-\ln(1-P_c)}]^{-1}\mathrm{d}\tau}{\int_{t_k}^{t_{k+1}}(2\sqrt{\tau-1})^{-1}\mathrm{d}\tau} \tag{5.2.30}$$

要证明式(5.2.30)小于1，即证

$$S(t_{k+1},t_k,P_c)=\int_{t_k}^{t_{k+1}} 2\tau\sqrt{\ln\tau-\ln(1-P_c)}-2\sqrt{\tau-1}\mathrm{d}\tau>0 \tag{5.2.31}$$

显然，若能够证明$\inf\{S(t_{k+1},t_k,P_c)\}>0$，则$S(t_{k+1},t_k,P_c)>0$。显然，$S(t_{k+1},t_k,P_c)$为$P_c$的单调递增函数，因而若$\inf\{S(t_{k+1},t_k,0)\}>0$，则$S(t_{k+1},t_k,P_c)>0$。

当$\tau=1$时，有

$$2\tau\sqrt{\ln\tau}-2\sqrt{\tau-1}=0 \tag{5.2.32}$$

而$\tau>1$时，有

$$2\tau\sqrt{\ln\tau}-2\sqrt{\tau-1}>0 \tag{5.2.33}$$

故有

$$S(t_{k+1},t_k,0)=\int_{t_k}^{t_{k+1}}(2\tau\sqrt{\ln\tau}-2\sqrt{\tau-1})\mathrm{d}\tau>0 \tag{5.2.34}$$

因此，当$t_{k+1}>t_k$时，$S(t_{k+1},t_k,P_c)>0$，迭代收敛；当$t_{k+1}<t_k$时，由于对称性，也可以得到相同的结论；而当$t_{k+1}=t_k$时，t_k已经取到了迭代过程的不动点，因此无须考虑。

通过式(5.2.25)得到$R_{t2n,k}$后，即可以通过式(5.2.24)得到$n_{t2n,1}$。

2) 武器数量计算迭代函数

依然采用牛顿迭代法，构建式(5.2.35)：

$$n_{t2n,k+1}=n_{t2n,k}+(P_c-P_{t2n}(n_{t2n,k}))\Bigg/\left(\left.\frac{\mathrm{d}P_{t2n}(n_t)}{\mathrm{d}n_t}\right|_{n_t=n_{t2n,k}}\right) \tag{5.2.35}$$

其中，$P_{t2n}(n_{t2n,k})$为当武器数量取$n_{t2n,k}$时，通过式(5.1.11)及优化方法求解得到的瞄准点配置对应的实际毁伤概率。显然由于$n_{t2n,k}$的取值，$\mathrm{d}P_{t2n}(n_t)/\mathrm{d}n_t$在$n_{t2n,k}$上没有意义。与之前相同，用$\mathrm{d}P_{t2n,o}(n_t)/\mathrm{d}n_t$代替$\mathrm{d}P_{t2n}(n_t)/\mathrm{d}n_t$，结合式(5.2.4)，有

$$\begin{aligned}n_{t2n,k+1}&=\vartheta_{t2n}(n_{t2n,k})\\&=n_{t2n,k}+\left[(P_c-P_{t2n}(n_{t2n,k}))\Bigg/\left(\left.\frac{\mathrm{d}P_{t2n,o}(n_t)}{\mathrm{d}n_t}\right|_{n_t=n_{t2n,k}}\right)\right]\end{aligned} \tag{5.2.36}$$

其中

$$\frac{\mathrm{d}P_{t2n,o}(n_t)}{\mathrm{d}n_t}=2\rho^4R_{t2n}^3\mathrm{e}^{-\rho^2R_{t2n}^2}\frac{\mathrm{d}R_{t2n}}{\mathrm{d}n_t} \tag{5.2.37}$$

并且有

$$\frac{\mathrm{d}R_{t2n}}{\mathrm{d}n_t}=\frac{1}{4}\sqrt[4]{\frac{2\tau'_{t2n}}{\pi\rho^2\varepsilon_x\varepsilon_z}}n_t^{-3/4} \tag{5.2.38}$$

5.2.4 目标二维均匀分布的武器数量求解

1) 初值计算函数

当目标二维均匀分布时，最优毁伤概率函数 $P_{t2e,o}(n_t)$ 为 n_t 的显函数，可以直接得到

$$n_{t2e,1}=P_{t2e,o}^{-1}(P_c)=\phi_{t2e}(P_c) \tag{5.2.39}$$

引入 τ'_{t2e}，即

$$\tau'_{t2e}=-\int_{-\infty}^{+\infty}\int_{-\infty}^{+\infty}\ln(1-Qp(x,z))\mathrm{d}x\mathrm{d}z \tag{5.2.40}$$

从而 $\tau_{t2e}=n_t\tau'_{t2e}$，因此根据式(4.2.34)，有

$$n_{t2e,1}=\lceil -4l_xl_z\ln(1-P_c)/\tau'_{t2e}\rceil \tag{5.2.41}$$

2) 武器数量计算迭代函数

之后构建求解武器数量的迭代函数 $\vartheta_{t2e}(n_{t2e,k})$。依然采用牛顿迭代法，构建式(5.2.42)：

$$n_{t2e,k+1}=n_{t2e,k}+(P_c-P_{t2e}(n_{t2e,k}))\Bigg/\left(\left.\frac{\mathrm{d}P_{t2e}(n_t)}{\mathrm{d}n_t}\right|_{n_t=n_{t2e,k}}\right) \tag{5.2.42}$$

其中，$P_{t2e}(n_{t2e,k})$ 为当武器数量取 $n_{t2e,k}$ 时，通过式(5.1.14)及优化方法求解得到的瞄准点配置对应的实际毁伤概率。显然由于 $n_{t2e,k}$ 的取值，$\mathrm{d}P_{t2e}(n_t)/\mathrm{d}n_t$ 在 $n_{t2e,k}$ 上没有意义。与之前相同，用 $\mathrm{d}P_{t2e,o}(n_t)/\mathrm{d}n_t$ 代替 $\mathrm{d}P_{t2e}(n_t)/\mathrm{d}n_t$，结合式(5.2.4)，有

$$\begin{aligned}n_{t2e,k+1}&=\vartheta_{t2e}(n_{t1e,k})\\&=n_{t2e,k}+\left[(P_c-P_{t2e}(n_{t2e,k}))\Bigg/\left(\left.\frac{\mathrm{d}P_{t2e,o}(n_t)}{\mathrm{d}n_t}\right|_{n_t=n_{t2e,k}}\right)\right]\end{aligned} \tag{5.2.43}$$

其中

$$\frac{\mathrm{d}P_{t2e,o}(n)}{\mathrm{d}t}=\frac{\tau'_{t2e}}{4l_xl_z}\exp\left(-\frac{n_t\tau'_{t1e}}{4l_xl_z}\right) \tag{5.2.44}$$

5.2.5 目标任意分布的武器数量求解

与目标规则分布的情况相同，目标任意分布情况下的武器数量求解仍然包

含初值计算函数与武器数量计算迭代函数。

1) 初值计算函数

根据 4.1.3 节中的结论，对任意分布目标的区域射击最优毁伤概率是武器数量的函数，即

$$P_{K,O}=1-\sum_{\infty}F(x)\exp(-U_O(x\mid n)) \tag{5.2.45}$$

其中，$U_O(x\mid n)$为当武器数量取 n 时的最优中间函数。因此，可以构建初值求解迭代序列为

$$n_{0,s+1}=n_{0,s}+\frac{P_c-P_{K,O}(n_{0,s})}{\mathrm{d}P_{K,O}/\mathrm{d}n} \tag{5.2.46}$$

其中，$\mathrm{d}P_{K,O}/\mathrm{d}n$ 可以通过数值方法给出，即给定一个极小的增量 δn，有

$$\frac{\mathrm{d}P_{K,O}}{\mathrm{d}n}=\frac{P_{K,O}(n+\delta n)-P_{K,O}(n)}{\delta n} \tag{5.2.47}$$

2) 武器数量计算迭代函数

构建武器数量计算迭代序列为

$$n_{k+1}=n_k+\frac{P_c-P_K(n_k)}{\mathrm{d}P_{K,O}/\mathrm{d}n} \tag{5.2.48}$$

其中，$P_K(n_k)$为根据 n_k 及基于 5.1.2 节中方法计算得到的瞄准点对应的实际毁伤概率。

5.3　具有末制导搜索能力武器的区域射击流程

经过第 4 章与 5.1 节、5.2 节的分析，已经得到了具有末制导搜索能力武器区域射击的主要模型，具有末制导搜索能力武器在进行区域射击时，主要包括目标误差特性分析、基于预定毁伤概率的武器数量求解、给定武器数量下的瞄准点配置求解等步骤。

在目标误差特性分析中，根据武器-目标打击类型判断应当采用目标一维分布模型还是二维分布模型，基于已有的态势信息、情报信息及目标信息，判断应当通过正态分布或均匀分布描述目标散布情况；在基于预定毁伤概率的武器数量求解方法中，首先根据目标散布情况选取合适的模型，计算武器数量初值，之后根据该初值，求解给定武器数量下的瞄准点配置，进而根据武器数量初值对应的瞄准点配置求解实际毁伤概率，得到实际毁伤概率后，与预定毁伤概率对比，若达不到预定毁伤概率，则根据武器数量修正模型对武器数量进行

修正，直到求解得到的武器数量、瞄准点配置对应的实际毁伤概率达到毁伤概率要求。根据得到的武器数量、瞄准点配置得到最终的具有末制导搜索能力武器区域射击方案。具有末制导搜索能力武器的区域射击流程如图 5.3.1 所示。

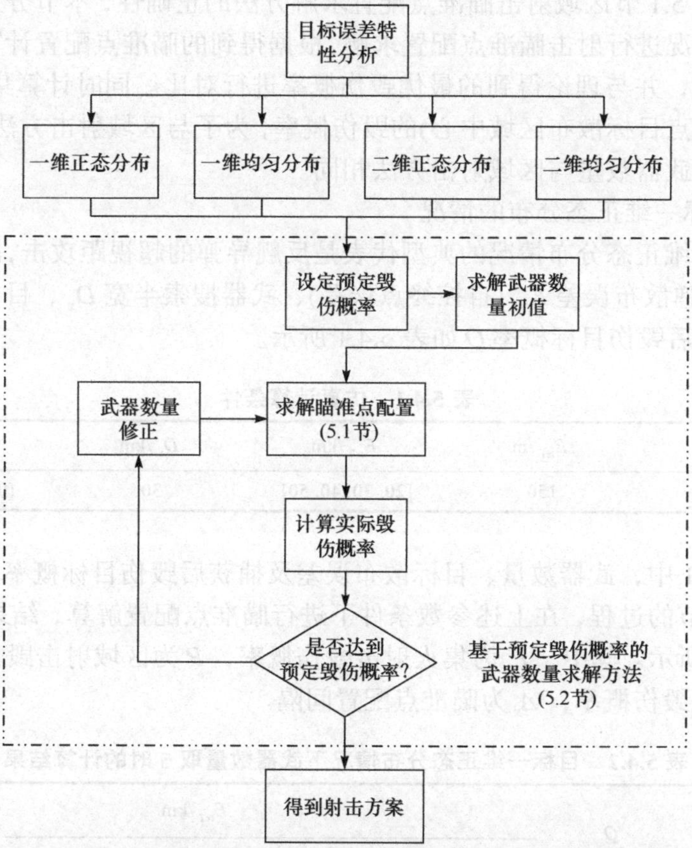

图 5.3.1　具有末制导搜索能力武器的区域射击流程图

5.4　具有末制导搜索能力武器的区域射击仿真分析

为验证本章提出模型及方法的有效性，本节进行仿真分析。具有末制导搜索能力武器的区域射击需要先设定一个预定毁伤概率，之后根据该概率求解所需武器数量及在这一武器数量下的瞄准点配置方案。本节进行三个方面的仿真分析，首先进行基于给定武器数量的射击瞄准点求解仿真分析，对比区域射击方法与集火射击方法的毁伤概率，验证区域射击方法对毁伤概率的提高；然后针对任意分布目标进行区域射击瞄准点求解仿真分析，验证目标一维任意分布的区域射击方法的正确性；最后进行基于预定毁伤概率的武器数量求解仿真分析。

5.4.1 对规则分布目标的区域射击瞄准点配置求解仿真分析

为验证 5.1 节区域射击瞄准点配置求解方法的正确性，本节分别对目标不同的散布情况进行射击瞄准点配置求解，根据得到的瞄准点配置计算相应的射击毁伤概率，并与理论得到的最优毁伤概率进行对比。同时计算集火射击(所有武器瞄准点目标散布区域中心)的毁伤概率，为了与区域射击方法形成对比，集火射击的武器数量与区域射击方法相同。

1) 目标一维正态分布的情况

目标一维正态分布情况的典型代表是反舰导弹的超视距攻击，因此武器数量 n_{t1n} 、射弹散布误差 E_{tx1} (自控终点误差)、武器搜索半宽 D_x 、目标散布误差 E_{tx2} 及捕获后毁伤目标概率 Q 如表 5.4.1 所示。

表 5.4.1 仿真计算条件

n_{t1n}	E_{tx1} /m	E_{tx2} /km	D_x /km	Q
[5, 10]	150	[20, 30, 40, 50]	30	[0.5, 0.7, 0.9]

表 5.4.1 中，武器数量、目标散布误差及捕获后毁伤目标概率取不同值。根据 5.2.1 节的过程，在上述参数条件下进行瞄准点配置解算，结果如表 5.4.2 和表 5.4.3 所示。其中，P_n 为集火射击毁伤概率，P 为区域射击毁伤概率，P_o 为理论最优毁伤概率，$\varDelta_x$ 为瞄准点配置间隔。

表 5.4.2 目标一维正态分布情况下武器数量取 5 时的计算结果

参数	Q	E_{tx2} /km			
		20	30	40	50
P_n	0.5	0.67	0.49	0.38	0.31
P		0.81	0.69	0.61	0.53
P_o		0.81	0.70	0.61	0.54
$\varDelta_x$ /m		16275.37	22887.34	29931.04	30140.14
P_n	0.7	0.69	0.50	0.39	0.32
P		0.92	0.84	0.76	0.68
P_o		0.93	0.85	0.78	0.71
$\varDelta_x$ /m		19976.27	29887.48	30200.70	44218.16

续表

参数	Q	E_{tx2} /km			
		20	30	40	50
P_n	0.9	0.69	0.50	0.39	0.32
P		0.97	0.94	0.88	0.84
P_o		0.99	0.96	0.92	0.88
Δ_x /m		19999.99	29999.99	39999.99	49999.99

表 5.4.3　目标一维正态分布情况下武器数量取 10 时的计算结果

参数	Q	E_{tx2} /km			
		20	30	40	50
P_n	0.5	0.69	0.50	0.39	0.32
P		0.94	0.88	0.81	0.74
P_o		0.95	0.88	0.81	0.75
Δ_x /m		11929.11	15045.76	19905.37	20142.05
P_n	0.7	0.69	0.50	0.39	0.32
P		0.99	0.96	0.91	0.88
P_o		0.99	0.96	0.93	0.89
Δ_x /m		14823.49	19870.45	21439.26	29775.61
P_n	0.9	0.69	0.51	0.39	0.32
P		1.00	0.99	0.98	0.96
P_o		1.00	1.00	0.99	0.97
Δ_x /m		18902.92	23114.96	29823.01	30015.15

2) 目标一维均匀分布的情况

目标一维均匀分布情况对应的是反舰导弹对概率目标的攻击，由于恶劣的目标信息精度，只能人为划定目标可能出现的范围。因此，武器数量 n_{t1n}、射弹散布误差 E_{tx1}(自控终点误差)、武器搜索半宽 D_x、目标散布误差 E_{tlx} 及捕获后毁伤目标概率 Q 如表 5.4.4 所示。

表 5.4.4　仿真计算条件

n_{t1n}	E_{tlx} /m	E_{tlx} /km	D_x /km	Q
[5, 10]	150	[40, 60, 80, 100]	30	[0.5, 0.7, 0.9]

表 5.4.4 中，武器数量、目标散布误差及捕获后毁伤目标概率取不同值。根据 5.2.1 节的过程，在上述参数条件下进行瞄准点配置解算，结果如表 5.4.5 和表 5.4.6 所示。

表 5.4.5　目标一维均匀分布情况下武器数量取 5 时的计算结果

参数	Q	E_{tlx} /km			
		40	60	80	100
P_n	0.5	0.73	0.49	0.37	0.29
P		0.88	0.75	0.69	0.62
P_o		0.93	0.82	0.73	0.65
Δ_x/m		10145.45	29403.08	29922.18	35071.86
P_n	0.7	0.75	0.50	0.38	0.30
P		0.96	0.91	0.86	0.80
P_o		0.99	0.95	0.89	0.83
Δ_x/m		14989.25	29451.63	29889.42	35089.54
P_n	0.9	0.76	0.50	0.38	0.30
P		1.00	0.99	0.97	0.94
P_o		1.00	1.00	0.99	0.97
Δ_x/m		10259.74	29474.98	29820.56	35127.08

表 5.4.6　目标一维均匀分布情况下武器数量取 10 时的计算结果

参数	Q	E_{tlx} /km			
		40	60	80	100
P_n	0.5	0.76	0.50	0.38	0.30
P		0.98	0.94	0.90	0.85
P_o		0.99	0.97	0.93	0.87
Δ_x/m		6357.89	11958.29	14784.84	19995.83
P_n	0.7	0.76	0.50	0.38	0.30
P		1.00	0.99	0.98	0.96
P_o		1.00	1.00	0.99	0.97
Δ_x/m		6623.27	11954.22	14769.15	20002.92

续表

参数	Q	E_{tkx} /km			
		40	60	80	100
P_n	0.9	0.76	0.51	0.38	0.30
P		1.00	1.00	1.00	1.00
P_o		1.00	1.00	1.00	1.00
$\varDelta_x$ /m		6628.14	11941.28	14510.11	19987.72

3) 目标二维正态分布的情况

目标二维正态分布情况对应的是悬浮子弹药对空中目标的“被动式”防御，武器数量 n_{t1n} 、射弹散布误差 $[E_{tx1}, E_{tz1}]$(自控终点误差)、武器搜索半宽 $[D_x, D_z]$、目标散布误差 $[E_{tx2}, E_{tz2}]$ 及捕获后毁伤目标概率 Q 如表 5.4.7 所示。

表 5.4.7　仿真计算条件

n_{t1n}	$[E_{tx1}, E_{tz1}]$ /m	$[E_{tx2}, E_{tz2}]$ /m	$[D_x, D_z]$ /m	Q
[6 × 6,8 × 8]	[20,30]	{[400, 300], [600, 400], [800, 500], [1000, 600]}	[400, 300]	[0.5, 0.7, 0.9]

表 5.4.7 中，由于武器需在平面内配置瞄准点，因此 6 × 6 表示在空间内布置 6 × 6 个瞄准点(即总计 36 个)。针对不同的武器数量、目标散布误差、捕获后毁伤目标的概率分别进行瞄准点配置的解算，结果如表 5.4.8 和表 5.4.9 所示。其中，$\varDelta_z$ 为 Oz 轴的瞄准点配置间隔。

表 5.4.8　目标二维正态分布情况下武器数量取 6 × 6 时的计算结果

参数	Q	$[E_{tx2}, E_{tz2}]$ /km			
		[400, 300]	[600, 400]	[800, 500]	[1000, 600]
P_n	0.5	0.30	0.16	0.10	0.07
P		0.88	0.72	0.58	0.47
P_o		0.89	0.74	0.60	0.50
$\varDelta_x$ /m		375.52	429.93	658.76	739.29
$\varDelta_z$ /m		283.05	304.17	311.16	335.45

续表

参数	Q	$[E_{tx2}, E_{tz2}]$ /km			
		[400, 300]	[600, 400]	[800, 500]	[1000, 600]
P_n	0.7	0.31	0.17	0.11	0.07
P		0.94	0.82	0.70	0.60
P_o		0.95	0.86	0.74	0.64
Δ_x/m		404.15	553.76	741.25	763.71
Δ_z/m		302.21	331.59	359.55	535.29
P_n	0.9	0.32	0.17	0.11	0.07
P		0.97	0.91	0.84	0.75
P_o		0.99	0.94	0.87	0.79
Δ_x/m		456.22	719.20	738.85	767.78
Δ_z/m		369.23	487.00	534.19	538.72

表 5.4.9　目标二维正态分布情况下武器数量取 8 × 8 时的计算结果

参数	Q	$[E_{tx2}, E_{tz2}]$ /km			
		[400, 300]	[600, 400]	[800, 500]	[1000, 600]
P_n	0.5	0.30	0.16	0.10	0.07
P		0.85	0.85	0.73	0.62
P_o		0.96	0.87	0.76	0.65
Δ_x/m		654.13	398.38	448.49	586.54
Δ_z/m		203.71	285.64	300.73	315.71
P_n	0.7	0.31	0.17	0.11	0.07
P		0.93	0.92	0.83	0.70
P_o		0.99	0.94	0.87	0.78
Δ_x/m		332.19	439.99	696.86	735.70
Δ_z/m		545.39	304.10	317.07	513.64
P_n	0.9	0.32	0.17	0.11	0.07
P		0.98	0.94	0.92	0.86
P_o		1.00	0.98	0.95	0.90
Δ_x/m		687.69	498.41	724.82	722.98
Δ_z/m		310.83	561.68	386.31	515.25

4) 目标二维均匀分布的情况

目标二维均匀分布情况对应的是目标信息精度的条件下，悬浮子弹药对空中目标的“被动式”防御，武器数量 n_{t1n} 、射弹散布误差 $[E_{tx1},E_{tz1}]$(自控终点误差)、武器搜索半宽 $[D_x,D_z]$ 、目标散布半宽 $[E_{tlx},E_{tlz}]$ 及捕获后毁伤目标概率 Q 如表 5.4.10 所示。

表 5.4.10　仿真计算条件

n_{t1n}	$[E_{tx1},E_{tz1}]$ /m	$[E_{tlx},E_{tlz}]$ /m	$[D_x,D_z]$ /m	Q
[6 × 6, 8 × 8]	[20,30]	{[1500,600], [2000,800], [2500,1000], [3000,1200]}	[400,300]	[0.5,0.7,0.9]

针对不同的武器数量、目标散布误差、捕获后毁伤目标概率分别进行瞄准点配置的解算，结果如表 5.4.11 和表 5.4.12 所示。

表 5.4.11　目标二维均匀分布情况下武器数量取 6 × 6 时的计算结果

参数	Q	$[E_{tlx},E_{tlz}]$ /km			
		[1500, 600]	[2000, 800]	[2500, 1000]	[3000, 1200]
P_n	0.5	0.16	0.09	0.06	0.04
P		0.91	0.75	0.64	0.41
P_o		0.96	0.83	0.68	0.55
Δ_x/m		464.63	725.90	852.61	999.78
Δ_z/m		212.10	292.19	315.36	562.40
P_n	0.7	0.17	0.10	0.06	0.04
P		0.98	0.90	0.81	0.57
P_o		1.00	0.95	0.86	0.74
Δ_x/m		467.78	722.05	853.62	999.81
Δ_z/m		213.40	289.18	314.28	557.75
P_n	0.9	0.18	0.10	0.06	0.04
P		1.00	0.98	0.93	0.72
P_o		1.00	1.00	0.97	0.91
Δ_x/m		474.14	704.47	812.56	843.81
Δ_z/m		220.03	284.34	316.63	547.87

表 5.4.12　目标二维均匀分布情况下武器数量取 8 × 8 时的计算结果

参数	Q	$[E_{tlx}, E_{tlz}]$ /km			
		[1500,600]	[2000,800]	[2500,1000]	[3000,1200]
P_n	0.5	0.16	0.09	0.06	0.04
P		0.98	0.92	0.79	0.72
P_o		1.00	0.96	0.87	0.76
Δ_x/m		393.47	477.34	706.43	770.26
Δ_z/m		150.85	211.66	280.81	305.90
P_n	0.7	0.17	0.10	0.06	0.04
P		1.00	0.98	0.93	0.88
P_o		1.00	1.00	0.97	0.91
Δ_x/m		388.97	480.36	705.00	765.83
Δ_z/m		151.03	212.42	279.52	303.57
P_n	0.9	0.18	0.10	0.06	0.04
P		1.00	1.00	0.99	0.97
P_o		1.00	1.00	1.00	0.99
Δ_x/m		379.64	484.14	678.50	764.86
Δ_z/m		152.87	216.22	278.21	295.87

5) 瞄准点配置求解仿真分析结果分析

本节进行了具有末制导搜索能力武器的区域射击瞄准点配置求解仿真，即给定武器数量下求解瞄准点配置以优化毁伤概率，并与所有武器向目标散布区域中心射击的集火射击方法进行了毁伤概率对比。由表 5.4.2～表 5.4.12 的结果可以得出以下结论：

(1) 区域射击的毁伤概率明显高于集火射击，这是由于仿真的误差条件均为目标散布区域大于(或远大于)武器的搜索半宽，因而如果采用集火射击方法，所有武器瞄准目标散布区域中心，将无法覆盖整个目标散布区域，从而严重限制射击毁伤概率，可见，区域射击适用于目标散布区域较大而单个武器搜索无法覆盖的情况。

(2) 区域射击的毁伤概率十分接近当前条件下的最优毁伤概率，最优毁伤概率通过 4.1 节与 4.2 节给出，是给定误差条件、武器搜索能力、捕获后毁伤目标概率情况下的最优毁伤概率，任何瞄准点配置对应的毁伤概率都无法大于该值，采用 5.1 节的瞄准点配置求解方法能够使实际毁伤概率接近于该最优毁伤概率，从而证明了 5.1 节中瞄准点配置求解方法的有效性。

5.4.2　对任意分布目标的区域射击瞄准点配置求解

为验证对任意分布目标的区域射击瞄准点配置求解方法，在两种目标分布情况下通过梯度下降法求解区域射击瞄准点。其中，目标分布情况 A 为初始正态分布经过探测、概率更新后的分布；目标分布情况 B 为人为设定的正态分布与均匀分布合成分布。首先通过梯度下降法求解不同分布情况的瞄准点配置，之后采用统计模拟法计算毁伤概率，验证方法的有效性。

在仿真计算中，使用 8 个末制导搜索武器进行区域射击，共设定 8 个瞄准点，进行区域射击的末制导搜索武器搜索半宽 B 为 500m，自控终点误差 E_{x1} 为 100m，捕获后毁伤目标概率 Q 为 0.7。计算过程中，梯度下降法速率因子 η 取 0.5。

为便于表示概率密度，正态分布概率密度函数 $f_N(x\,|\,\mu,\sigma)$ 表示为

$$f_N(x\,|\,\mu,\sigma)=\frac{1}{\sigma\sqrt{2\pi}}\mathrm{e}^{-\frac{(x-\mu)^2}{2\sigma^2}} \tag{5.4.1}$$

其中，μ 为期望；σ 为标准差。

均匀分布概率密度函数 $f_U(x\,|\,x_{\min},x_{\max})$ 表示为

$$f_U(x\,|\,x_{\min},x_{\max})=\begin{cases}\dfrac{x}{x_{\max}-x_{\min}}, & x\in[x_{\min},x_{\max}]\\ 0, & x\notin[x_{\min},x_{\max}]\end{cases} \tag{5.4.2}$$

其中，$[x_{\min},x_{\max}]$ 为均匀分布范围。

1) 目标分布情况 A

设目标初始分布概率密度函数 $f_A^*(x)$ 为式(5.4.3)，如图 5.4.1 所示。

$$f_A^*(x)=f_N(x\,|\,0,15E_{x1}) \tag{5.4.3}$$

探测概率 $P_C(x)$ 为式(5.4.4)，如图 5.4.2 所示。

$$P_C(x)=\mathrm{e}^{-\frac{x^2}{72}} \tag{5.4.4}$$

则经过探测，更新后的目标分布概率密度 $f_A(x)$ 为

$$f_A(x)=\frac{f_A^*(x)(1-P_C(x))}{\int_{-\infty}^{+\infty}f_A^*(x)(1-P_C(x))\mathrm{d}x} \tag{5.4.5}$$

采用梯度下降法求解区域射击瞄准点，得到更新后的概率密度函数与射击瞄准点位置如图 5.4.3 所示，最优中间函数与射击瞄准点位置如图 5.4.4 所示(概率密度函数为实线，瞄准点初值为圆圈，瞄准点终值为三角)。

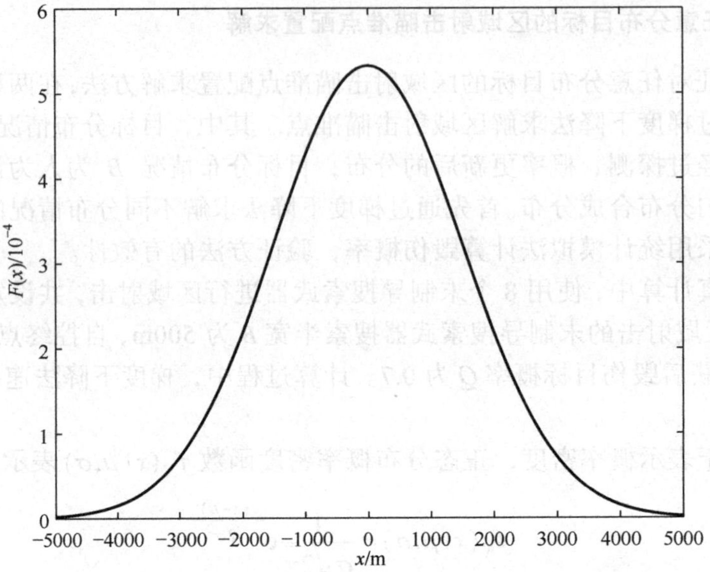

图 5.4.1　目标初始分布概率密度函数(目标分布情况 A)

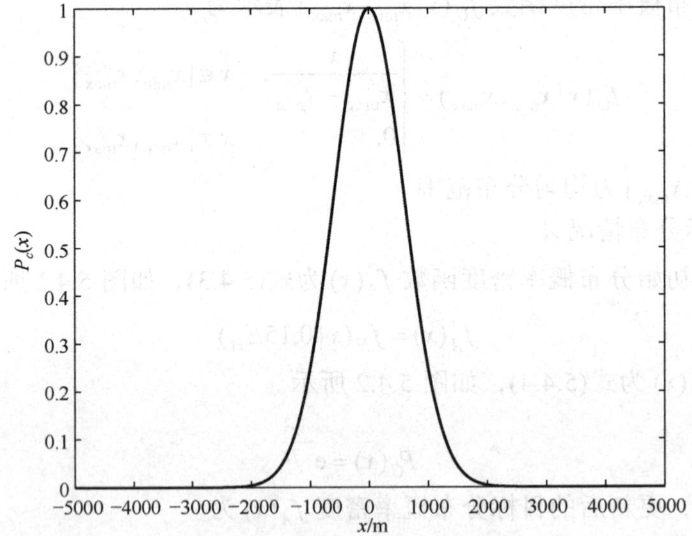

图 5.4.2　探测概率(目标分布情况 A)

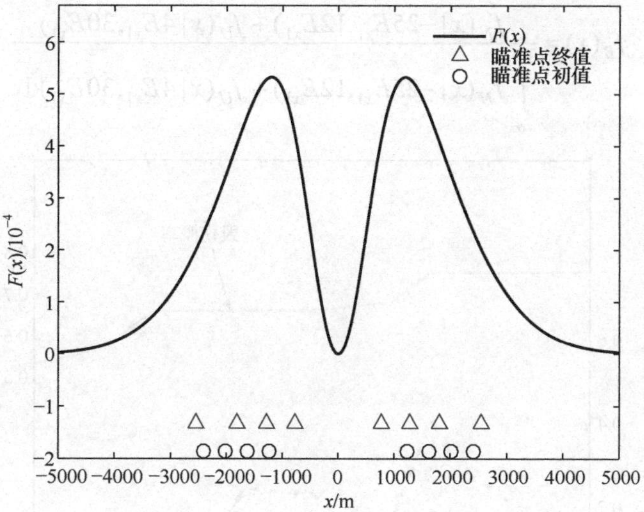

图 5.4.3　更新后目标分布概率密度函数与区域射击瞄准点(目标分布情况 *A*)

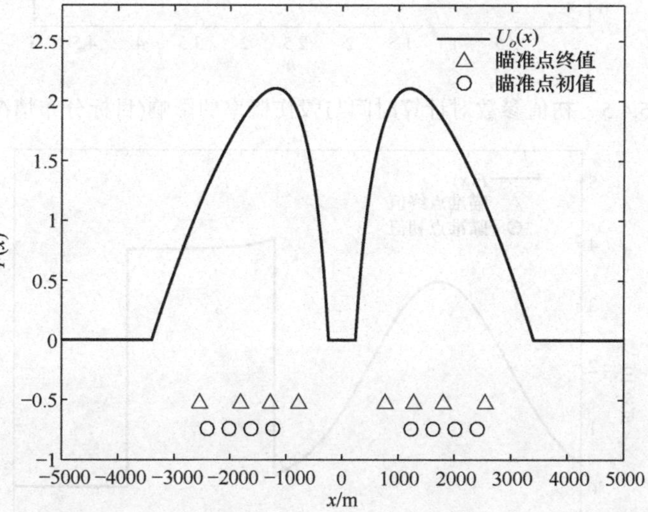

图 5.4.4　最优中间函数与区域射击瞄准点(目标分布情况 *A*)

同时，为分析初值对方法求解瞄准点配置的影响，选取不同的初值参数 h，使初值间距不同，并对比结果的毁伤概率与求解时间，结果如图 5.4.5 所示。

2) 目标分布情况 *B*

人为设定目标分布概率密度函数 $f_B(x)$，为正态分布 $f_N(x|-25,12)$ 与均匀分布 $f_U(x|4,30)$ 之和。采用梯度下降法求解区域射击瞄准点，得到目标分布概率密度函数与区域射击瞄准点位置如图 5.4.6 所示，最优中间函数与区域射击瞄准点位置如图 5.4.7 所示。

$$f_B(x)=\frac{f_N(x|-25E_{x1},12E_{x1})+f_U(x|4E_{x1},30E_{x1})}{\int_{-\infty}^{+\infty} f_N(x|-25E_{x1},12E_{x1})+f_U(x|4E_{x1},30E_{x1})\mathrm{d}x} \tag{5.4.6}$$

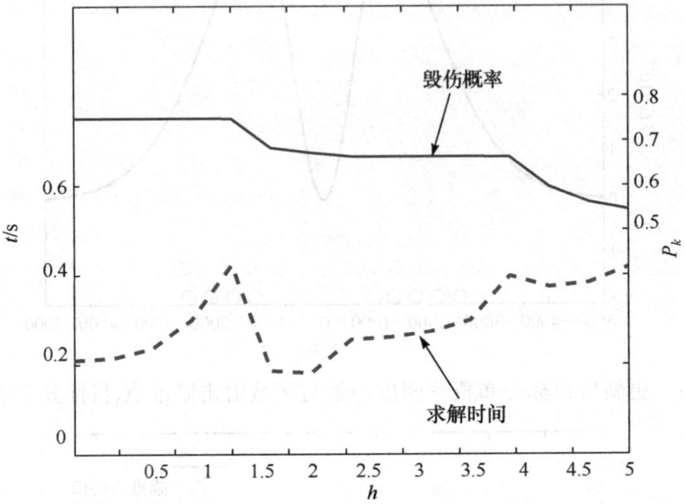

图 5.4.5　初值参数对计算时间与毁伤概率的影响(目标分布情况 *A*)

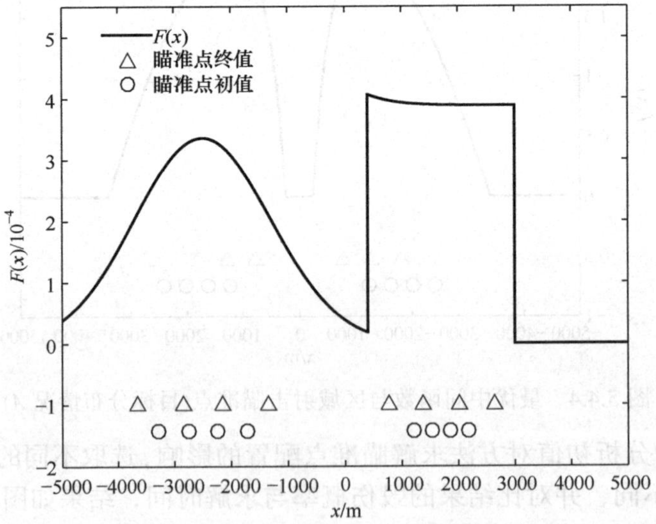

图 5.4.6　目标分布概率密度函数与区域射击瞄准点位置(目标分布情况 *B*)

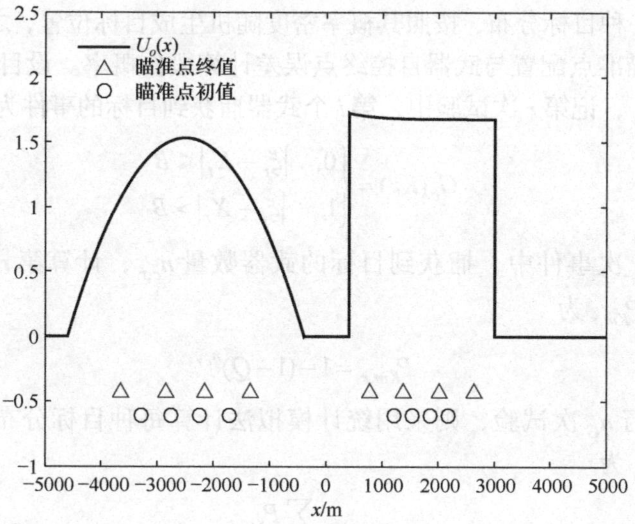

图 5.4.7　最优中间函数与区域射击瞄准点位置(目标分布情况 B)

同样，为分析初值对方法求解瞄准点配置的影响，选取不同的初值参数 h，使初值间距不同，并对比结果的毁伤概率与求解时间，结果如图 5.4.8 所示。

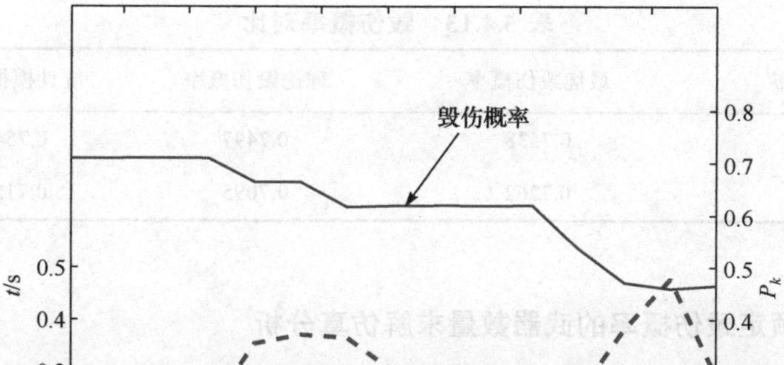

图 5.4.8　初值参数对求解时间与毁伤概率的影响(目标分布情况 B)

3) 毁伤概率对比

为验证方法的有效性，对于梯度下降法求解得到的瞄准点配置，通过统计模拟法计算毁伤概率，并与计算得到的理论毁伤概率与最优中间函数对应的最优毁伤概率进行对比。

对于每一种目标分布，按照其概率密度随机生成目标位置，之后按照射击方案中的武器瞄准点配置与武器自控终点误差计算毁伤概率。设目标位置为 X_t，武器位置为 ξ_i，记第 r 次试验中，第 i 个武器捕获到目标的事件为 $G_c(i,r)$，即

$$G_c(i,r)=\begin{cases}0, & |\xi_i - X_t| \leqslant B \\ 1, & |\xi_i - X_t| > B\end{cases} \tag{5.4.7}$$

统计第 r 次事件中，捕获到目标的武器数量 $n_{c,r}$，计算第 r 次事件统计模拟毁伤概率 $P_{Km,r}$ 为

$$P_{Km,r} = 1-(1-Q)^{n_{c,r}} \tag{5.4.8}$$

设共进行 n_G 次试验，则采用统计模拟法计算每种目标分布条件下的实际毁伤概率 P_{Km} 为

$$P_{Km} = \frac{\sum P_{Km,r}}{n_G} \tag{5.4.9}$$

取试验次数 n_G 为 10000，置信度 95%。计算得到的统计模拟法毁伤概率、理论毁伤概率与最优毁伤概率如表 5.4.13 所示。

表 5.4.13 毁伤概率对比

目标分布	最优毁伤概率	理论毁伤概率	统计模拟法毁伤概率
A	0.7538	0.7497	0.7549±0.0082
B	0.7262	0.7095	0.7156±0.0088

5.4.3 基于预定毁伤概率的武器数量求解仿真分析

为验证 5.2 节中基于预定毁伤概率的武器数量求解方法的正确性，进行仿真，其中目标每一种散布情况时的误差条件、武器性能等参数与 5.2.1 节中均相同。分别在预定毁伤概率为 0.85 及 0.95 的条件下进行武器数量及瞄准点配置的解算。仿真结果由表 5.4.14～表 5.4.21 给出。其中，P 为区域射击毁伤概率，P_o 为当前条件下的最优毁伤概率，n_{t1n}、n_{t1e} 分别为使毁伤概率达到预定毁伤概率的所需武器数量(分别对应目标一维正态分布、一维均匀分布)，$\varDelta_x$、$\varDelta_z$ 为 Ox 轴与 Oz 轴的瞄准点配置间隔，n_x、n_z 分别为使毁伤概率达到预定毁伤概率所需的武器数量在 Ox 轴与 Oz 轴上的取值。

1) 目标一维正态分布的情况

表 5.4.14　预定毁伤概率取 0.85 时的计算结果(目标一维正态分布)

参数	Q	E_{tlx} /km			
		20	30	40	50
P	0.5	0.85	0.85	0.87	0.86
P_o		0.86	0.86	0.87	0.87
n_{t1n}		6	9	13	16
Δ_x/m		14982.91	15260.09	15081.93	15333.15
P	0.7	0.87	0.88	0.85	0.86
P_o		0.89	0.89	0.86	0.87
n_{t1n}		4	6	7	9
Δ_x/m		19999.99	29508.51	29888.34	29886.58
P	0.9	0.88	0.88	0.88	0.88
P_o		0.94	0.93	0.92	0.91
n_{t1n}		3	4	5	6
Δ_x/m		19999.99	29999.99	39999.99	49999.99

表 5.4.15　预定毁伤概率取 0.95 时的计算结果(目标一维正态分布)

参数	Q	E_{tlx} /km			
		20	30	40	50
P	0.5	0.96	0.95	0.95	0.95
P_o		0.96	0.95	0.96	0.95
n_{t1n}		11	16	22	27
Δ_x/m		10172.87	11916.08	11925.28	11962.61
P	0.7	0.96	0.96	0.96	0.95
P_o		0.97	0.96	0.96	0.96
n_{t1n}		7	10	13	16
Δ_x/m		17687.35	19870.45	19927.56	19955.29
P	0.9	0.97	0.97	0.96	0.96
P_o		0.99	0.97	0.97	0.97
n_{t1n}		5	6	8	10
Δ_x/m		19999.99	29973.74	29999.81	30015.15

2) 目标一维均匀分布的情况

表 5.4.16　预定毁伤概率取 0.85 时的计算结果(目标一维均匀分布)

参数	Q	E_{tlx} /km			
		40	60	80	100
P	0.5	0.88	0.87	0.87	0.87
P_o		0.93	0.91	0.90	0.90
n_{t1e}		5	7	9	11
Δ_x/m		10145.45	15060.82	16710.06	17544.44
P	0.7	0.89	0.86	0.86	0.85
P_o		0.93	0.91	0.89	0.88
n_{t1e}		3	4	5	6
Δ_x/m		10345.71	28798.41	29889.42	28961.67
P	0.9	0.94	0.90	0.90	0.90
P_o		0.97	0.90	0.92	0.87
n_{t1e}		2	2	3	3
Δ_x/m		20508.35	59953.04	54685.46	70122.68

表 5.4.17　预定毁伤概率取 0.95 时的计算结果(目标一维均匀分布)

参数	Q	E_{tlx} /km			
		40	60	80	100
P	0.5	0.96	0.96	0.96	0.95
P_o		0.98	0.98	0.97	0.97
n_{t1e}		8	11	14	17
Δ_x/m		6764.83	10024.53	11136.65	11701.94
P	0.7	0.96	0.97	0.97	0.95
P_o		0.99	0.99	0.98	0.96
n_{t1e}		5	7	9	9
Δ_x/m		14989.25	15066.62	16722.17	23209.58
P	0.9	0.97	0.97	0.97	0.97
P_o		0.99	0.99	0.99	0.98
n_{t1e}		3	4	5	6
Δ_x/m		10415.01	29749.01	29820.56	28608.98

3) 目标二维正态分布的情况

表 5.4.18　预定毁伤概率取 0.85 时的计算结果(目标二维正态分布)

参数	Q	$[E_{tlx}, E_{tlz}]$ /km			
		[400, 300]	[600, 400]	[800, 500]	[1000, 600]
P	0.5	0.87	0.94	0.88	0.88
P_o		0.88	0.95	0.90	0.90
n_x		5	11	11	14
n_z		7	11	12	14
Δ_x/m		408.83	376.76	400.70	402.52
Δ_z/m		237.99	225.71	265.29	268.29
P	0.7	0.90	0.85	0.87	0.92
P_o		0.93	0.87	0.91	0.95
n_x		7	5	9	13
n_z		4	8	9	13
Δ_x/m		355.92	717.05	532.28	496.57
Δ_z/m		507.81	284.68	304.20	293.63
P	0.9	0.86	0.86	0.86	0.86
P_o		0.94	0.89	0.90	0.91
n_x		3	5	7	7
n_z		6	5	6	10
Δ_x/m		741.21	729.37	707.78	785.02
Δ_z/m		545.64	519.57	544.79	328.20

表 5.4.19　预定毁伤概率取 0.95 时的计算结果(目标二维正态分布)

参数	Q	$[E_{tlx}, E_{tlz}]$ /km			
		[400, 300]	[600, 400]	[800, 500]	[1000, 600]
P	0.5	0.99	0.95	0.98	0.95
P_o		0.99	0.96	0.99	0.97
n_x		11	11	19	19
n_z		10	12	18	19
Δ_x/m		269.96	378.09	312.78	370.62
Δ_z/m		211.92	208.92	207.99	214.94

续表

参数	Q	$[E_{tlx}, E_{tlz}]$ /km			
		[400, 300]	[600, 400]	[800, 500]	[1000, 600]
P	0.7	0.99	0.96	0.99	0.96
P_o		1.00	0.97	0.99	1.00
n_x		10	10	17	21
n_z		9	9	16	21
Δ_x/m		326.26	398.54	389.43	660.70
Δ_z/m		280.06	296.48	256.85	236.47
P	0.9	0.98	0.98	0.96	0.97
P_o		0.99	0.99	0.98	0.99
n_x		5	9	10	13
n_z		7	9	10	13
Δ_x/m		682.36	583.55	683.97	684.27
Δ_z/m		297.46	295.37	324.70	308.47

4) 目标二维均匀分布的情况

表 5.4.20　预定毁伤概率取 0.85 时的计算结果(目标二维均匀分布)

参数	Q	$[E_{tlx}, E_{tlz}]$ /km			
		[1500, 600]	[2000, 800]	[2500, 1000]	[3000, 1200]
P	0.5	0.85	0.88	0.86	0.85
P_o		0.93	0.94	0.92	0.91
n_x		5	7	9	11
n_z		6	8	9	10
Δ_x/m		687.65	569.41	544.54	534.14
Δ_z/m		200.97	210.76	251.11	275.63
P	0.7	0.87	0.88	0.85	0.85
P_o		0.95	0.92	0.90	0.91
n_x		5	5	7	7
n_z		4	6	6	9
Δ_x/m		700.35	813.15	759.79	874.84
Δ_z/m		287.65	293.60	308.94	294.72

续表

参数	Q	$[E_{tlx},E_{tlz}]$ /km			
		[1500, 600]	[2000, 800]	[2500, 1000]	[3000, 1200]
P	0.9	0.97	0.97	0.99	0.93
P_o		1.00	0.99	1.00	0.98
n_x		5	5	7	7
n_z		4	6	8	8
Δ_x/m		690.66	813.84	730.05	874.77
Δ_z/m		282.12	288.75	279.93	305.02

表 5.4.21　预定毁伤概率取 0.95 时的计算结果(目标二维均匀分布)

参数	Q	$[E_{tlx},E_{tlz}]$ /km			
		[1500, 600]	[2000, 800]	[2500, 1000]	[3000, 1200]
P	0.5	0.95	0.95	0.95	0.95
P_o		0.99	0.98	0.98	0.98
n_x		7	9	11	13
n_z		7	9	11	13
Δ_x/m		401.50	420.61	433.65	445.39
Δ_z/m		186.13	192.78	195.91	197.56
P	0.7	0.96	0.95	0.96	0.96
P_o		0.99	0.98	0.99	0.98
n_x		5	7	9	11
n_z		6	7	9	10
Δ_x/m		686.70	564.29	545.16	535.63
Δ_z/m		200.39	268.48	255.21	274.35
P	0.9	1.00	0.97	0.99	0.95
P_o		1.00	0.99	1.00	0.99
n_x		5	5	7	7
n_z		6	6	9	10
Δ_x/m		677.36	813.84	730.65	874.67
Δ_z/m		200.48	288.75	248.13	271.62
P		200.48	288.75	248.13	271.62

5) 基于预定毁伤概率的武器数量求解仿真结果分析

通过表 5.4.14～表 5.4.21 的结果，可以得到如下结论：

(1) 采用 5.2 节的基于预定毁伤概率的武器数量求解方法，对于目标一维正态分布、一维均匀分布、二维正态分布、二维均匀分布，都能够有效求解出所需的武器数量，从而证明 5.2 节中的方法是有效的。

(2) 随着捕获后毁伤目标概率 Q 的增大，使武器毁伤概率达到预定毁伤概率所需的武器数量明显下降，因此提升武器性能，对于区域射击毁伤概率的提升及打击成本的降低有显著效果。

(3) 提高预定毁伤概率 P_c，将会直接增加所需武器数量，虽然预定毁伤概率由 0.85 提升至 0.95 只提升了 0.10，但是相比于预定毁伤概率取 0.85 时所需的武器数量，预定毁伤概率取 0.95 时所需的武器数量，对于目标一维分布情况一般会提升 20%左右，而对于目标二维分布情况会提升 50%左右，即武器数量的增加与毁伤概率的增加并不是一个线性关系，随着毁伤概率的提高，增加单位武器数量带来的毁伤概率提高效果会越来越微弱，因此在射击决策时，如果当前武器数量不足以达到预定毁伤概率，可以适当地降低预定毁伤概率以减少所需武器数量。

5.5 本 章 小 结

本章在第 4 章的基础上，分析了具有末制导搜索能力武器区域射击的参数配置问题，给出了瞄准点配置方法与求解方法，以及基于预定毁伤概率的武器数量求解方法。其中，基于预定毁伤概率的武器数量求解方法通过构建迭代过程，不断逼近达到预定毁伤概率所需武器的数量。在每一次迭代过程中，需要通过瞄准点配置方法与求解方法给出实际的瞄准点配置，并计算实际毁伤概率。基于这些方法，给出了具有末制导搜索能力武器的区域射击流程，能够实现包括根据预定毁伤概率计算武器数量、求解瞄准点配置、毁伤概率估计等过程在内的完整区域射击流程，可以直接作为具有末制导搜索能力武器进行区域射击的方法依据。最后，分别对瞄准点配置与求解方法(包括规则分布目标与任意分布目标)、基于预定毁伤概率的武器数量求解方法进行了仿真分析，验证了方法的有效性。

第 6 章　区域射击方法在舰炮武器中的应用

本章首先对区域射击方法在舰炮反导中的应用展开研究。在舰炮反导应用领域，现代反舰导弹为了提升突防能力，采用了各种手段，主要表现为降低飞行高度如低空掠海飞行，使目标混入海面杂波，加大水面舰艇探测难度，从而有效提高导弹突防能力；提高反舰导弹的飞行速度，反舰导弹的速度提高，一是加大了水面舰艇对目标的探测跟踪难度，二是大大缩短系统的反击时间；提高自身隐身性能，采用隐身结构设计，应用可吸收雷达反射波的新型材料从而减小雷达反射面积，缩短舰艇防御系统反应时间；采取灵活机动的弹道模式，变幻莫测的机动手段，复杂的运动模型，不仅加大了水面舰艇的探测跟踪难度，且对其进行打击的提前点计算也带来不小困难。舰炮与防空导弹在拦截反舰导弹的过程中扮演着互补的角色，舰炮的拦截距离恰好是防空导弹的拦截死区，并且舰炮具有高射速、高精度、高初速和短反应时间的特点。采用区域射击方法能够进一步提升舰炮对反舰导弹的拦截能力，具体方法为在预测迎弹面内，通过瞄准点的配置形成对目标有效区域覆盖，对目标进行拦截。

同时，本章还研究区域射击方法在舰炮对岸射击中的应用。舰炮对岸射击作战任务中，岸上目标一般按照一定误差分布于一个范围内，为有效覆盖岸上目标，舰炮可以采用同距效力射、距离梯次效力射、方向梯次效力射、面积效力射等。在实施上述射击策略的过程中，需要解决的关键问题是表尺梯次差的求解，以及射击弹丸数量的求解，包括求解距离表尺数、方向表尺数、距离梯次差、方向梯次差、射击弹丸总数量等参数。合理的舰炮对岸射击方案可以明显提高舰炮对岸射击的毁伤概率，同时节约射击弹丸消耗，具有重要的军事意义。

6.1　区域射击方法在舰炮反导中的应用

本节研究区域射击方法在小口径舰炮反导中的应用问题。第 2 章和第 3 章给出了最优未来空域窗模型和在预测迎弹面内的瞄准点配置方法，但要在舰炮中实现区域射击还要给出相关误差与不相关误差求解模型、目标等效命中面积计算模型、预测迎弹面内的瞄准点与空间命中提前点的转换模型、对各个瞄准点的射击诸元求解模型等。

本节按照第 3 章所示的具体射击流程步骤，详细分析其各个步骤的解算，最后建立仿真模型,研究不同跟踪精度条件下目标全航路过程中不同未来空域窗配置的毁伤概率，根据结果验证结论，在保证单未来空域窗一定弹丸数量的基础上，增加目标全航路中未来空域窗的个数，可有效增加小口径舰炮对其打击的毁伤概率。

6.1.1 误差合成

舰炮射击过程中难以避免地会出现各种误差,其在小口径舰炮反导应用中是不得不考虑的因素，包括获取目标信息的探测误差和引起弹目偏离的误差。引起弹目偏离的误差主要有射弹散布误差、随动系统误差、跟踪滤波误差、捷联误差、弹道气象准备误差、机械零位校正后误差、观测系统误差。由射击理论可知，在舰炮射击中，总射击误差总是可以分解为两组误差，即相关误差和不相关误差，按误差的性质又可将两组误差分为系统误差和随机误差。例如，射弹散布误差是不相关的，但根据其性质，它又是随机的。

系统射击误差是指系统射击命中点对目标偏离程度，用系统射击精度表示。为方便对系统射击误差进行分析，需要对其在相应坐标系进行投影，以下先对所需坐标系进行阐述。

1. 坐标系及变换矩阵

1) 稳定舰艇坐标系

以舰艇质心为原点，以舰艇艏艉线在水平面内的投影为 Y 轴，Z 轴指向天顶，X 轴在水平面内根据右手法则确定。

设稳定舰艇坐标系的基坐标向量为单位向量 E_s，建立其他坐标系与稳定舰艇坐标系的变换矩阵。

2) 不稳定舰艇坐标系

以舰艇质心为原点，以舰艇艏艉线为 Y 轴，XOY 面平行于舰艇甲板面，Z 轴垂直于甲板面指向上，X 轴根据右手法则确定。

(1) 基坐标向量。设舰艇纵摇角为 ϕ(规定舰艏向上为正)、横摇角为 ψ (规定右舷向上为正)，则不稳定舰艇坐标系的基坐标向量在稳定舰艇坐标系下的坐标为 E_u，即

$$E_u = \begin{bmatrix} 1 & 0 & 0 \\ 0 & \cos\phi & -\sin\phi \\ 0 & \sin\phi & \cos\phi \end{bmatrix} \begin{bmatrix} \cos\psi & 0 & -\sin\psi \\ 0 & 1 & 0 \\ \sin\psi & 0 & \cos\psi \end{bmatrix} \tag{6.1.1}$$

(2) 到稳定舰艇坐标系的变换矩阵。不稳定舰艇坐标系下的坐标变换到稳定舰艇坐标系下坐标的变换矩阵 C_{us} 为

$$C_{us}=E_u=\begin{bmatrix}1 & 0 & 0\\ 0 & \cos\phi & -\sin\phi\\ 0 & \sin\phi & \cos\phi\end{bmatrix}\begin{bmatrix}\cos\psi & 0 & -\sin\psi\\ 0 & 1 & 0\\ \sin\psi & 0 & \cos\psi\end{bmatrix} \tag{6.1.2}$$

稳定舰艇坐标系下的坐标变换到不稳定舰艇坐标系下坐标的变换矩阵 C_{su} 为

$$C_{su}=E_u^{-1}=\begin{bmatrix}\cos\psi & 0 & \sin\psi\\ 0 & 1 & 0\\ -\sin\psi & 0 & \cos\psi\end{bmatrix}\begin{bmatrix}1 & 0 & 0\\ 0 & \cos\phi & \sin\phi\\ 0 & -\sin\phi & \cos\phi\end{bmatrix} \tag{6.1.3}$$

3) 射弹坐标系

以舰艇质心为原点，以舰艇与射弹在某一时刻的连线在水平面内投影为 Y 轴，Z 轴指向天顶，X 轴在水平面内根据右手法则确定。

(1) 基坐标向量。设弹丸在某一时刻的位置在稳定舰艇坐标系下的坐标为 $[x_b,y_b,z_b]^{\mathrm{T}}$，则射弹坐标系的基向量在稳定舰艇坐标系下的坐标为 E_b，即

$$E_b=[e_{bx},e_{by},e_{bz}] \tag{6.1.4}$$

其中

$$e_{bx}=\frac{[-y_b,x_b,0]^{\mathrm{T}}}{\left|(x_b,y_b,0)^{\mathrm{T}}\right|} \tag{6.1.5}$$

$$e_{by}=\frac{[x_b,y_b,0]^{\mathrm{T}}}{\left|(x_b,y_b,0)^{\mathrm{T}}\right|} \tag{6.1.6}$$

$$e_{bz}=[0,0,1]^{\mathrm{T}} \tag{6.1.7}$$

(2) 到稳定舰艇坐标系的变换矩阵。射弹坐标系下的坐标变换到稳定舰艇坐标系下坐标的变换矩阵 C_{bs} 为

$$C_{bs}=E_b \tag{6.1.8}$$

稳定舰艇坐标系下的坐标变换到射弹坐标系下坐标的变换矩阵为

$$C_{sb}=E_b^{-1} \tag{6.1.9}$$

4) 目标速度坐标系

以目标质心为原点，目标速度方向为 Y 轴，YOZ 轴垂直于水平面，Z 轴向上，X 轴根据右手系确定。

(1) 基坐标向量。设目标速度在稳定舰艇坐标系下的坐标为 $V_t=[v_{tx},v_{ty},v_{tz}]^{\mathrm{T}}$，则目标速度坐标系在稳定舰艇坐标系下的基坐标向量为 E_t，即

$$E_t=[e_{tx},e_{ty},e_{tz}] \tag{6.1.10}$$

其中

$$e_{tx}=\frac{[-v_{ty},v_{tx},0]^{\mathrm{T}}}{|V_t|} \tag{6.1.11}$$

$$e_{ty}=\frac{V_t}{|V_t|} \tag{6.1.12}$$

$$e_{tz}=\frac{[v_{tx},v_{ty},|V_t|\sin\theta_{tz}]^{\mathrm{T}}}{|V_t|} \tag{6.1.13}$$

$$\theta_{tz}=\arcsin\left(\frac{v_{tz}}{\sqrt{v_{tx}^2+v_{ty}^2}}\right)+\frac{\pi}{2} \tag{6.1.14}$$

(2) 到稳定舰艇坐标系的变换矩阵。目标速度坐标系下的坐标变换到稳定舰艇坐标系下坐标的变换矩阵 C_{ts} 为

$$C_{ts}=E_b \tag{6.1.15}$$

稳定舰艇坐标系下的坐标变换到目标速度坐标系下坐标的变换矩阵 C_{st} 为

$$C_{st}=E_b^{-1} \tag{6.1.16}$$

5) 预测迎弹面坐标系

以目标与弹丸相对速度为 Y 轴，YOZ 轴垂直于水平面，Z 轴向上，X 轴根据右手法则确定。

(1) 基坐标向量。设稳定舰艇坐标系下目标速度为 $V_t=[v_{tx},v_{ty},v_{tz}]^{\mathrm{T}}$，弹丸存速为 $V_b=[v_{bx},v_{by},v_{bz}]^{\mathrm{T}}$，则目标与弹丸相对速度 V_r 为

$$V_r=V_t-V_b=[v_{rx},v_{ry},v_{rz}]^{\mathrm{T}} \tag{6.1.17}$$

根据 V_r 可以得到稳定舰艇坐标系下预测迎弹面坐标系的基坐标向量为

$$E_r=[e_{rx},e_{ry},e_{rz}] \tag{6.1.18}$$

其中

$$e_{rx}=\frac{[-v_{ry},v_{rx},0]^{\mathrm{T}}}{|V_r|} \tag{6.1.19}$$

$$e_{ry}=\frac{V_r}{|V_r|} \tag{6.1.20}$$

$$e_{rz}=\frac{\left(v_{rx},v_{ry},|V_r|\sin\theta_{rz}\right)^{\mathrm{T}}}{|V_r|} \tag{6.1.21}$$

$$\theta_{rz} = \arcsin\left(\frac{v_{rz}}{\sqrt{v_{rx}^2 + v_{ry}^2}}\right) + \frac{\pi}{2} \tag{6.1.22}$$

(2) 到稳定舰艇坐标系的变换矩阵。预测迎弹面坐标系下的坐标变换到稳定舰艇坐标系下坐标的变换矩阵 C_{rs} 为

$$C_{rs} = E_r \tag{6.1.23}$$

稳定舰艇坐标系下的坐标变换到预测迎弹面坐标系下坐标的变换矩阵 C_{sr} 为

$$C_{sr} = E_r^{-1} \tag{6.1.24}$$

2. 不相关误差合成

在未来空域窗射击体制中，通常以预测目标未来点为坐标原点 O，在预测面内建立直角坐标系 OXZ， X 为炮弹散布椭圆主轴， Z 垂直于 X 轴，来分析预测命中点误差特性，其中包括炮弹不相关误差散布在 X 轴和 Z 轴的概率误差 E_{X_1}、 E_{Z_1}，以及炮弹相关误差散布在 X 轴和 Z 轴的概率误差 E_{X_2}、 E_{Z_2}。

1) 随机误差

(1) 射弹散布误差。射弹散布误差一般通过立靶精度描述，即方向立靶精度 $\sigma_{d,\beta}$ 与高低立靶精度 $\sigma_{d,\varepsilon}$ (角量)，用提前点作为弹丸落点的估计，将立靶精度转换为线量，有

$$\begin{cases} \sigma_{d,x} = d_p \sigma_{d,\varepsilon} \\ \sigma_{d,z} = D_p \sigma_{d,\beta} \end{cases} \tag{6.1.25}$$

其中， d_p 为目标提前点水平距离； D_p 为目标提前点斜距。

因此，稳定舰艇坐标系下的射弹散布误差协方差矩阵 R_d 为

$$R_d = C_{bs} \begin{bmatrix} \sigma_{d,x}^2 & 0 & 0 \\ 0 & 0 & 0 \\ 0 & 0 & \sigma_{d,z}^2 \end{bmatrix} C_{bs}^{\mathrm{T}} \tag{6.1.26}$$

(2) 随动系统误差。随动系统误差一般分为静态误差、等速跟踪误差、正弦跟踪误差及射击跟踪误差。一般而言，射击跟踪误差取值最大。由于未来空域窗射击过程中火炮需要不断跟踪目标，因此在计算随动系统误差时可以直接取射击跟踪误差作为随动系统误差的取值。

设随动系统误差的方向角误差为 $\sigma_{f\beta}$ ，高低角误差为 $\sigma_{f\varepsilon}$ 。将角误差转换为线误差，之后变换至稳定舰艇坐标系内，分别得到误差协方差矩阵，最后合

成为随动系统误差协方差矩阵。

随动系统误差的方向角误差引起的线误差协方差矩阵 $R_{f\beta}$ 为

$$R_{f\beta} = C_{bs}\begin{bmatrix} d_p\sigma_{f\beta} & & \\ & 0 & \\ & & 0 \end{bmatrix} C_{bs}^{\mathrm{T}} \tag{6.1.27}$$

随动系统误差的高低角误差引起的线误差协方差矩阵 $R_{f\varepsilon}$ 为

$$R_{f\varepsilon} = C_{bs}\begin{bmatrix} 0 & & \\ & \sigma_{f\varepsilon}\,\Delta d_p & \\ & & \sigma_{f\varepsilon}\,\Delta h_p \end{bmatrix} C_{bs}^{\mathrm{T}} \tag{6.1.28}$$

其中，Δd_p 为高低角变化引起的提前点水平距离变化，Δh_p 为高低角变化引起的提前点高度变化，均可根据射表得到。

将 $R_{f\beta}$ 与 $R_{f\varepsilon}$ 合成，可以得到稳定舰艇坐标系下随动系统误差协方差矩阵 R_{fs} 为

$$R_{fs} = R_{f\beta} + R_{f\varepsilon} \tag{6.1.29}$$

(3) 误差合成。不相关误差包括射弹散布误差、随动系统误差，将上述误差合成为不相关误差的协方差矩阵 R_u 为

$$R_u = R_d + R_{fs} \tag{6.1.30}$$

2) 预测迎弹面内投影

将不相关误差投影到预测迎弹面，即合成协方差矩阵的 X 轴与 Z 轴分量。

首先将稳定舰艇坐标系下的不相关误差协方差矩阵变换到预测迎弹面坐标系下，得到预测迎弹面坐标系下的不相关误差协方差矩阵，即

$$R_{ur} = C_{sr} R_u C_{sr}^{\mathrm{T}} \tag{6.1.31}$$

然后对不相关误差协方差矩阵进行特征值分解，有

$$R_{ur} = P_u \Lambda_u \Lambda_u^{\mathrm{T}} P_u^{\mathrm{T}} \tag{6.1.32}$$

其中，P_u 为正交矩阵，其列向量为特征向量；$\Lambda_u = \mathrm{diag}(\sqrt{\lambda_u})$ 为特征值平方根矩阵。

矩阵 $P_u\Lambda_u$ 的列向量即不相关误差在预测迎弹面坐标系的三个分量，因此可以得到预测迎弹面内的不相关误差 $[\sigma_{x1},\sigma_{z1}]^{\mathrm{T}}$ 为

$$[\sigma_{x1},\sigma_{z1}]^{\mathrm{T}} = \begin{bmatrix} 1 & 0 & 0 \\ 0 & 0 & 1 \end{bmatrix} P_u \Lambda_u \begin{bmatrix} 1 \\ 1 \\ 1 \end{bmatrix} \tag{6.1.33}$$

转换为概率误差，有

$$[E_{x1},E_{z1}]^{\mathrm{T}}=\sqrt{2}\rho[\sigma_{x1},\sigma_{z1}]^{\mathrm{T}} \tag{6.1.34}$$

3. 相关误差合成

相关误差主要由跟踪滤波误差、随动系统误差、捷联误差与气象修正误差组成，首先分别求这些误差在稳定舰艇坐标系下的协方差矩阵，合成为稳定舰艇坐标系下的相关误差协方差矩阵，然后变换到预测迎弹面坐标系内，最后求解预测迎弹面内的相关误差。

1) 随机误差

(1) 跟踪滤波误差。对于以卡尔曼滤波进行目标跟踪的方法，在滤波过程中，可以得到目标现在点的跟踪滤波协方差矩阵 $P(t_0)$，当求解得到弹丸飞行时间 t_f 后，可以构建基于时间间隔 t_f 的状态转移矩阵 $\Phi(t_f)$，进而得到 t_f 时刻的跟踪滤波协方差矩阵预测值 $P(t_f)$，即

$$P(t_f)=\Phi(t_f)P(t_0)\Phi^{\mathrm{T}}(t_f) \tag{6.1.35}$$

然后构建从状态空间到稳定舰艇坐标系的转换矩阵 H_ϕ，设跟踪滤波状态向量为 $X(t)$，则 H_ϕ 使

$$[x_t,y_t,z_t]^{\mathrm{T}}=H_\phi X(t) \tag{6.1.36}$$

其中，$[x_t,y_t,z_t]^{\mathrm{T}}$ 为跟踪滤波得到的目标位置。

从而得到提前点的跟踪滤波误差协方差矩阵 $R_{ft}(t_f)$，即

$$R_{ft}(t_f)=H_\phi\Phi(t_f)P(t_0)\Phi^{\mathrm{T}}(t_f)H_\phi^{\mathrm{T}} \tag{6.1.37}$$

(2) 捷联误差。捷联向火控系统提供舰艇航速、航向及姿态(纵横摇)信息。对于单个舰艇，通过稳定舰艇坐标系描述目标位置，因此在舰艇匀速运动的条件下，火控解算过程中不涉及舰艇航速、航向信息。而舰艇纵横摇角度的误差将引起火控诸元的误差。

设舰艇纵摇角真值为 ϕ，误差为 σ_ϕ，横摇角真值为 ψ，误差为 σ_ψ，由捷联输出的纵横摇观测值 ϕ^* 与 ψ^* 服从正态分布，有 $\phi^*\sim N(\phi,\sigma_\phi^2)$ 及 $\psi^*\sim N(\psi,\sigma_\psi^2)$。

理想情况下，通过纵横摇真值得到从稳定舰艇坐标系到不稳定舰艇坐标系的变换矩阵，进而得到理想的火控诸元 $[\beta_u,\varepsilon_u]^{\mathrm{T}}$，有

$$[\beta_s,\varepsilon_s]^{\mathrm{T}}\xrightarrow{C_{su}(\phi,\psi)}[\beta_u,\varepsilon_u]^{\mathrm{T}} \tag{6.1.38}$$

其中，$[\beta_s,\varepsilon_s]^{\mathrm{T}}$ 是稳定舰艇坐标系下的射击诸元；$C_{su}(\phi,\psi)$ 是根据纵横摇真值得到的稳定舰艇坐标系到不稳定舰艇坐标系的变换矩阵。

而在实际火控解算中，只能通过纵横摇观测值将稳定舰艇坐标系下的射击诸元变换至不稳定舰艇坐标系，有

$$[\beta_s,\varepsilon_s]^{\mathrm{T}} \xrightarrow{C_{su}^*(\phi^*,\psi^*)} [\beta_u^*,\varepsilon_u^*]^{\mathrm{T}} \tag{6.1.39}$$

其中，$C_{su}^*(\phi^*,\psi^*)$是根据纵横摇观测值得到的稳定舰艇坐标系到不稳定舰艇坐标系的变换矩阵；$[\beta_u^*,\varepsilon_u^*]^{\mathrm{T}}$是根据纵横摇观测值变换得到的实际射击诸元(射击方向角、射击高低角)。

因此，有捷联误差导致的火控诸元误差σ_β与σ_ε，即

$$\begin{cases}\sigma_\beta^2 = D(\beta) = E[(\beta_u^* - \beta_u)^2] \\ \sigma_\varepsilon^2 = D(\varepsilon) = E[(\varepsilon_u^* - \varepsilon_u)^2]\end{cases} \tag{6.1.40}$$

由于变换关系复杂，难以直接得到σ_β与σ_ε关于捷联误差σ_ϕ与σ_ψ的解析形式，这里通过统计模拟法计算σ_β与σ_ε。

首先，以纵横摇观测值ϕ^*与ψ^*作为各自期望的估计，结合捷联误差σ_ϕ与σ_ψ，生成N个服从对应正态分布的纵横摇随机值$[\phi_i^*,\psi_i^*]$。

然后，对于每一个$[\phi_i^*,\psi_i^*]$，计算对应的变换矩阵$C_{su,i}^*\left(\phi_i^*,\psi_i^*\right)$，将稳定舰艇坐标系下的射击诸元$[\beta_s,\varepsilon_s]^{\mathrm{T}}$变换至不稳定舰艇坐标系下，得到$[\beta_{u,i}^*,\varepsilon_{u,i}^*]^{\mathrm{T}}$作为样本。

根据纵横摇观测值ϕ^*与ψ^*，计算对应的变换矩阵$C_{su}^*(\phi^*,\psi^*)$，将稳定舰艇坐标系下的射击诸元$[\beta_s,\varepsilon_s]^{\mathrm{T}}$变换至不稳定舰艇坐标系下，得到$[\beta_u^*,\varepsilon_u^*]^{\mathrm{T}}$。

以射击诸元的样本标准差作为各自均方差的估计，有

$$\begin{cases}\sigma_\beta^* = \sqrt{\dfrac{1}{N-1}\displaystyle\sum_{i=1}^{N}(\beta_{u,i}^* - \beta_u^*)^2} \\ \sigma_\varepsilon^* = \sqrt{\dfrac{1}{N-1}\displaystyle\sum_{i=1}^{N}(\varepsilon_{u,i}^* - \varepsilon_u^*)^2}\end{cases} \tag{6.1.41}$$

从而得到捷联误差引起的射击诸元误差估计值σ_β^*与σ_ε^*。

得到射击诸元误差σ_β与σ_ε后，需要将角误差变换为线误差，进而合成为捷联误差协方差矩阵。

对于射击方向角误差σ_β，对应的线误差协方差矩阵$R_{td,\beta}$为

$$R_{td,\beta} = C_{bs}\begin{bmatrix} d_p\sigma_\beta & & \\ & 0 & \\ & & 0\end{bmatrix}C_{bs}^{\mathrm{T}} \tag{6.1.42}$$

对于射击高低角误差 σ_ε，对应的线误差协方差矩阵为

$$R_{td,\varepsilon} = C_{bs}\begin{bmatrix} 0 & & \\ & \sigma_\varepsilon \Delta d_p & \\ & & \sigma_\varepsilon \Delta h_p \end{bmatrix} C_{bs}^{\mathrm{T}} \tag{6.1.43}$$

合成得到稳定舰艇坐标系下的捷联误差协方差矩阵为

$$R_{td} = R_{td,\beta} + R_{td,\varepsilon} \tag{6.1.44}$$

(3) 气象修正误差。气象修正误差包括初速准备误差 σ_{v0}、空气密度准备误差 σ_ρ、纵风准备误差 σ_{wd} 和横风准备误差 σ_{wz}。未来空域窗射击时间的数量级在秒级，因此可以认为气象修正误差是相关误差。首先将上述误差乘以相应的修正量得到线误差，然后分别求取误差协方差矩阵，最后合成气象修正误差。

根据射表可以得到初速变化 1%在射击距离上的单位修正量为 f_{dv0}，在射击高度上的单位修正量为 f_{hv0}；空气密度变化 10%在射击距离上的单位修正量为 $f_{d\rho}$，在射击高度上的单位修正量为 $f_{h\rho}$；纵风 10m/s 在射击距离上的单位修正量为 f_{dwd}，在射击高度上的单位修正量为 f_{hwd}；横风 10m/s 在射击方向上的单位修正量为 $f_{\beta wd}$。气象修正误差与单位修正量相乘即可得到对应方向上的气象修正误差线误差，按照线误差的大小乘以对应方向的基坐标矩阵，之后可以转换为协方差矩阵，最后将得到的所有协方差矩阵合成为气象修正误差矩阵(协方差矩阵)。

初速准备误差在射击距离上的误差协方差矩阵 R_{dv0} 为

$$R_{dv0} = C_{bs}\begin{bmatrix} 0 & & \\ & \sigma_{v0} f_{dv0} & \\ & & 0 \end{bmatrix} C_{bs}^{\mathrm{T}} \tag{6.1.45}$$

初速准备误差在射击高度上的误差协方差矩阵 R_{hv0} 为

$$R_{hv0} = C_{bs}\begin{bmatrix} 0 & & \\ & 0 & \\ & & \sigma_{v0} f_{hv0} \end{bmatrix} C_{bs}^{\mathrm{T}} \tag{6.1.46}$$

空气密度准备误差在射击距离上的误差协方差矩阵 $R_{d\rho}$ 为

$$R_{d\rho} = C_{bs}\begin{bmatrix} 0 & & \\ & \sigma_\rho f_{d\rho} & \\ & & 0 \end{bmatrix} C_{bs}^{\mathrm{T}} \tag{6.1.47}$$

空气密度准备误差在射击高度上的误差协方差矩阵 $R_{h\rho}$ 为

$$R_{h\rho} = C_{bs} \begin{bmatrix} 0 & & \\ & 0 & \\ & & \sigma_\rho f_{h\rho} \end{bmatrix} C_{bs}^{\mathrm{T}} \tag{6.1.48}$$

纵风准备误差在射击距离上的误差协方差矩阵 R_{dwd} 为

$$R_{dwd} = C_{bs} \begin{bmatrix} 0 & & \\ & 0.1\sigma_{wd} f_{dwd} & \\ & & 0 \end{bmatrix} C_{bs}^{\mathrm{T}} \tag{6.1.49}$$

纵风准备误差在射击高度上的误差协方差矩阵 R_{hwd} 为

$$R_{hwd} = C_{bs} \begin{bmatrix} 0 & & \\ & 0 & \\ & & 0.1\sigma_{wd} f_{hwd} \end{bmatrix} C_{bs}^{\mathrm{T}} \tag{6.1.50}$$

横风准备误差在射击方向上的误差协方差矩阵 R_{xwz} 为

$$R_{xwz} = C_{bs} \begin{bmatrix} 0.1 d_p \sigma_{wz} f_{xwz} & & \\ & 0 & \\ & & 0 \end{bmatrix} C_{bs}^{\mathrm{T}} \tag{6.1.51}$$

将上述所有协方差矩阵合成，得到气象修正误差协方差矩阵为

$$R_{mc} = R_{dv0} + R_{hv0} + R_{d\rho} + R_{h\rho} + R_{dwd} + R_{hwd} + R_{xwz} \tag{6.1.52}$$

(4) 误差合成。将跟踪滤波误差、捷联误差与气象修正误差的协方差矩阵相加，可以得到稳定舰艇坐标系下的相关误差的协方差矩阵 R_c 为

$$R_c = R_{ft} + R_{td} + R_{mc} \tag{6.1.53}$$

2) 系统误差

在相关误差的计算中，还需要考虑相关误差的系统误差，相关误差的系统误差主要包括观测误差系统误差与机械零位校正误差。

(1) 观测误差系统误差。观测误差的系统误差通过距离误差 $\mu_{D,ob}$、方向误差 $\mu_{\beta,ob}$ 及高低误差 $\mu_{\varepsilon,ob}$ 描述。

设稳定舰艇坐标系下，观测误差的系统误差 $\varXi_{ob}$ 为

$$\varXi_{ob} = \begin{bmatrix} \sin\varepsilon \cdot \mu_{D,ob} + D \cdot \cos\varepsilon \cdot \mu_{\varepsilon,ob} \\ \cos\varepsilon \cdot \cos\Delta q \cdot \mu_{D.ob} + D \cdot \sin\varepsilon \cdot \cos\Delta q \cdot \mu_{\varepsilon,ob} + D \cdot \sin\Delta q \cdot \mu_{\beta,ob} \\ \cos\varepsilon \cdot \sin\Delta q \cdot \mu_{D,ob} + D \cdot \sin\varepsilon \cdot \sin\Delta q \cdot \mu_{\varepsilon,ob} + D\cos\Delta q \cdot \mu_{\beta,ob} \end{bmatrix} \tag{6.1.54}$$

(2) 机械零位校正误差。机械零位校正误差包括方位角误差 $\mu_{\beta,mz}$ 与高低角误差 $\mu_{\varepsilon,mz}$。在射弹坐标系下，将机械零位校正误差转换成线量，有 $\varXi_{mz,b}$，即

$$\varXi_{mz,b}=\begin{bmatrix}d_p\mu_{\beta,mz}\\ \mu_{\varepsilon,mz}\Delta d_p\\ \mu_{\varepsilon,mz}\Delta h_p\end{bmatrix} \tag{6.1.55}$$

将 $\varXi_{mz,b}$ 变换至稳定舰艇坐标系下，得到 $\varXi_{mz}$ 为

$$\varXi_{mz}=C_{bs}\varXi_{mz,b}=C_{bs}\begin{bmatrix}d_p\mu_{\beta,mz}\\ \mu_{\varepsilon,mz}\Delta d_p\\ \mu_{\varepsilon,mz}\Delta h_p\end{bmatrix} \tag{6.1.56}$$

(3) 误差合成。将观测误差系统误差 $\varXi_{ob}$ 与机械零位校正误差 $\varXi_{mz}$ 合成，得到相关误差系统误差 $\varXi_c$ 为

$$\varXi_c=\varXi_{ob}+\varXi_{mz} \tag{6.1.57}$$

3) 预测迎弹面内投影

将相关误差投影到预测迎弹面，即合成协方差矩阵的 X 轴与 Z 轴分量。

(1) 随机误差。首先将稳定舰艇坐标系下的相关误差协方差矩阵变换到预测迎弹面坐标系下，得到预测迎弹面坐标系下的相关误差协方差矩阵为

$$R_{cr}=C_{sr}R_cC_{sr}^{\mathrm{T}} \tag{6.1.58}$$

然后对相关误差协方差矩阵进行特征值分解，有

$$R_{cr}=P_c\varLambda_c\varLambda_c^{\mathrm{T}}P_c^{\mathrm{T}} \tag{6.1.59}$$

其中，P_c 为正交矩阵，其列向量为特征向量；$\varLambda_c=\mathrm{diag}(\sqrt{\lambda_c})$ 为特征值平方根矩阵。

矩阵 $P_c\varLambda_c$ 的列向量即相关误差在预测迎弹面坐标系的三个分量，因此可以得到预测迎弹面内的相关误差均方差为

$$[\sigma_{x2},\sigma_{z2}]^{\mathrm{T}}=\begin{bmatrix}1&0&0\\0&0&1\end{bmatrix}P_c\varLambda_c\begin{bmatrix}1\\1\\1\end{bmatrix} \tag{6.1.60}$$

(2) 系统误差。将稳定舰艇坐标系下的相关误差系统误差 $\varXi_c$ 变换至预测迎弹面坐标系下后，投影至预测迎弹面内，得到预测迎弹面内的相关误差系统误差为

$$[\mu_{x2},\mu_{z2}]^{\mathrm{T}}=\begin{bmatrix}1&0&0\\0&0&1\end{bmatrix}C_{sr}\varXi_c \tag{6.1.61}$$

为方便计算，可以直接将相关误差的期望与均方差相加，从而转换为概率误差得到

$$[E_{x2},E_{z2}]^{\mathrm{T}}=\sqrt{2}\rho[\sigma_{x2}+\mu_{x2},\sigma_{z2}+\mu_{z2}]^{\mathrm{T}} \tag{6.1.62}$$

4. 仿真分析

以目标做跃升俯冲运动为例，假设目标在距离我舰 6km 时开始跃升至高度 80m(距我舰水平距离 3.5km)，以 20°俯冲角俯冲攻击。采用无迹卡尔曼滤波方法，并设跟踪雷达距离误差为σ_{Dt}、方位角误差为$\sigma_{\beta t}$、高低角误差为$\sigma_{\varepsilon t}$。下面分析$\sigma_{d,\beta}$、$\sigma_{d,\varepsilon}$、$\sigma_{f\beta}$、$\sigma_{f\varepsilon}$、σ_{β}、σ_{ε}等参数变化对未来空域窗的影响，包括未来空域窗预测命中点误差特性不相关误差$[E_{x1},E_{z1}]$和相关误差$[E_{x2},E_{z2}]$、未来空域窗可实现的毁伤目标概率的上界$P_{n,\omega}$、集火射击时毁伤概率$P_{n,\omega,o}$，并与通过统计模拟法得到的毁伤概率P_s进行比较。其中，D_p取 1km、n取 225(对于未来空域窗射击，为 15×15 的空域窗)，未来空域窗根据网状配置；统计模拟法置信概率$\alpha=95.4\%$，置信限ε取 0.05。各初值变化如表 6.1.1 所示。

表 6.1.1　仿真初值

类型	项目	数值
舰炮精度	$\sigma_{d,\beta}$ /mrad	0.1，1.0，3.0
	$\sigma_{d,\varepsilon}$ /mrad	0.3，1.5，5.0
捷联精度	σ_{β} /mrad	0.1，0.7，1.5
	σ_{ε} /mrad	0.1，0.7，1.5
随动系统精度	$\sigma_{f\beta}$ /mrad	1.0，3.0，5.0
	$\sigma_{f\varepsilon}$ /mrad	1.0，3.0，5.0
机械零位校正后误差	$\mu_{\beta,mz}$ /mrad	0.1，0.8，1.0
	$\mu_{\varepsilon,mz}$ /mrad	0.1，0.8，1.0
跟踪雷达随机误差	$\mu_{\beta t}$ /mrad	0.8，1.0，1.5
	$\mu_{\varepsilon t}$ /mrad	0.8，1.0，1.5
	μ_{Dt} /m	3，8，15
跟踪雷达系统误差	$\mu_{\beta s}$ /mrad	0.4，0.7，1.0
	$\mu_{\varepsilon s}$ /mrad	0.4，0.7，1.0
	μ_{Ds} /m	3，4，5
弹道气象准备误差	σ_{v0}	0.1%，0.5%，1.0%
	σ_{ρ}	1.0%，1.5%，2.0%
	σ_{wd} /(m/s)	1.5，2.5，3.0
	σ_{wz} /(m/s)	1.5，2.5，3.0

(1) 武器参数。以射击范围在 300～1500m 的小口径舰炮为例，设小口径舰炮射速 6000 发/min，毁伤目标所需的弹药数量期望为 1.0 发，立靶精度为 1.0mard(水平)、1.5mard(竖直)。

(2) 目标参数。目标为反舰导弹，弹长 6m，弹径 0.37m。把参数的中间取值定为基准值，即在每次计算中，参数中最多只有一个误差因素的初值取非基准值，而其他参数均取基准值。在给定初值的条件下计算结果如表 6.1.2 所示。

表 6.1.2　各种误差参数对未来空域窗的影响

误差参数	各参数基准值				不相关误差		相关误差		$P_{n,\omega}$	P_s	$P_{n,\omega,o}$
					E_{x1}	E_{z1}	E_{x2}	E_{z2}			
					1.58	0.54	2.16	1.44	0.90	0.88	0.73
E_d	$\sigma_{d,\beta}$		$\sigma_{d,\varepsilon}$								
	0.1		0.3		1.43	0.27	2.12	1.44	0.90	0.89	0.64
	3.0		5.0		2.75	1.44	2.15	1.44	0.89	0.86	0.88
E_{fs}	$\sigma_{f\beta}$		$\sigma_{f\varepsilon}$								
	1.0		1.0		0.85	0.48	2.16	1.44	0.91	0.88	0.69
	5.0		5.0		2.46	0.65	2.16	1.44	0.89	0.88	0.79
E_{td}	σ_{β}		σ_{ε}								
	0.1		0.1		1.58	0.54	2.16	1.44	0.90	0.88	0.73
	1.5		1.5		1.58	0.54	2.16	1.45	0.90	0.88	0.72
E_{mz}	$\mu_{\beta,mz}$		$\mu_{\varepsilon,mz}$								
	0.1		0.1		1.58	0.54	1.83	1.43	0.92	0.90	0.76
	2.0		2.0		1.58	0.54	3.15	1.47	0.82	0.81	0.72
E_{ft}	$\mu_{\beta t}$	$\mu_{\varepsilon t}$	μ_{Dt}								
	0.8	0.8	3.0		1.58	0.54	1.86	0.98	0.98	0.96	0.78
	1.5	1.5	15		1.58	0.54	3.11	1.61	0.80	0.79	0.65
E_{os}	$\mu_{\beta s}$	$\mu_{\varepsilon s}$	μ_{Ds}								
	0.4	0.4	3.0		1.58	0.54	1.81	1.20	0.94	0.93	0.77
	1.0	1.0	5.0		1.58	0.54	2.69	1.84	0.81	0.79	0.72
E_{mc}	σ_{v0}	σ_{ρ}	σ_{wd}	σ_{wz}							
	0.1%	1.0%	1.5	1.5	1.58	0.54	2.15	1.42	0.90	0.88	0.79
	1.0%	2.0%	3.0	3.0	1.58	0.54	2.16	1.52	0.89	0.86	0.71

根据仿真结果，可得到如下结论：

(1) E_d 或 E_{fs} 增大(或减小)，不相关误差随之增大(或减小)，但在未来空域窗射击体制下的毁伤概率变化较小，这意味着 E_d 和 E_{fs} 不是影响未来空域窗的主要误差因素；

(2) E_d 较大时，集火射击的毁伤概率与未来空域窗相当，这意味着当射弹散布误差较大时，集火射击就是一种无规则配置瞄准点的未来空域窗射击；

(3) E_{ft}、E_{td}、E_{mc}、E_{mz}、E_{os} 中的任意一个增大(或减小)，相关误差随之增大(或减小)，但 E_{ft} 的变化对未来空域窗体制下的毁伤概率影响较大，这意味着跟踪滤波误差是炮弹相关误差的主要影响因素，目标机动能力越强，该误差越大，此时未来空域窗射击相对于集火射击优势更明显；

(4) 在误差允许范围内，$P_{n,\omega}$ 与 P_s 基本一致，这说明本书提出的误差分析方法能够反映未来空域窗射击过程中的误差特性变化，验证了该方法的正确性。

5. 小结

本节对系统的射击误差进行分析，首先按照误差对时间的相关程度，按照误差性质分别对误差进行分类，然后将其进行计算合成，投影至预测迎弹面，计算出不同射击误差在预测迎弹面的影响，为后续的设计方法研究提供理论依据并通过基于统计模拟法的仿真验证了结论。以往对于未来空域窗射击体制的研究都是基于给定的误差条件，并没有对射击误差进行深入研究。本节提出了基于线性空间理论的未来空域窗预测命中点误差处理方法，并将其应用于小口径舰炮末端反导的跟踪系统中。

6.1.2 平面内射击瞄准点求解

首先根据目标的外形大小和运动速度，计算在预测迎弹面坐标系下的命中面积。利用最优未来空域窗毁伤概率模型，根据舰炮射击误差合成和命中面积大小，按照网状瞄准点配置方法计算在预测迎弹面各弹丸的瞄准点坐标。

1. 等效命中面积计算

目标命中面积是指弹丸可以击中的目标面积，本系统是研究区域射击方法在反导中的应用，所以主要的打击目标为导弹。由于弹丸在即将命中目标时刻，双方存在相对速度，故其实际等效命中面积应为预测迎弹面坐标系下的命中面积。由于目标外形复杂、多变，不能直接应用命中概率的解析计算模型，必须采用等面积替代法处理命中面积，即用规则目标命中面积近似代替实际在预测迎弹面的命中面积。

1) 目标等效命中体积

在稳定舰艇坐标系下，目标提前点位置为 $(x_p, y_p, z_p)^{\mathrm{T}}$，提前点速度为 $(v_{xp}, v_{yp}, v_{zp})^{\mathrm{T}}$。以目标外接长方体等效目标命中体积，通过底边高 a、底边宽 b 及目标长度 l 可以确定该长方体的体积。

不考虑目标转动，可以得到目标速度坐标系下等效命中长方体的 8 个顶点坐标为 $\chi = (\chi_1, \cdots, \chi_8)$，有

$$\begin{cases} \chi_1 = (-a/2, -b/2, l/2)^{\mathrm{T}} \\ \chi_2 = (-a/2, b/2, l/2)^{\mathrm{T}} \\ \chi_3 = (a/2, -b/2, l/2)^{\mathrm{T}} \\ \chi_4 = (a/2, b/2, l/2)^{\mathrm{T}} \\ \chi_5 = (-a/2, -b/2, -l/2)^{\mathrm{T}} \\ \chi_6 = (-a/2, b/2, -l/2)^{\mathrm{T}} \\ \chi_7 = (a/2, -b/2, -l/2)^{\mathrm{T}} \\ \chi_8 = (a/2, b/2, -l/2)^{\mathrm{T}} \end{cases} \tag{6.1.63}$$

2) 等效体积顶点在预测迎弹面内投影

首先，将等效命中长方体的 8 个顶点变换到预测迎弹面坐标系下。将稳定舰艇坐标系下的目标速度 V_p 变换到预测迎弹面坐标系下，得到 $V_{p,r}$，有

$$V_{p,r} = C_{sr} V_p \tag{6.1.64}$$

向量 $V_{p,r}$ 确定了目标姿态，以 $V_{p,r}$ 向量建立目标相对速度坐标系，方法同 2.3 节中的目标速度坐标系，其基向量坐标为 E_t^*，进而得到目标相对速度坐标系下的坐标变换到预测迎弹面坐标系下坐标的矩阵 C_{tr}^*，即

$$C_{tr}^* = E_t^* \tag{6.1.65}$$

从而得到预测迎弹面坐标系下的等效命中长方体顶点 χ_r^* 为

$$\chi_r^* = C_{tr}^* \chi \tag{6.1.66}$$

将顶点坐标 χ_r^* 投影到预测迎弹面坐标系的 XOZ 面上，有平面内顶点坐标 χ_r 为

$$\chi_r = (\chi_{r,1}, \cdots, \chi_{r,8}) = \begin{pmatrix} 1 & 0 & 0 \\ 0 & 0 & 1 \end{pmatrix} \chi_r^* \tag{6.1.67}$$

3) 等效凸多边形顶点

将等效体积的所有顶点投影到预测迎弹面内后，可以得到一个由 χ_r 的所有点围成的凸多边形，χ_r 中的部分点在这个凸多边形内，对凸多边形的大小没有影响，如图 6.1.1 所示。

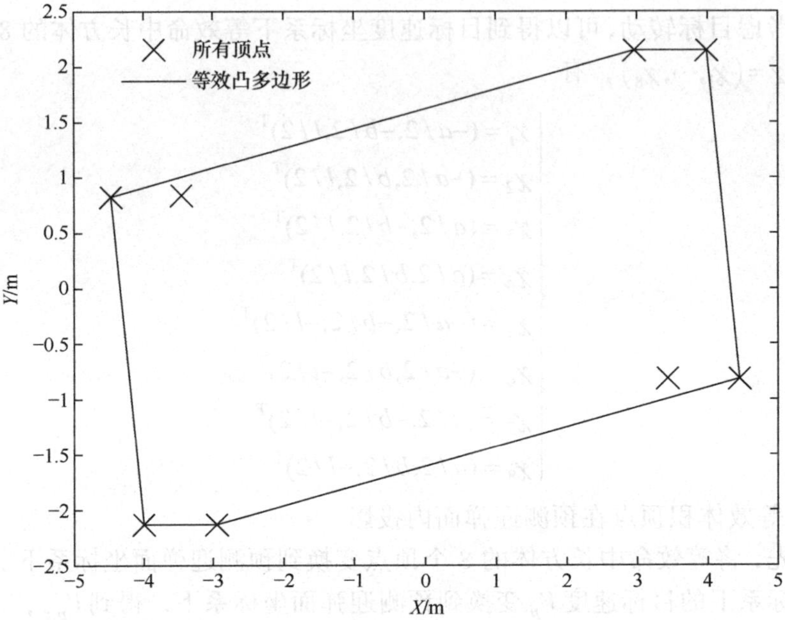

图 6.1.1　等效凸多边形与所有顶点

因此，首先应将 χ_r 中“多余”的点剔除，即将凸多边形的内点剔除，求解能够支撑这一凸多边形的顶点，具体方法如下。

(1) 对于 $\chi_r=[\chi_{r,1},\cdots,\chi_{r,8}]$，构建所有顶点的集合 $\{\chi_{r,i}\}$，求取其中 x 坐标最小的点，即 $\chi_{r,s}=[x_{r,s},z_{r,s}]^{\mathrm{T}}$，对于 $\{\chi_{r,i}\}=\{[x_{r,i},z_{r,i}]\}$，有

$$x_{r,s}=\min\{x_{r,i}\} \tag{6.1.68}$$

若 $\min\{x_{r,i}\}$ 不唯一，则选取 x 坐标等于 $\min\{x_{r,i}\}$ 的点中 z 坐标最小的点。

(2) 将 $\chi_{r,s}$ 作为起点，设起点辐角 $\theta_{r,0}$ 为 $\theta_{r,0}=\pi/2$，对于集合 $X_0=\{\chi_{r,i}\}$，分别求取 $\chi_{r,i}-\chi_{r,s}$ 的辐角 $\theta_{r,0,i}$，有

$$\theta([x,z]^{\mathrm{T}})=\begin{cases}\arctan(z/x), & x>0,z>0\\ \arctan(z/x)+\pi, & x<0\\ \arctan(z/x)+2\pi, & x>0,z>0\end{cases} \tag{6.1.69}$$

计算差值 $\theta_{r,0,i}-\theta_{r,0}$，并将差值角度对齐至 $[0,2\pi)$，有

$$\vartheta_{r,0,i}=F_{\vartheta}(\theta_{r,0,i}-\theta_{r,0}) \tag{6.1.70}$$

其中，$\vartheta_{r,0,i}$ 为对齐至[0,2π)的辐角差值。

求取对应 $\vartheta_{r,0,i}$ 最大值的点 $\chi_{r,j}$，记为 $\chi_{r,j,1}$，并将 $\chi_{r,j}$ 从 X_0 中去除，得到 X_1 为

$$X_1 = X_0 - \left\{\chi_{r,j}\right\} \tag{6.1.71}$$

并构建支撑顶点集合 $X_{B,1} = \left\{\chi_{r,s}, \chi_{r,j}\right\}$。

(3) 对于后续点集 X_k，以及支撑点集 $X_{B,k}$，由前两次得到最大辐角差值的对应点 $\chi_{r,j,k-1}$ 与 $\chi_{r,j,k-2}$，求取起点辐角 $\theta_{r,k}(\chi_{r,j,k-1} - \chi_{r,j,k-2})$，之后求取点集 X_k 中所有点与 $\chi_{r,j,k-1}$ 的差值辐角 $\theta_{r,k,i}$。计算所有差值 $\theta_{r,k,i} - \theta_{r,k}$，并对齐至[0,2π)，即 $\vartheta_{r,k,i}$，求取 $\vartheta_{r,k,i}$ 最大值对应的点，记为 $\chi_{r,j,k}$，进行判断。若 $\chi_{r,j,k} = \chi_{r,s}$，则所有支撑顶点已经得到，$X_k$ 中的所有点都是支撑点组成的凸多边形的内点；否则，从 X_k 中去除 $\chi_{r,j,k}$，得到 $X_{k+1} = X_k - \left\{\chi_{r,j,k}\right\}$，更新 $X_{B,k}$，得到 $X_{B,k+1} = X_{B,k} + \left\{\chi_{r,j,k}\right\}$，之后重复步骤(3)。

4) 等效命中尺寸计算

将目标命中尺寸等效为矩形，可以方便后续毁伤概率、未来空域窗射击瞄准点的计算，因此等效命中尺寸通过矩形的高 B_z (对应 Z 轴)与宽 B_x (对应 X 轴)确定。

设等效凸多边形的面积为 $S(X_B)$，X_B 为等效凸多边形的顶点，则等效命中尺寸应当在面积上等于等效凸多边形，即

$$B_z B_x = S(X_B) \tag{6.1.72}$$

其中，等效凸多边形的面积可通过以下方法计算，如图 6.1.2 所示。

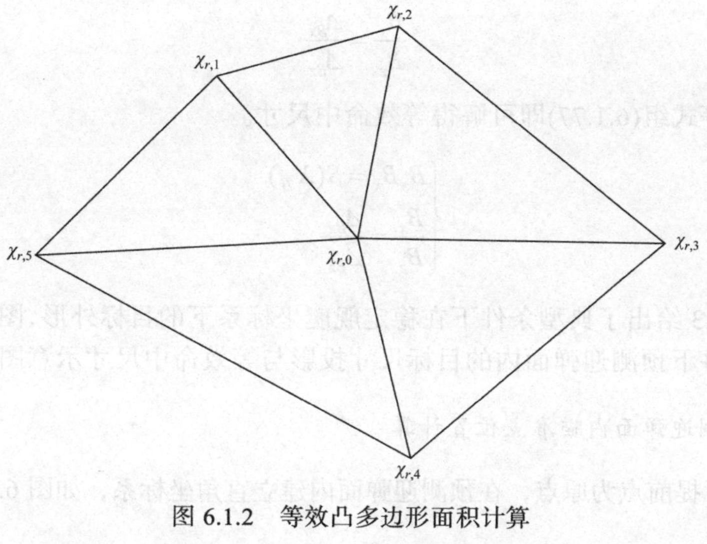

图 6.1.2　等效凸多边形面积计算

(1) 求取等效凸多边形的一个内点 $\chi_{r,0}$，即

$$\chi_{r,0} = \sum_{k=1}^{\|X_B\|} \chi_{r,k} / \|X_B\| \tag{6.1.73}$$

(2) 将等效凸多边形的两个相邻顶点与内点 $\chi_{r,0}$ 连接，构成三角形，共构成 $\|X_B\|$ 个三角形。

(3) 分别计算每个三角形的面积并求和，即可得到等效凸多边形的面积，三角形的面积 S_χ 可以通过式(6.1.74)计算。

$$\begin{cases} S_\chi = \sqrt{l_\chi (l_\chi - l_a)(l_\chi - l_b)(l_\chi - l_c)} \\ l_\chi = (l_a + l_b + l_c)/2 \\ l_a = \left|\chi_{r,i} - \chi_{r,j}\right| \\ l_b = \left|\chi_{r,i} - \chi_{r,0}\right| \\ l_c = \left|\chi_{r,j} - \chi_{r,0}\right| \end{cases} \tag{6.1.74}$$

还需要一组等式即可解出 B_x 与 B_z，设等效凸多边形所有顶点 X 坐标的极差为 Δ_{Bx}，Z 坐标的极差为 Δ_{Bz}，即对于所有 $[x_\chi, z_\chi]^{\mathrm{T}} \in X_B$，有

$$\begin{cases} \Delta_{Bx} = \max(x_\chi) - \min(x_\chi) \\ \Delta_{Bz} = \max(z_\chi) - \min(z_\chi) \end{cases} \tag{6.1.75}$$

等效命中尺寸 B_x 与 B_z 的比例应当和 Δ_{Bx} 与 Δ_{Bz} 的尺寸相等，即

$$\frac{B_x}{B_z} = \frac{\Delta_{Bx}}{\Delta_{Bz}} \tag{6.1.76}$$

从而通过等式组(6.1.77)即可解得等效命中尺寸。

$$\begin{cases} B_z B_x = S(X_B) \\ \dfrac{B_x}{B_z} = \dfrac{\Delta_{Bx}}{\Delta_{Bz}} \end{cases} \tag{6.1.77}$$

图 6.1.3 给出了典型条件下在稳定舰艇坐标系下的目标外形，图 6.1.4 给出了典型条件下预测迎弹面内的目标尺寸投影与等效命中尺寸示意图。

2. 预测迎弹面内瞄准点位置计算

以目标提前点为原点，在预测迎弹面内建立直角坐标系，如图 6.1.5 所示。

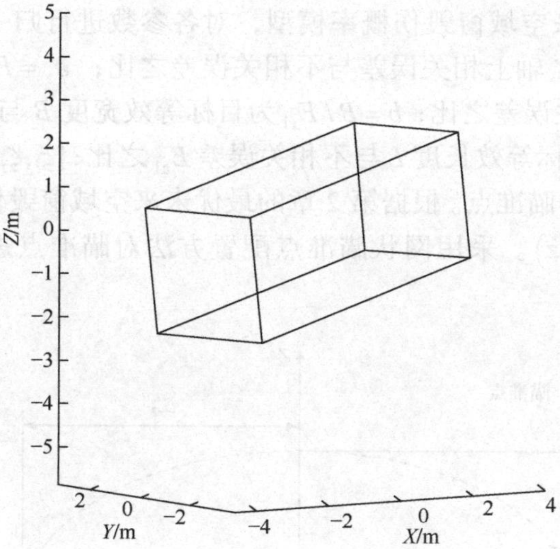

图 6.1.3　稳定舰艇坐标系下的目标外形

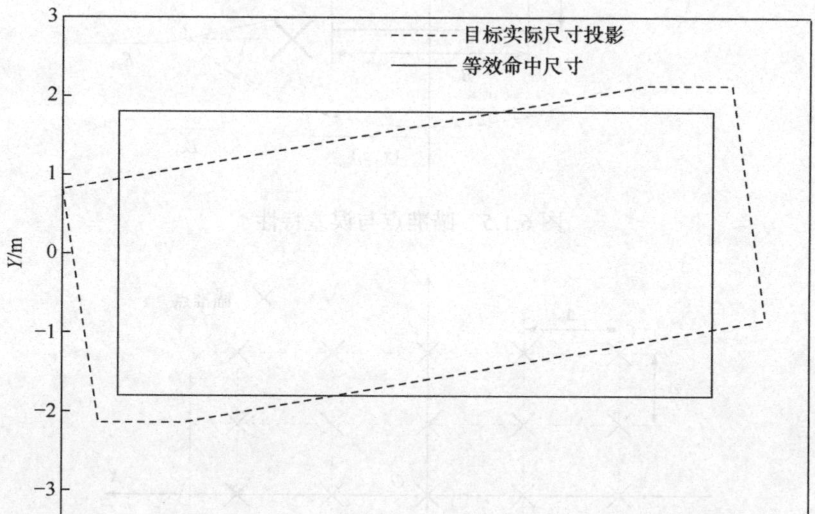

图 6.1.4　预测迎弹面内的目标尺寸投影与等效命中尺寸

E_{x1} 与 E_{z1} 分别为 OX 轴与 OZ 轴上的炮弹不相关误差；E_{x2} 与 E_{z2} 分别为 OX 轴与 OZ 轴上的炮弹相关误差，其大小按 6.1.1 节给出的方法计算，在布置未来空域窗时，其误差的计算选自该窗内最后一发弹丸发射时刻。B 与 L 分别为目标等效宽度与长度，按 6.1.2 节给出的方法计算。$[x_i, z_i](i \in \Gamma)$ 为炮弹瞄准点坐标。舰炮反导射击时，其相关误差与不相关误差一般服从正态分布，为了便于使用最优未来空域窗毁伤概率模型，对各参数进行归一化处理以简化。$\varepsilon_x = E_{x2} / E_{x1}$ 为 OX 轴上相关误差与不相关误差之比；$\varepsilon_z = E_{z2} / E_{z1}$ 为 OZ 轴上相关误差与不相关误差之比；$b = B / E_{x1}$ 为目标等效宽度 B 与不相关误差 E_{x1} 之比；$l = L / E_{z1}$ 为目标等效长度 L 与不相关误差 E_{z1} 之比；$[\xi_i, \zeta_i] = [x_i / E_{x1}, z_i / E_{z1}]$ $(i \in \Gamma)$ 为归一化的瞄准点。根据第 2 章的最优未来空域窗毁伤概率模型可得最优中间函数 $U_o(x,z)$。采用网状瞄准点配置方法对瞄准点进行配置，结果如图 6.1.6 所示。

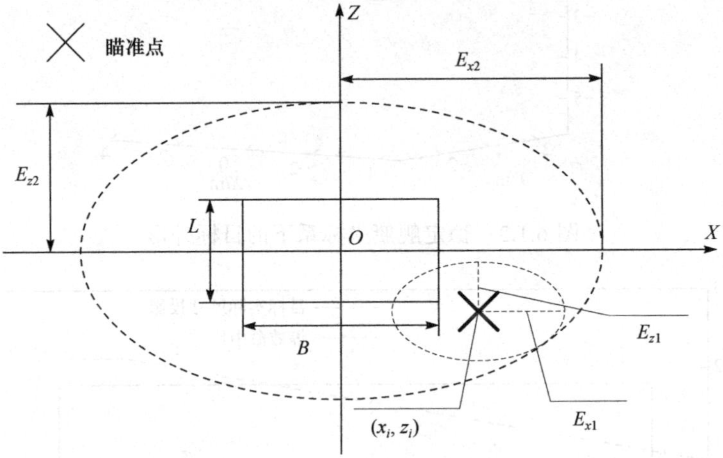

图 6.1.5　瞄准点与误差特性

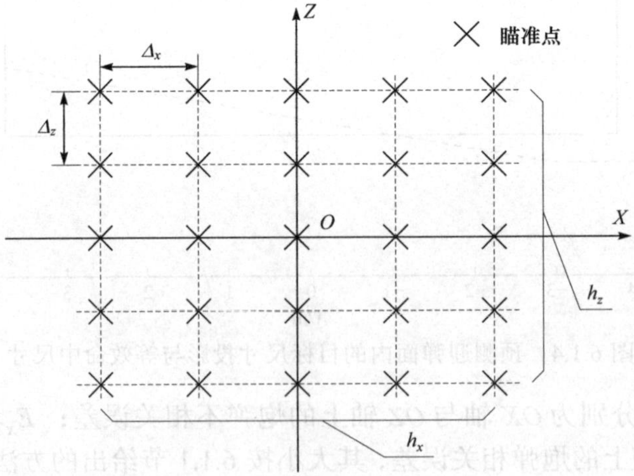

图 6.1.6　网状配置示意图

该配置方法以原点为中心，等间隔地在 OX 方向与 OZ 方向分别布置 h_x 与

h_z个瞄准点，其间隔为$\varDelta_x$与$\varDelta_z$，并且有$h_x h_z = n$，n为该空域窗内瞄准点总数，此处设其为定值n_s。因此，这种瞄准点配置方法只需要四个参数h_x、h_z、$\varDelta_x$、$\varDelta_z$就可以确定，得到该面内瞄准点坐标$[x_{i,j}, z_{i,j}]$，其中i、j为该面内瞄准点次序编号。由最优中间函数$U_o(x,z)$，根据瞄准点间隔与瞄准点数量，由第 3 章提出的网状瞄准点配置模型，可以求解得到预测迎弹面内的瞄准点位置(归一化)，有

$$\begin{cases} \xi_{i,j} = (i-1)\varDelta_x + \dfrac{h_x - 1}{2}\varDelta_x \\ \zeta_{i,j} = (j-1)\varDelta_z + \dfrac{h_z - 1}{2}\varDelta_z \end{cases} \tag{6.1.78}$$

再根据射击不相关误差得到非归一化的预测迎弹面内瞄准点位置，有

$$\begin{cases} x_{i,j} = \xi_{i,j} E_{x1} \\ z_{i,j} = \zeta_{i,j} E_{z1} \end{cases} \tag{6.1.79}$$

由于预测迎弹面的原点为目标提前点，因此第(i,j)个瞄准点与目标提前点在预测迎弹面内的偏差$(\Delta x_{v,i,j}, \Delta y_{v,i,j}, \Delta z_{v,i,j})$为

$$\begin{cases} \Delta x_{v,i,j} = x_{i,j} \\ \Delta y_{v,i,j} = y_{i,j} \\ \Delta z_{v,i,j} = 0 \end{cases} \tag{6.1.80}$$

6.1.3　射击诸元解算

1. 命中方程组

对空间预测迎弹面内已配置好的瞄准点进行打击，其实质是解命中方程组，与常规解命中方程组不同的是，引入瞄准点位置偏差修正，在地理直角坐标系中建立解命中方程组如式(6.1.81)所示：

$$\begin{cases} x_{q,i,j} = x_{0,i,j} + (v_{mx,i,j} - v_{wx})(t_f + T) + \dfrac{1}{2} a_{mx,i,j} (t_f + T)^2 + \Delta x_{cp} + \Delta x_{i,j} \\ y_{q,i,j} = y_{0,i,j} + (v_{my,i,j} - v_{wy})(t_f + T) + \dfrac{1}{2} a_{my,i,j} (t_f + T)^2 + \Delta y_{cp} + \Delta y_{i,j} \\ z_{q,i,j} = z_{0,i,j} + (v_{mz,i,j} - v_{wz})(t_f + T) + \dfrac{1}{2} a_{mz,i,j} (t_f + T)^2 + \Delta z_{cp} + \Delta z_{i,j} \end{cases} \tag{6.1.81}$$

其中，$[x_{0,i,j}, y_{0,i,j}, z_{0,i,j}]$、$[v_{mx,i,j}, v_{my,i,j}, v_{mz,i,j}]$、$[a_{mx,i,j}, a_{my,i,j}, a_{mz,i,j}]$分别为舰炮射

击第 (i,j) 个瞄准点时目标现在点坐标、目标运动速度、加速度；$[x_{q,i,j},y_{q,i,j},z_{q,i,j}]$ 为第 (i,j) 个瞄准点在地理直角坐标系中的坐标(目标提前点坐标)；$[\Delta x_{i,j},\Delta y_{i,j},\Delta z_{i,j}]$ 为引入的瞄准点位置偏差修正，其偏差是在稳定舰艇参考坐标系中；$[\Delta x_{cp},\Delta y_{cp},\Delta z_{cp}]$ 为舰艇的观炮间隔；t_f 为弹丸从发射到命中目标的飞行间隔时间；T 为火控计算时间修正。

2. 瞄准点位置偏差转换

稳定舰艇参考坐标系中的瞄准点位置偏差 $[\Delta x_{i,j},\Delta y_{i,j},\Delta z_{i,j}]$ 由预测迎弹面内的瞄准点与目标提前点偏差 $[\Delta x_{v,i,j},\Delta y_{v,i,j},\Delta z_{v,i,j}]$ 转换而来，其坐标变换方法具体步骤如下。

首先，将跟踪滤波目标得到来袭导弹与弹丸存速的相对速度 V_r 在相对地理参考坐标系下分解成三垂直分量 $[V_x,V_y,V_z]$，如图 6.1.7 所示。

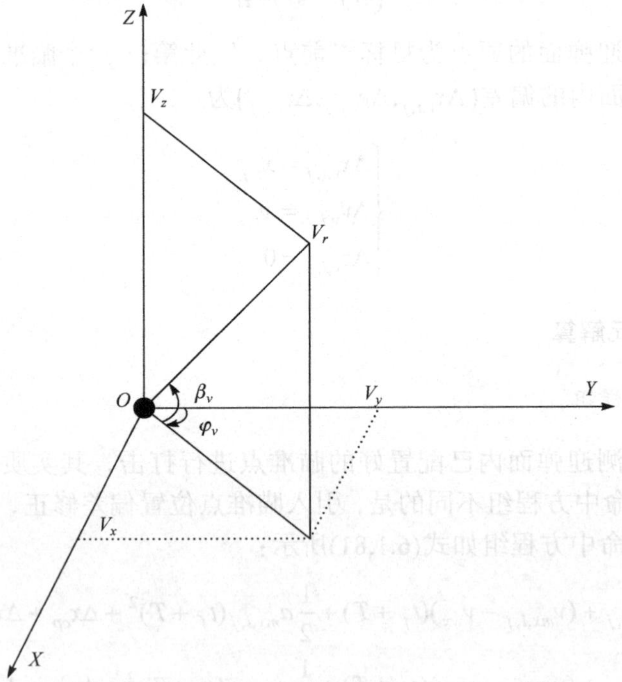

图 6.1.7　相对速度在稳定舰艇坐标系下分解

由 $[V_x,V_y,V_z]$ 分别得到如图 6.1.7 所示的 β_v 和 φ_v 大小。

$$\beta_v = \arctan\frac{V_z}{(V_x^2+V_y^2)^{1/2}} \tag{6.1.82}$$

$$\varphi_v=\begin{cases}\arctan\dfrac{V_x}{V_y}, & V_y>0\\ +\dfrac{\pi}{2}, & V_y=0,V_x>0\\ -\dfrac{\pi}{2}, & V_y=0,V_x<0\\ \arctan\dfrac{V_x}{V_y}-\pi, & V_y<0,V_x<0\\ \arctan\dfrac{V_x}{V_y}+\pi, & V_y<0,V_x\geqslant 0\end{cases}\tag{6.1.83}$$

然后，根据 β_v 、φ_v 和舰艇航向角 C_w 将瞄准点与目标提前点偏差 $[\Delta x_{v,i,j},\Delta y_{v,i,j},\Delta z_{v,i,j}]$ 由预测迎弹面坐标系 $O\text{-}X_vY_vZ_v$ 转化为稳定舰艇参考坐标系 $O\text{-}XYZ$ 。

步骤一：将预测迎弹面 $O\text{-}X_vY_vZ_v$ 绕 X_v 轴旋转 β_v ，如图 6.1.8 所示，即可得到式(6.1.84)：

$$\begin{bmatrix}\Delta X_1\\ \Delta Y_1\\ \Delta Z_1\end{bmatrix}=\begin{bmatrix}\cos\beta_v & 0 & \sin\beta_v\\ 0 & 1 & 0\\ -\sin\beta_v & 0 & \cos\beta_v\end{bmatrix}\begin{bmatrix}\Delta x_{v,i,j}\\ \Delta y_{v,i,j}\\ \Delta z_{v,i,j}\end{bmatrix}\tag{6.1.84}$$

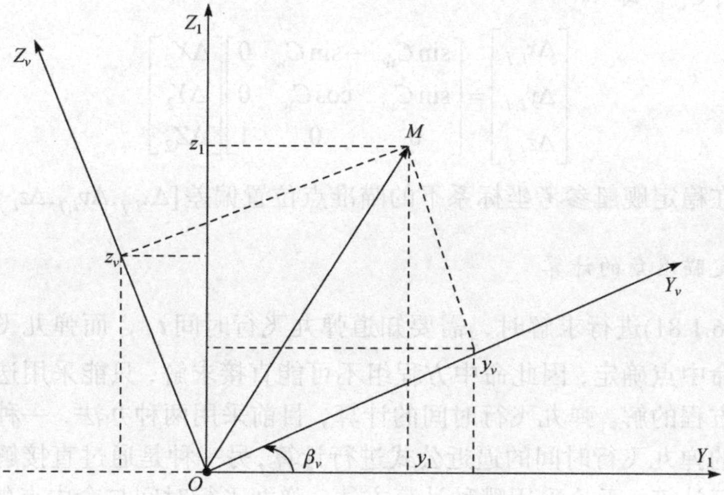

图 6.1.8　预测迎弹面绕 X 轴旋转

步骤二：将式(6.1.84)得到的坐标 $[\Delta X_1,\Delta Y_1,\Delta Z_1]$ 绕 Z_1 轴旋转 φ_v ，如图 6.1.9 所示，即可得到式(6.1.85)：

$$\begin{bmatrix}\Delta X_2\\ \Delta Y_2\\ \Delta Z_2\end{bmatrix}=\begin{bmatrix}1 & 0 & 0\\ 0 & \cos\varphi_v & -\sin\varphi_v\\ 0 & \sin\varphi_v & \cos\varphi_v\end{bmatrix}\begin{bmatrix}\Delta X_1\\ \Delta Y_1\\ \Delta Z_1\end{bmatrix} \tag{6.1.85}$$

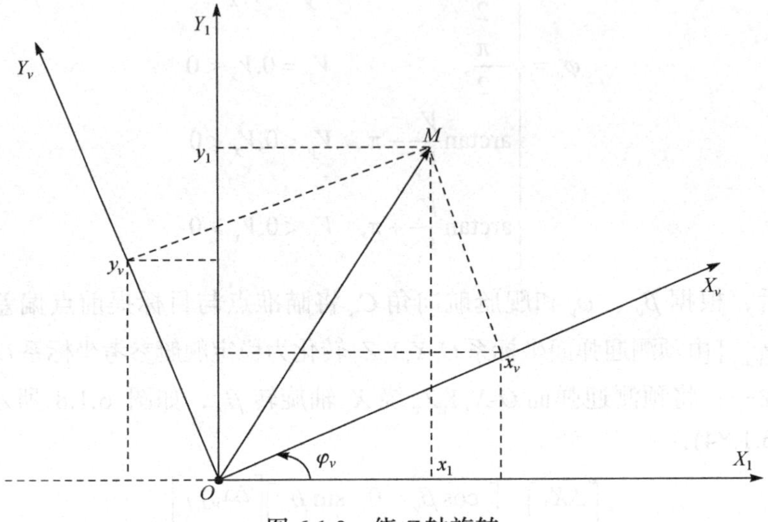

图 6.1.9　绕 Z 轴旋转

步骤三：将式(6.1.85)得到的坐标(ΔX_1 ， ΔY_1 ， ΔZ_1)绕稳定舰艇参考坐标系 Z 轴旋转 C_w ，即

$$\begin{bmatrix}\Delta x_{i,j}\\ \Delta y_{i,j}\\ \Delta z_{i,j}\end{bmatrix}=\begin{bmatrix}\sin C_w & -\sin C_w & 0\\ \sin C_w & \cos C_w & 0\\ 0 & 0 & 1\end{bmatrix}\begin{bmatrix}\Delta X_2\\ \Delta Y_2\\ \Delta Z_2\end{bmatrix} \tag{6.1.86}$$

最终得到在稳定舰艇参考坐标系下的瞄准点位置偏差 $[\Delta x_{i,j},\Delta y_{i,j},\Delta z_{i,j}]$ 。

3. 稳定瞄准角的计算

对式(6.1.81)进行求解时，需要知道弹丸飞行时间 t_f ，而弹丸飞行时间又需要通过命中点确定，因此命中方程组不可能直接求解，只能采用迭代的方法逐次逼近方程的解。弹丸飞行时间的计算，目前采用两种办法，一种是通过由射表得到的弹丸飞行时间的逼近公式进行计算，另一种是通过直接解弹道微分方程组进行计算。无论采用哪种计算方法，弹丸飞行时间与命中点的关系，都是一种非线性函数关系。这里采用射表及逼近公式进行求解。

利用射表方法对公式进行求解得到射击诸元，具体步骤如下：

(1) 命中函数的构造。弹丸飞行时间是命中点的函数，其计算公式是通过对射表中的基本弹道诸元表进行函数逼近后获得的，通常以命中点的斜距和高度或者以命中点的水平距离和高度作为自变量。

(2) 弹道点坐标的确定。这里的弹道点只是一个用于非标准射击条件下确定弹道诸元的虚拟点，其经过几何坐标法的射击条件偏差修正。

(3) 弹道点坐标的计算公式。在弹道气象修正量和有关的弹道诸元计算中，通常采用的是柱坐标系，另外在某些情况下也会用到斜距。因此，在弹道点坐标及弹道诸元的计算中，首先需要确定命中点的柱坐标及未来斜距。当解命中点的方程采用的是直角坐标系时，转换过程为式(6.1.87)：

$$\begin{cases} d_q = \sqrt{x_{q,i,j}^2 + y_{q,i,j}^2} \\ h_q = z_{q,i,j} \\ \beta_q = \arctan(x_{q,i,j} / y_{q,i,j}) \\ D_q = \sqrt{d_q^2 + h_q^2} \end{cases} \tag{6.1.87}$$

在其基础上加入弹道气象修正量得到弹道点坐标，计算公式为

$$\begin{cases} \delta d = -\Delta v_0 f_{dv_0} + 0.1\Delta\rho f_{d\rho} + 0.1 w_d f_{dwd} \\ \delta h = -\Delta v_0 f_{hv0} + 0.1\Delta\rho f_{d\rho} + 0.1 w_d f_{dwd} \\ \delta\beta = 0.1 w_z f_{zw_z} - f_\rho \end{cases} \tag{6.1.88}$$

$$\begin{cases} d_d = d_q + \delta d \\ h_d = h_q + \delta h \\ D_d = \sqrt{d_d^2 + h_d^2} \\ \beta_d = \beta_q + \delta\beta \end{cases} \tag{6.1.89}$$

(4) 命中函数的迭代解法。选取迭代初值 t_f，按式(6.1.81)、式(6.1.87)、式(6.1.88)和式(6.1.89)求解得到弹道点坐标。根据其弹道点坐标，查表得到

$$t_f^{(m+1)} = t_f(d_d^{(m)}) \tag{6.1.90}$$

将得到的 $t_f^{(m+1)}$ 作为初始值继续迭代计算，直到满足弹道点坐标精度要求，停止迭代，其具体流程如图 6.1.10 所示。

根据稳定瞄准角的定义和地理参考坐标系与稳定舰艇参考坐标系之间的关系，可以得到计算公式(6.1.91)：

$$\begin{cases} \beta = B_d - C_w + \Delta\beta_0 \\ \varphi = \arctan\left(\dfrac{h_d + \Delta h_d}{d_d}\right) + \Delta\varphi_0 \end{cases} \tag{6.1.91}$$

其中，$\Delta\beta_0$、$\Delta\varphi_0$ 为舰炮系统的方向和高低零位修正量；Δh_d 为弹道下降量，

如图 6.1.11 所示，它由基本射表或射表的逼近公式提供，是弹道点坐标 d_d、h_d的双变量函数。

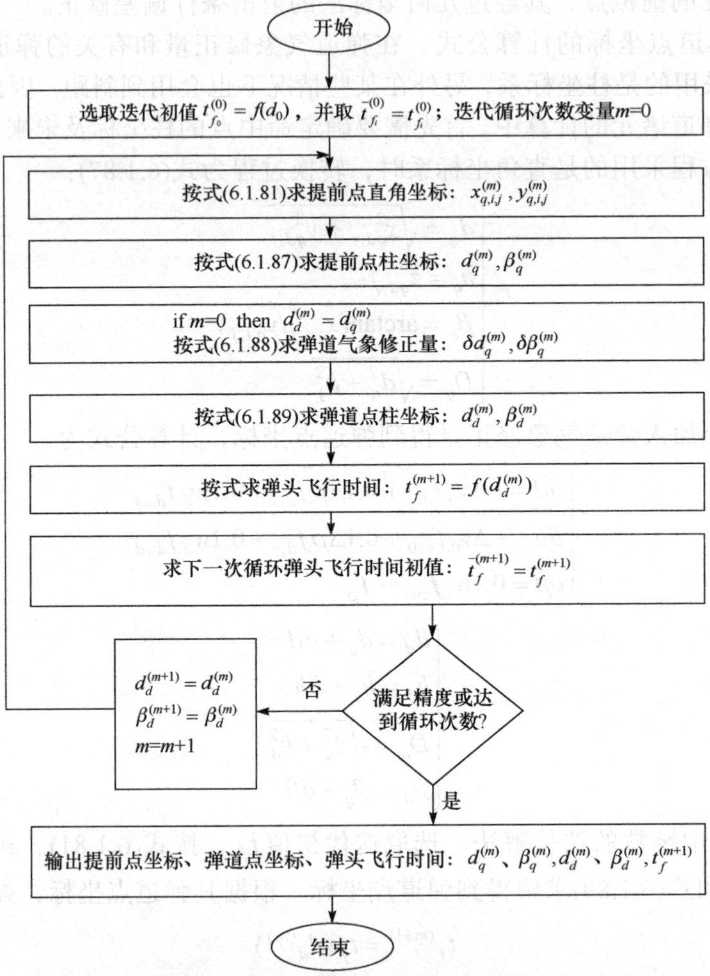

图 6.1.10 迭代解算射击诸元流程

4. 不稳定瞄准角的计算

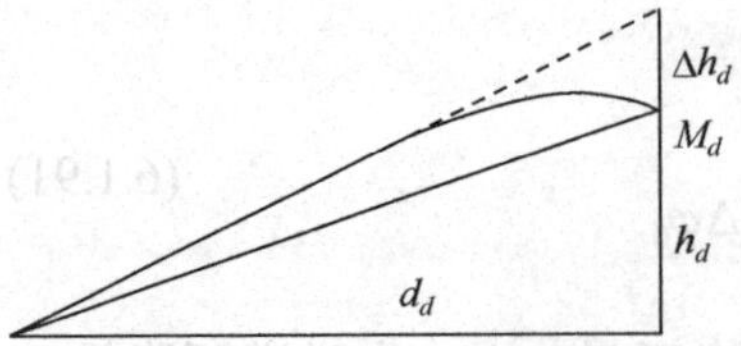

图 6.1.11　弹道下降量

在舰炮实际射击中，小口径舰炮所在的舰艇平台为非稳定平台，存在纵横摇，因此需将稳定舰艇坐标系下的射击诸元变换至不稳定舰艇坐标系，用于舰炮射击。不稳定舰艇坐标系下的射击诸元即不稳定瞄准角，也称为瞄准全角，是火炮在甲板面上的实际瞄准角。根据火炮的瞄准机构，舰炮可分为二轴火炮和三轴火炮。

二轴火炮的炮管指向是通过火炮绕垂直甲板面的旋回轴的旋转和炮管绕与甲板面平行的炮耳轴的俯仰实施控制的。三轴火炮除了火炮绕垂直轴旋回和绕炮耳轴俯仰的控制外，还需要控制炮耳轴绕稳定轴转动保持炮耳轴水平。因此，二轴火炮的不稳定瞄准角包括不稳定方向瞄准角和不稳定高低瞄准角，而三轴火炮的不稳定瞄准角包括不稳定方向瞄准角、不稳定高低瞄准角和炮耳轴瞄准角。

本系统中仅考虑二轴不稳定瞄准角的计算，其实质是将稳定舰艇参考坐标系中的瞄准角变换到不稳定舰艇参考坐标系。根据坐标变换的方法可以写出以下变换过程。

1) 向量分解

在稳定舰艇参考坐标系 $O\text{-}X_nY_nH_n$ 中，单位向量 u 的指向与稳定瞄准角 φ、β 确定的指向相同，如图 6.1.12 所示。

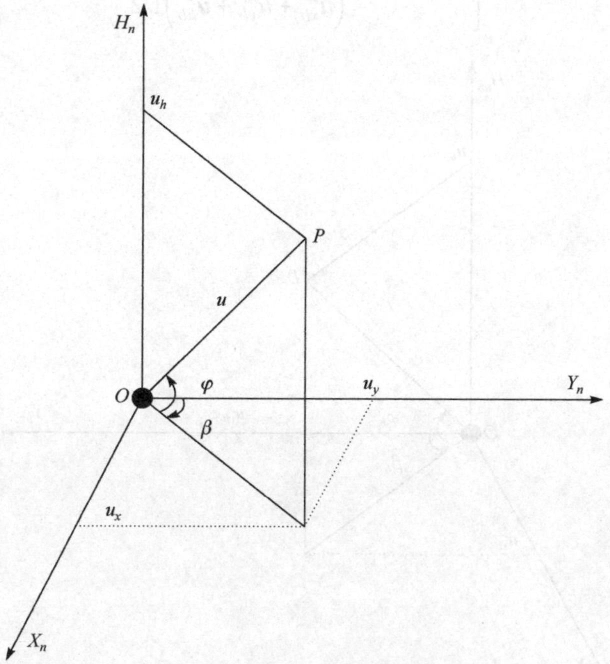

图 6.1.12　单位向量分解

由图 6.1.12 可得，u 在 $O\text{-}X_nY_nH_n$ 中的 3 个直角分量为

$$\begin{cases} u_x = \cos\varphi\sin\beta \\ u_y = \cos\varphi\cos\beta \\ u_h = \sin\varphi \end{cases} \tag{6.1.92}$$

2) 坐标变换

设该单位向量在不稳定舰艇参考坐标系中的 3 个直角分量为$[u_{xb},u_{yb},u_{hb}]$，那么由$[u_x,u_y,u_h]$变换到$[u_{xb},u_{yb},u_{hb}]$的计算公式为

$$\begin{bmatrix} u_{xb} \\ u_{yb} \\ u_{zb} \end{bmatrix} = \begin{bmatrix} \cos\theta_b & 0 & -\sin\theta_b \\ 0 & 1 & 0 \\ \sin\theta_b & 0 & \cos\theta_b \end{bmatrix} \begin{bmatrix} 1 & 0 & 0 \\ 0 & \cos\psi & \sin\psi \\ 0 & -\sin\psi & \cos\psi \end{bmatrix} \begin{bmatrix} u_x \\ u_y \\ u_h \end{bmatrix} \tag{6.1.93}$$

其中，纵摇角ψ规定舰首在水平面上为正，横摇角θ_b规定右舷向下为正。

3) 向量合成

设不稳定瞄准角为$[\varphi_b,\beta_b]$，参照图 6.1.13 可得式(6.1.94)：

$$\begin{cases} \beta_b = \arctan\dfrac{u_{xb}}{u_{yb}} \\ \varphi_b = \arcsin\dfrac{u_{hb}}{\left(u_{xb}^2+u_{yb}^2+u_{hb}^2\right)1/2} \end{cases} \tag{6.1.94}$$

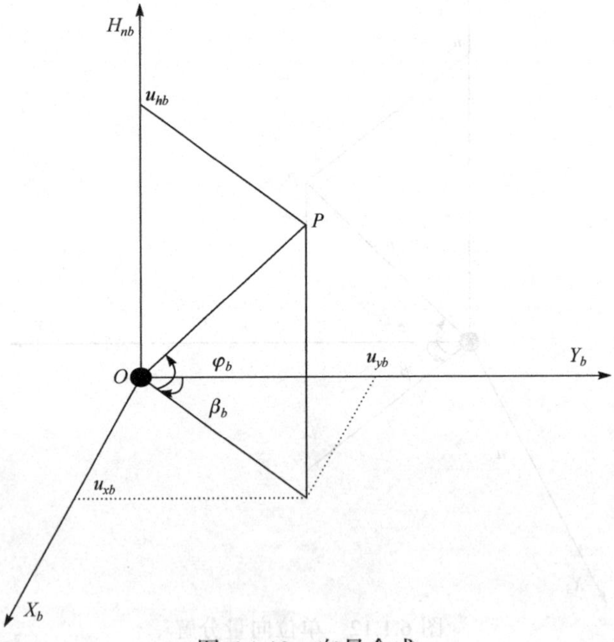

图 6.1.13　向量合成

将式(6.1.92)、式(6.1.93)代入式(6.1.94)得

$$\begin{cases} \beta_b = \arctan\dfrac{\cos\varphi\sin\beta\cos\theta_b + \cos\varphi\cos\beta\sin\theta_b\sin\psi - \sin\varphi\sin\theta_b\cos\psi}{\cos\varphi\cos\beta\cos\psi + \sin\varphi\sin\psi} \\ \varphi_b = \arcsin\left(\sin\varphi\cos\theta_b\cos\psi + \cos\varphi\sin\beta\sin\theta_b - \cos\varphi\cos\beta\cos\theta_b\sin\psi\right) \end{cases} \tag{6.1.95}$$

5. 小结

根据 3.3 节的分析，在目标飞行全航路中选取适当多个提前点作为其预测迎弹面中心，计算好的多个空间内瞄准点进行瞄准，按照网状瞄准点配置方法进行布置，得到对应预测迎弹面内每个瞄准点的坐标，再分别将其由预测迎弹面转到稳定舰艇参考坐标系下，从而利用射表得到稳定舰艇坐标系下的火控诸元解算，再将其坐标转换，最终得到不稳定舰艇坐标系下的火控诸元。

6.1.4　基于统计模拟法的区域射击毁伤概率仿真

本节通过统计模拟法(蒙特卡罗法)进行高射速小口径舰炮多未来空域窗射击的毁伤概率仿真。

一般而言，验证射击方法有效性最直接、最真实的方法即射击试验。然而，受试验条件、经济因素等制约，多次、大规模的射击试验几乎是不可能的。例如，要验证高射速小口径舰炮采用多未来空域窗射击方法的毁伤概率，在一次射击过程中，只有目标被毁伤及目标未被毁伤两种事件发生，如果要计算毁伤概率，则需要重复进行多次试验，这显然是十分困难的。因此，本节通过统计模拟法计算区域射击方法的毁伤概率，即根据目标、武器的误差情况，生成随机数模拟目标与武器的运动，判断武器是否能够毁伤目标，计算概率，并与理论模型得到的毁伤概率进行对比及验证。

进行高射速小口径舰炮的多未来空域窗射击毁伤概率仿真，主要思路是通过多次射击过程仿真，通过累计每次射击过程是否毁伤目标，得到毁伤概率。其中，射击过程的主要步骤包括生成目标、跟踪目标、解算目标提前点、计算多未来空域窗射击瞄准点、解算射击诸元、舰炮射击、目标与弹丸相对运动、毁伤判断等，如图 6.1.14 所示。

1. 仿真的关键步骤模型

1) 随机误差生成

引入了三维空间内的目标真实提前点 X_{gt}^*，以及滤波外推得到的目标提前点 $X_{gt}=X_{gt}^*+\tilde{X}_{gt}$；目标真实速度 V_{gt}^*，以及滤波得到的目标速度 $V_{gt}=V_{gt}^*+\tilde{V}_{gt}$。

显然，可以直接通过随机生成误差 $\tilde{X}_{gt}$ 及 $\tilde{V}_{gt}$ 的方式滤波得到目标提前点与目标速度。

2) 坐标变换

由于未来空域窗射击瞄准点的布置在空间预测迎弹面内进行，因此需要将所有的坐标变换至空间预测迎弹面坐标系中。

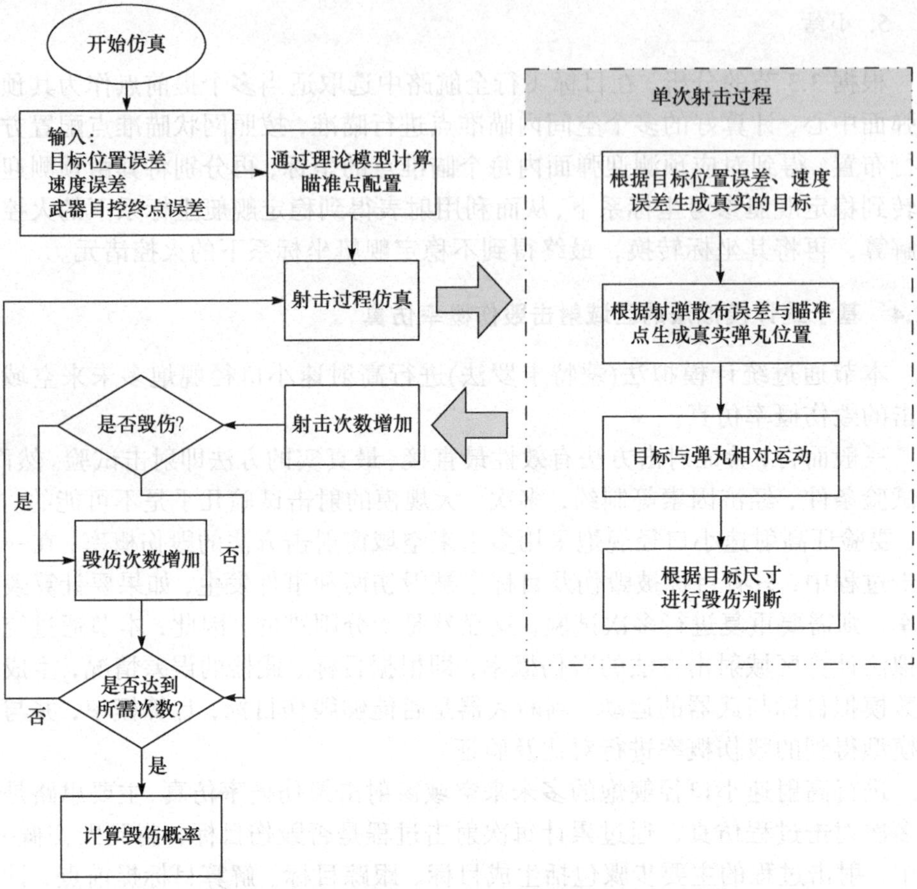

图 6.1.14　高射速小口径舰炮的多未来空域窗射击仿真流程图

根据滤波得到的目标速度及弹丸存速构建预测迎弹面，根据瞄准点配置方法，结合目标相对速度，在空间预测迎弹面内以网状布置方法布置未来空域窗瞄准点，再将上述得到的未来空域窗瞄准点坐标进行坐标变换，得到其在稳定舰艇坐标系下的瞄准点坐标，解算其相应射击诸元。

3) 毁伤判断

将所有坐标变换至空间预测迎弹面坐标系后，需要根据弹丸与目标的实际位置进行毁伤判断。

首先计算射击瞄准点的空间位置$[x_{k,i},y_{k,i},z_{k,i}]$，$i\in\Gamma_k$，然后根据弹着偏差的统计特征随机生成弹着误差，并得到真实弹着点，即

$$X_{b,k,i}=[\tilde{x}_{k,i},\tilde{y}_{k,i},\tilde{z}_{k,i}]=[x_{k,i},y_{k,i},z_{k,i}]+[x^*_{k,i},y^*_{k,i},z^*_{k,i}] \tag{6.1.96}$$

其中，相邻弹丸的到达时间差为Δt。

对于弹丸$i\in\Gamma_k$，其弹道坐标可以表示为

$$X_{b,k,i}(t)=X_{b,k,i}+tV_b \tag{6.1.97}$$

相应地，目标航路表示为

$$X_t(t)=X_t^*+tV_t^* \tag{6.1.98}$$

因此有弹目偏差 $D_{bt}(t)$ 为

$$\begin{aligned}D_{bt}(t)&=\left|X_{b,k,i}(t)-X_t(t)\right|\\&=[X_{b,k,i}(t)-X_t(t)]^{\mathrm{T}}[X_{b,k,i}(t)-X_t(t)]\end{aligned} \tag{6.1.99}$$

弹目偏差最小值时刻有

$$\frac{\mathrm{d}D_{bt}(t)}{\mathrm{d}t}=0 \tag{6.1.100}$$

解得

$$t_{\min}=-\frac{(X_t^*-X_{b,k,i})^{\mathrm{T}}(V_t^*-V_b)}{(V_t^*-V_b)^{\mathrm{T}}(V_t^*-V_b)} \tag{6.1.101}$$

此时弹目相对位置为

$$\Delta X_{\min}=X_{b,k,i}(t_{\min})-X_t(t_{\min}) \tag{6.1.102}$$

对于目标尺寸 $S=[B,L,H]$，其中 $B>0$、$L>0$、$H>0$，均为半长，若有

$$\Delta X_{\min}<S \tag{6.1.103}$$

则认为可以命中，认为本次射击过程中武器成功造成了毁伤。

2. 仿真结果分析

建立目标运动模型,目标为导弹(长 6.05m,弹径 0.65m)从坐标(5000,5000,300)处起飞，朝我舰做匀速低空掠海飞行，速度 2.5*Ma*(1*Ma*≈340m/s，1 个标准大气压和 15℃条件下),我舰观测目标时间间隔 0.02s,引入并加大观测误差、滤波跟踪误差重新生成新目标态势,模拟现实条件下未获得目标精确位置信息的场景。在本仿真中，以目标进入火炮射界立即打击进行研究。故选取射击远界作为目标初始提前点，以射击近界作为目标最终提前点。假设目标飞行高度 3m,计算得到目标在全航路中小口径舰炮武器射击范围内飞行距离 2100m,飞行时间 2.625s。考虑舰炮射击停歇时间和转火时间，本系统在其该段飞行时间中共发射弹丸约为 380 发弹丸。

对于未来空域窗个数的选择，不妨假设其每个空域窗弹丸个数相同，仿真中分别以 1～7 个空域窗数量研究其全航路下的毁伤概率 p_{si}，故其单个空域窗的弹丸数量配置应为 n/i，其中 i 为全航路中未来空域窗个数，n=380，并与同样总弹丸数量的集火打击毁伤概率 $P_{n,w,o}$ 进行比较。仿真主要研究对象为不同

的雷达跟踪精度，将其他误差参数均取为定值，其中舰炮精度$\sigma_{d,\beta}$取 1.0、$\sigma_{d,\varepsilon}$取 1.5；捷联精度σ_{β}取 0.7、σ_{ε}取 0.7；随动系统精度$\sigma_{f\beta}$取 3.0、$\sigma_{f\varepsilon}$取 3.0；机械零位校正后误差$\mu_{\beta,mz}$取 0.8、$\mu_{\varepsilon,mz}$取 0.8；弹道气象准备误差σ_{v0}取 0.5%、σ_{ρ}取 1.5%、σ_{wd}取 2.5、σ_{wz}取 2.5。

设研究参数如下。

跟踪雷达随机误差E_{ft}：

$\mu_{\beta t}$/mrad：0.8，1.0，1.5

$\mu_{\varepsilon t}$/mrad：0.8，1.0，1.5

μ_{Dt}/m：3，8，15

跟踪雷达系统误差E_{os}：

$\mu_{\beta s}$/mrad：0.4，0.7，1.0

$\mu_{\varepsilon s}$/mrad：0.4，0.7，1.0

μ_{Ds}/m：3，4，5

武器参数：有效射程 300～1500m，射速 9000 发/min，弹丸存速 900m/s。

假设条件：

(1) 每发弹丸射击间隔固定，弹丸存速一致；

(2) 毁伤目标所需弹丸期望 1 发；

(3) 单个空域窗所需弹丸数量一次齐射发射完毕，其发射时舰艇姿。

其中间值为基准值，在每次仿真过程中，参数最多只有一个误差因素，初值取非基准指，其他参数均取基准指。得到在不同跟踪精度下不同打击方式选择中对应的毁伤概率如表 6.1.3 所示。

表 6.1.3　仿真结果

误差参数				$P_{n,w,o}$	P_{s1}	P_{s2}	P_{s3}	P_{s4}	P_{s5}	P_{s6}	P_{s7}
标准值				0.79	0.89	0.90	0.91	0.92	0.90	0.87	0.85
	$\mu_{\beta t}$	$\mu_{\varepsilon t}$	μ_{Dt}								
E_{ft}	0.80	0.80	3.00	0.83	0.93	0.96	0.98	0.98	0.92	0.88	0.84
	1.50	1.50	15.00	0.72	0.85	0.86	0.88	0.88	0.87	0.82	0.81
	$\mu_{\beta s}$	$\mu_{\varepsilon s}$	μ_{Ds}								
E_{os}	0.40	0.40	3.00	0.81	0.87	0.95	0.95	0.95	0.90	0.88	0.83
	1.00	1.00	5.00	0.75	0.82	0.86	0.88	0.88	0.85	0.84	0.81

本节进行了高射速小口径舰炮的多未来空域窗射击仿真分析，通过统计模

拟法生成目标与弹丸，通过多个不同跟踪条件下的目标全航路射击流程仿真得到统计模拟法的毁伤概率，由此可得如下结论。

在统计模拟法计算的毁伤概率结果中，多未来空域窗射击毁伤概率明显高于集火射击的毁伤概率，从而验证了多未来空域窗射击的有效性。

由表 6.1.3 结果可以看出，当获取目标精确位置信息困难时，多未来空域窗射击方式有着更好的毁伤效果。

另外，由结果可以看出，目标全航路过程中，并不是未来空域窗个数越多越好，增加未来空域窗个数可以更有效地发挥未来空域窗射击方式的优势，但在目标全航路飞行过程中，可发射的弹丸数量基本是固定的，随着未来空域窗个数的增多，其毁伤概率变化表现为先增加后减少，其下降是因为空域窗个数的增多，其单个空域窗的弹丸数量减小，难以发挥出未来空域窗的射击优势。

仿真条件中高射速小口径舰炮的射速为 9000 发/min，虽然仿真结果在理论上说明采用多未来空域窗射击方法可以明显提高对空中目标的毁伤概率，但是如何通过高射速小口径舰炮实施多未来空域窗射击还需要解决多个工程问题。

3. 小结

本节主要以多未来空域窗与集火射击方式进行比较，研究在不同跟踪精度条件下未来空域窗个数选择对毁伤概率的影响，最终得出结论，在保证单未来空域窗一定弹丸数量的基础上，增加目标全航路中未来空域窗的个数，可有效增加小口径舰炮对其打击的毁伤概率，而随着未来空域窗个数的继续增多，其毁伤概率反而下降，因此存在最优窗数的问题。

6.2　区域射击方法在舰炮对岸射击表尺分配的应用

现有研究对于舰炮对岸射击问题有了较为深入的认识，提出了多种用于表尺分配的方法，这些方法普遍认为表尺分配的最优求解具有较高的难度，因此普遍避免以毁伤概率为指标直接对表尺分配参数进行优化求解，而是求取表尺梯次差的较优可行解。另外，在射击弹丸数量求解问题中，最终求解得到的表尺分配方案对应毁伤概率与预定毁伤概率要求还存在一定差距。本节分析舰炮对岸上集群目标的射击方案求解问题，直接以舰炮对岸射击毁伤概率为指标，通过变分法求解表尺分配最优射击密度，基于该密度给出舰炮对岸射击方案，包括表尺梯次差求解及基于预定毁伤概率的射击弹丸数量求解。

6.2.1　舰炮对岸射击毁伤概率模型

首先建立表尺分配毁伤概率模型。以目标幅员中心为原点，射击距离所在

方向为 X 轴，射击方向所在方向为 Z 轴，建立坐标系用于毁伤概率分析。设射击时的距离表尺数为 n_x，方向表尺数为 n_z，则瞄准点数量为 n_xn_z；设向每个瞄准点发射 h 发弹丸，则射击弹丸数量为 $n=n_xn_zh$；距离梯次差为 I_x^-；方向梯次差为 I_z^-；毁伤过程服从指数毁伤定律，毁伤目标所需弹药数量期望为 ω；射击不相关误差为 E_{x1} 与 E_{z1} (概率误差)；目标等效毁伤幅员为 $2B_x \times 2B_z$。为简化分析，对上述参数进行归一化处理，有归一化单位目标毁伤幅员 $b_x = B_x / E_{x1}$、$b_z = B_z / E_{z1}$；归一化等效距离梯次差 $I_x = I_x^- / E_{x1}$，等效方向梯次差 $I_z = I_z^- / E_{z1}$，如图 6.2.1 所示。

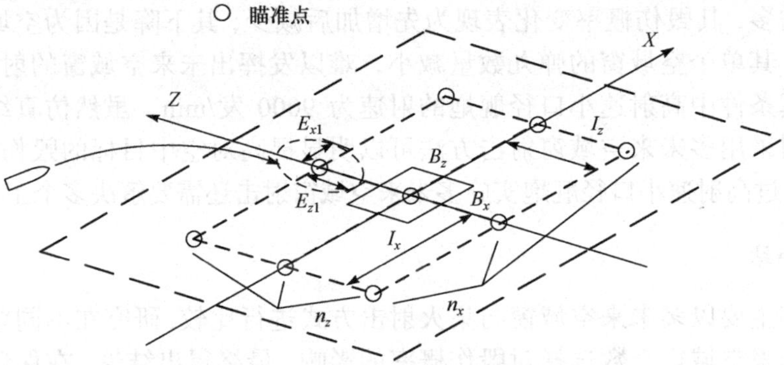

图 6.2.1　表尺分配示意图

设目标分布概率密度为 $f(x,z)$，则表尺分配毁伤概率模型为

$$P = 1 - \int_{-\infty}^{+\infty}\int_{-\infty}^{+\infty} f(x,z)\prod_{j=1}^{n_z}\prod_{i=1}^{n_x}\left(1-\frac{p(x+x_i, z+z_j)}{\omega}\right)^h \mathrm{d}x\mathrm{d}z \tag{6.2.1}$$

其中，$[x_i, z_j]$ 为根据方向、距离表尺数及梯次差得到的射击瞄准点等效坐标，即

$$\begin{cases} x_i = -\dfrac{n_x-1}{2}I_x + (i-1)I_x \\ z_j = -\dfrac{n_z-1}{2}I_z + (j-1)I_z \end{cases} \tag{6.2.2}$$

而 $p(x,z)$ 为单发命中条件概率，有

$$p(x,z) = \int_{-b_z}^{b_z}\int_{-b_x}^{b_x} \frac{\rho^2}{\pi} \mathrm{e}^{-\rho^2[(\xi-x)^2+(\zeta-z)^2]}\mathrm{d}\xi\mathrm{d}\zeta \tag{6.2.3}$$

岸上集群目标可能服从不同的概率分布，当服从正态分布时，射击相关误差为 E_{x2} 与 E_{z2}，归一化等效射击相关误差 $\varepsilon_x = E_{x2} / E_{z1}$、$\varepsilon_z = E_{z2} / E_{z1}$，有

$$f(x,z)=f_n(x,z)=\frac{\rho^2}{\pi\varepsilon_x\varepsilon_z}\mathrm{e}^{-\rho^2\left(\frac{x^2}{\varepsilon_x^2}+\frac{z^2}{\varepsilon_z^2}\right)} \tag{6.2.4}$$

而当目标服从均匀分布时，设目标散布区域为$[-L_x,L_x]\times[-L_z,L_z]$，归一化为$[-l_x,l_x]\times[-l_z,l_z]$，则有

$$f(x,z)=f_e(x,z)=\frac{1}{4l_xl_z},\quad (x,z)\in[-l_x,l_x]\times[-l_z,l_z] \tag{6.2.5}$$

6.2.2 舰炮对岸射击最优中间函数

采用变分法，通过引入中间函数，可以直接以毁伤概率为指标求解毁伤概率的极值，即最优毁伤概率，而此时最优毁伤概率对应的中间函数为最优中间函数，该函数能够用于求解表尺梯次差。下面分别对目标服从正态分布及目标服从均匀分布两种情况进行求解。

1. 目标正态分布时的最优中间函数

首先引入中间函数$U_n(x,z)$，即

$$U_n(x,z)=-\sum_{j=1}^{n_z}\sum_{i=1}^{n_x}\ln\left(1-\frac{p\left(x+x_i,z+z_j\right)}{\omega}\right)^h \tag{6.2.6}$$

此时表尺分配毁伤概率函数变为

$$P_{n,\omega}=1-\int_{-\infty}^{+\infty}\int_{-\infty}^{+\infty}f(x,z)\mathrm{e}^{-U_n(x,z)}\mathrm{d}x\mathrm{d}z \tag{6.2.7}$$

注意到，中间函数在$(-\infty,\infty)\times(-\infty,\infty)$上的积分为一个与表尺分配瞄准点无关的量，即

$$\tau_n=\int_{-\infty}^{+\infty}\int_{-\infty}^{+\infty}U_n(x,z)\mathrm{d}x\mathrm{d}z=n\int_{-\infty}^{+\infty}\int_{-\infty}^{+\infty}-\ln\left(1-\frac{p\left(x,z\right)}{\omega}\right)\mathrm{d}x\mathrm{d}z \tag{6.2.8}$$

因此，τ_n可以作为一个等周条件用于变分求解最优中间函数$U_{n,o}(x,z)$。

通过变分求解，可以得到最优中间函数$U_{n,o}(x,z)$，即

$$U_{n,o}\left(x,z\right)=\begin{cases}\rho^2\left(R_n^2-\dfrac{x^2}{\varepsilon_x^2}-\dfrac{z^2}{\varepsilon_z^2}\right), & \dfrac{x^2}{\varepsilon_x^2}+\dfrac{z^2}{\varepsilon_z^2}\leqslant R_n^2\\ 0, & \dfrac{x^2}{\varepsilon_x^2}+\dfrac{z^2}{\varepsilon_z^2}>R_n^2\end{cases} \tag{6.2.9}$$

其中

$$R_n = \sqrt[4]{\frac{2\tau_n}{\pi\rho^2\varepsilon_x\varepsilon_z}} \tag{6.2.10}$$

中间函数取最优时，可以解得给定表尺分配下的最优毁伤概率为

$$\begin{aligned} P_{n,o} &= 1 - \int_{-\infty}^{+\infty}\int_{-\infty}^{+\infty} \frac{\rho^2}{\pi\varepsilon_x\varepsilon_z} \mathrm{e}^{-\rho^2\left(\frac{x^2}{\varepsilon_x^2}+\frac{z^2}{\varepsilon_z^2}\right)-U_{n,o}(x,z)} \mathrm{d}x\mathrm{d}z \\ &= 1-\left(1+\rho^2R_n^2\right)\mathrm{e}^{-\rho^2R_n^2} \end{aligned} \tag{6.2.11}$$

目标正态分布时的最优毁伤概率 $P_{n,o}$ 能够反映给定目标幅员、射击相关误差、不相关误差情况下表尺分配所能达到的毁伤概率上界，在实际求取表尺分配方案时，需要使用最优中间函数。

2. 目标均匀分布时的最优中间函数

当目标均匀分布时，仍然引入中间函数 $U_e(x,z)$，$U_e(x,z)$ 具有与 $U_n(x,z)$ 相同的形式，相应地，有 $\tau_e=\tau_n$，通过变分求解，可以得到目标均匀分布时的最优中间函数 $U_{e,o}(x,z)$ 形式为

$$U_{e,o}(x,z) = \begin{cases} \dfrac{\tau_e}{4l_xl_z}, & (x,z)\in[-l_x,l_x]\times[-l_z,l_z] \\ 0, & \text{其他} \end{cases} \tag{6.2.12}$$

当中间函数取最优时，目标均匀分布时的最优毁伤概率 $P_{e,o}$ 为

$$\begin{aligned} P_{e,o} &= 1 - \int_{-l_z}^{+l_z}\int_{-l_x}^{l_x} \frac{1}{4l_xl_z} \mathrm{e}^{-U_{e,o}(x,z)} \mathrm{d}x\mathrm{d}z \\ &= 1-\exp\left(-\frac{\tau_e}{4l_xl_z}\right) \end{aligned} \tag{6.2.13}$$

6.2.3　表尺梯次差求解方法

结合 6.2.2 节中的表尺分配最优射击密度，可以给出相应的表尺梯次差求解方法，下面分别针对目标服从正态分布与均匀分布两种情况进行分析。

1. 目标正态分布时的表尺梯次差求解方法

引入射击密度 $N(x,z)$，表示单位面积内的弹丸数量，定义 $N(x,z)$ 为

$$\begin{aligned} N(x,z) &= U_n(x,z) \Big/ \int_{-\infty}^{+\infty}\int_{-\infty}^{+\infty} -\ln\left(1-\frac{p(x,z)}{\omega}\right)\mathrm{d}x\mathrm{d}z \\ &= nU_n(x,z)/\tau_n \end{aligned} \tag{6.2.14}$$

代入 $U_{n,o}(x,z)$ 后，则有最优射击密度 $N_{n,o}(x,z)$。

引入 $N'(x,z)$，即

$$N'(x,z)=N(x,z)/n \tag{6.2.15}$$

有

$$\int_{-\infty}^{+\infty}\int_{-\infty}^{+\infty} N'(x,z)\mathrm{d}x\mathrm{d}z=1 \tag{6.2.16}$$

即 $N'(x,z)$ 具有概率密度的性质，结合瞄准点对称分布，方差 σ_x^2、σ_z^2 分别为

$$\begin{cases}\sigma_x^2=\displaystyle\int_{-\infty}^{+\infty}\int_{-\infty}^{+\infty}(x-E(x))^2 N'(x,z)\mathrm{d}x\mathrm{d}z=\int_{-\infty}^{+\infty}\int_{-\infty}^{+\infty}x^2 N'(x,z)\mathrm{d}x\mathrm{d}z\\ \sigma_z^2=\displaystyle\int_{-\infty}^{+\infty}\int_{-\infty}^{+\infty}(z-E(z))^2 N'(x,z)\mathrm{d}x\mathrm{d}z=\int_{-\infty}^{+\infty}\int_{-\infty}^{+\infty}z^2 N'(x,z)\mathrm{d}x\mathrm{d}z\end{cases} \tag{6.2.17}$$

代入最优射击密度 $N'_{n,o}(x,z)$，解得最优射击密度对应方差 $\sigma_{x,n,o}^2$、$\sigma_{z,n,o}^2$ 为

$$\frac{\sigma_{x,n,o}^2}{\varepsilon_x^2}=\frac{\sigma_{z,n,o}^2}{\varepsilon_z^2}=\frac{1}{6}R_n^2 \tag{6.2.18}$$

表尺分配策略即使实际射击密度对应的方差 σ_x^2、σ_z^2 等于最优方差 $\sigma_{x,n,o}^2$、$\sigma_{z,n,o}^2$。解得 $I'_{n,x}$ 为

$$I'_{n,x}=\sqrt{\frac{12}{n_x^2-1}\left(\frac{1}{6}R_n^2\varepsilon_x^2-T_x\right)} \tag{6.2.19}$$

同理可得 $I'_{n,z}$ 为

$$I'_{n,z}=\sqrt{\frac{12}{n_z^2-1}\left(\frac{1}{6}R_n^2\varepsilon_z^2-T_z\right)} \tag{6.2.20}$$

其中

$$T_x=\frac{\displaystyle\int_{-\infty}^{+\infty}\int_{-\infty}^{+\infty}x^2\ln\left(1-\frac{p(x,z)}{\omega}\right)\mathrm{d}x\mathrm{d}z}{\displaystyle\int_{-\infty}^{+\infty}\int_{-\infty}^{+\infty}\ln\left(1-\frac{p(x,z)}{\omega}\right)\mathrm{d}x\mathrm{d}z} \tag{6.2.21}$$

$$T_z=\frac{\displaystyle\int_{-\infty}^{+\infty}\int_{-\infty}^{+\infty}z^2\ln\left(1-\frac{p(x,z)}{\omega}\right)\mathrm{d}x\mathrm{d}z}{\displaystyle\int_{-\infty}^{+\infty}\int_{-\infty}^{+\infty}\ln\left(1-\frac{p(x,z)}{\omega}\right)\mathrm{d}x\mathrm{d}z} \tag{6.2.22}$$

注意到要使 $I'_{n,x}$ 与 $I'_{n,z}$ 有解，必须有

$$\begin{cases}\dfrac{1}{6}R_n^2\varepsilon_x^2 - T_x > 0\\ \dfrac{1}{6}R_n^2\varepsilon_z^2 - T_z > 0\end{cases} \tag{6.2.23}$$

2. 目标均匀分布时的表尺梯次差求解方法

同理，对于目标均匀分布的情况，解得 $I_{e,x}^-$ 为

$$I_{e,x}^- = \sqrt{\frac{12}{n_x^2-1}\left(\frac{1}{3}l_x^2 - T_x\right)} \tag{6.2.24}$$

$I_{e,z}^-$ 为

$$I_{e,z}^- = \sqrt{\frac{12}{n_z^2-1}\left(\frac{1}{3}l_z^2 - T_z\right)} \tag{6.2.25}$$

为了使 $I_{e,x}^-$、$I_{e,z}^-$ 有解，必须有

$$\begin{cases}\dfrac{1}{3}l_x^2 - T_x > 0\\ \dfrac{1}{3}l_z^2 - T_z > 0\end{cases} \tag{6.2.26}$$

6.2.4 基于预定毁伤概率的射击弹丸数量求解

舰炮执行对岸射击作战任务时，一般需要在射前指定射击弹丸数量，射击弹丸数量与毁伤概率密切相关。由于执行作战任务一般会预先给出期望达到的毁伤概率，可以以此概率为基础，结合本节的表尺分配方法，提出求解射击弹丸数量的方法，从而使实际毁伤概率达到预定要求。

1. 射击弹丸数量求解思路

根据之前的分析，当射击误差(包括相关误差与不相关误差)、目标幅员、毁伤目标所需弹药数量期望等条件给定时，影响表尺分配毁伤概率的参数剩下射击弹丸数量及具体的表尺分配方案。而由 6.2.3 节的分析，只有给定射击弹丸数量时，才能求解具体的表尺分配方案。由于射击弹丸数量与表尺分配方案存在相互制约的关系，因此这里给出一种迭代方法求解射击弹丸数量。

进行表尺分配时，射击瞄准点由距离表尺数 n_x、方向表尺数 n_z 确定，向每个瞄准点发射 h 发炮弹，射击弹丸数量总数为 $n = n_x n_z h$。

为方便射击指挥与实施，距离表尺数与方向表尺数一般为奇数，并且数值不超过某一常数。而当表尺数量超过这一常数时，则需要采用分段射击的方法。对于单个舰艇，通常取 $n_x \in \{1,3,5\}$ 及 $n_z \in \{1,3,5\}$。当 n_x 与 n_z 固定时，改变射击

弹丸数量 n 的参数为 h。

对于每一种给定的 (n_x,n_z)，构建迭代序列 h_k，$k\in\mathbb{N}^+$，具体过程如图 6.2.2 所示。图中，曲线为不同射击弹丸数量对应的毁伤概率，首先根据预定毁伤概率 P_c 求解得到射击弹丸数量初值 h_1，之后根据射击弹丸数量迭代函数 $\vartheta(h_k)$ 求解之后的 h_{k+1}。

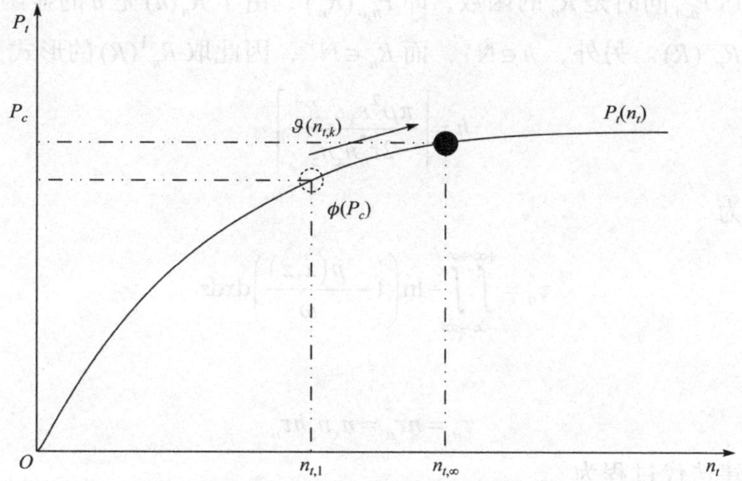

图 6.2.2　射击弹丸数量求解方法

因此，射击弹丸数量求解的迭代方法可以表示为

$$\begin{cases} h_1 = \phi(P_c) \\ h_{k+1} = \vartheta(h_k) \end{cases} \tag{6.2.27}$$

可见，毁伤概率可以表示为 h 的函数 $P(h)$，迭代的终止条件为

$$\begin{cases} \left|P(h_k) - P(h_{k-1})\right| < \delta \\ P(h_k) \geqslant P_c \end{cases} \tag{6.2.28}$$

其中，δ 为允许的计算误差。

在进行表尺分配方案求解时，$[n_x,n_z]$ 的取值有限，即 $[n_x,n_z]\in\{1,2,3\}\times\{1,2,3\}$，并且 $[n_x,n_z]\neq[1,1]$，所以可以针对每一种 $[n_x,n_z]$ 分别计算对应的 h 及 n，选取其中所需射击弹丸数量 n 最小的表尺分配瞄准点 $[n_x,n_z]$ 取值。

下面根据目标不同的分布情况给出具体的初值计算函数、射击弹丸数量迭代函数的具体形式。

2. 初值计算函数

1) 目标正态分布

当目标正态分布时，有最优毁伤概率函数 $P_{n,o}$，即

$$P_{n,o}=1-\left(1+\rho^2R_n^2\right)\mathrm{e}^{-\rho^2R_n^2} \tag{6.2.29}$$

显然，给定$[n_x,n_z]$时，$P_{n,o}$是h的函数，即$P_{n,o}(h)$，因此可以构造$n_1=P_{n,o}^{-1}(P_c)$求解射击弹丸数量初值。然而，由于$P_{n,o}$形式较为复杂，无法直接构造反函数，因此通过迭代方法求解$h_1=P_{n,o}^{-1}(P_c)$。

注意到$P_{n,o}$同时是R_n的函数，即$P_{n,o}(R_n)$，由于$R_n(h)$是h的显函数，因此可以构造$R_n^{-1}(R)$。另外，$h\in\mathbb{N}^+$，而$R_n\in\mathbb{N}^+$，因此取$R_n^{-1}(R)$的形式为

$$h=\left\lceil\frac{\pi\rho^2\varepsilon_x\varepsilon_zR_n^4}{2\tau_n^*n_xn_z}\right\rceil \tag{6.2.30}$$

其中，τ_n^*为

$$\tau_n^*=\int_{-\infty}^{+\infty}\int_{-\infty}^{+\infty}-\ln\left(1-\frac{p(x,z)}{\omega}\right)\mathrm{d}x\mathrm{d}z \tag{6.2.31}$$

显然有

$$\tau_n=n\tau_n^*=n_xn_zh\tau_n^* \tag{6.2.32}$$

因此，构建迭代过程为

$$R_{n,k+1}=\sqrt{\frac{1}{\rho^2}\ln\frac{1+\rho^2R_{n,k}^2}{1-P_c}} \tag{6.2.33}$$

并且有

$$\lim_{k\to\infty}P_{n,o}(R_{n,k+1})=P_c \tag{6.2.34}$$

当

$$\left|P_{n,o}(R_{n,k+1})-P_c\right|<\delta_P \tag{6.2.35}$$

时，取对应的$R_{n,k}$代入式(6.2.35)，求解h_1。

2) 目标均匀分布

目标均匀分布时，$P_{e,o}$为射击弹丸数量n的显函数，因此有$P_{e,o}^{-1}(P_c)$，即

$$h_1=P_{e,o}^{-1}(P_c)=\left\lceil-4l_xl_z\ln(1-P_c)/(n_xn_z\tau_e^*)\right\rceil \tag{6.2.36}$$

其中，$\tau_e^*=\tau_n^*$。

3. 射击弹丸数量迭代函数

这里采用牛顿迭代法，给定(n_x,n_z)，对于序列中的任意值h_k，可以根据

6.2.3 节的方法求解得到表尺分配方案，进而求解得到对应的毁伤概率 $P(h_k)$，从而可以构建射击弹丸数量迭代函数为

$$h_{k+1} = h_k + (P_c - P(h_k)) \Big/ \left.\frac{\mathrm{d}P(h)}{\mathrm{d}h}\right|_{h=h_k} \tag{6.2.37}$$

其中，$\left.\frac{\mathrm{d}P(h)}{\mathrm{d}h}\right|_{h=h_k}$ 为当 $h = h_k$ 时，毁伤概率 $P(h)$ 对 h 的导数，可以通过式(6.2.38)进行求取：

$$\left.\frac{\mathrm{d}P(h)}{\mathrm{d}h}\right|_{h=h_k} = \frac{P(h_k+1) - P(h_k-1)}{2} \tag{6.2.38}$$

6.2.5　算例分析

为验证本节方法的有效性，分别进行典型算例的求解、与现有方法进行对比，以及在目标分布特性未知的情况下进行求解。

1. 舰炮对岸射击方案求解流程

首先给出舰炮对岸射击方案的求解流程，如图 6.2.3 所示。

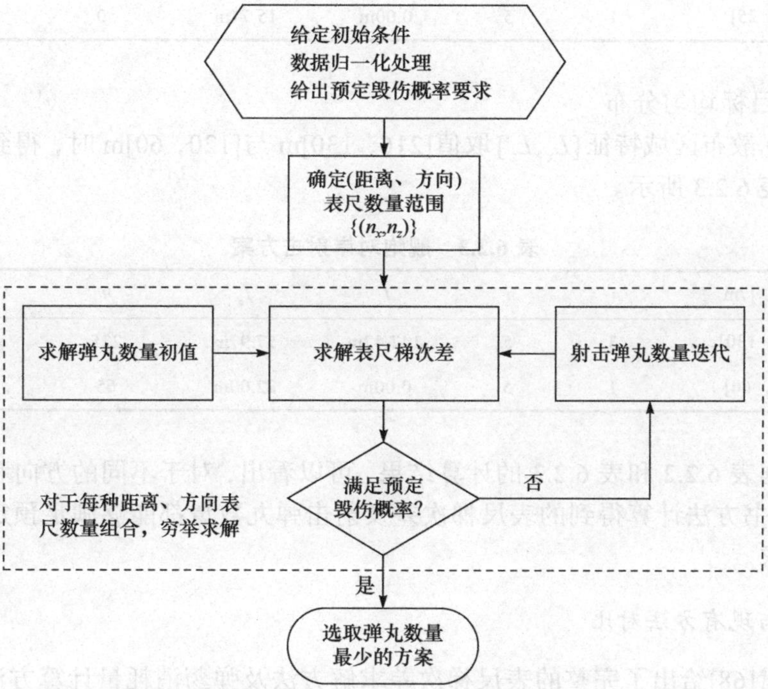

图 6.2.3　表尺分配方案求解流程

2. 典型算例

对于目标散布服从正态分布与均匀分布两种情况，分别求解两种目标相关误差条件下的舰炮对岸射击方案。取预定毁伤概率 P_c 为 0.4500，最大表尺数不超过 5 个，射击不相关误差 $[E_{x1}, E_{z1}]$、目标幅员 $[B_x, B_z]$、毁伤目标所需弹药数量期望 ω 等条件如表 6.2.1 所示。

表 6.2.1 算例初始条件

P_c	E_{x1}	E_{z1}	B_x	B_z	ω
0.4500	36.00m	13.00m	14.40m	7.80m	1.30

1) 目标正态分布

相关误差 $[E_{x2}, E_{z2}]$ 取值[90, 36]m 与[40, 25]m 时，得到计算结果如表 6.2.2 所示。

表 6.2.2 舰炮对岸射击方案

$[E_{x2}, E_{z2}]$ /m	n_x	n_z	I_x	I_z	n	P
[90，36]	3	5	110.29m	27.28m	165	0.4511
[40，25]	1	5	0.00m	15.77m	50	0.4564

2) 目标均匀分布

目标散布区域特征 $[L_x, L_z]$ 取值[216，130]m 与[120，60]m 时，得到的计算结果如表 6.2.3 所示。

表 6.2.3 舰炮对岸射击方案

$[L_x, L_z]$ /m	n_x	n_z	I_x	I_z	n	P
[216，130]	3	5	147.47m	57.97m	225	0.4622
[120，60]	1	5	0.00m	22.00m	65	0.4559

根据表 6.2.2 和表 6.2.3 的计算结果，可以看出，对于不同的方向和距离表尺数，本书方法计算得到的表尺梯次差及射击弹丸数量都能够满足预定毁伤概率的要求。

3. 与现有方法对比

文献[68]给出了完整的表尺梯次差求解方法及弹药消耗量计算方法，但是并没有给出得到的舰炮对岸射击方案对应的毁伤概率，现将文献[68]中的方法与本书方法进行对比。

文献[68]中以舰炮对岸上集群目标射击为例，计算了具体的表尺分配距离梯次差、方向梯次差与弹药消耗量，计算的初始条件如表 6.2.4 所示。

表 6.2.4　算例初始条件

P_c	E_{x1}	E_{z1}	E_{x2}	E_{z2}	B_x	B_z	ω
0.225	36.00m	13.00m	81.88m	48.00m	8.80m	8.80m	1.00

在上述条件下，文献[68]计算得到表尺分配方案(由于 283 不能被 9 整除，因而增加射击弹丸数量至 288 发，从而有 h 取 32)。根据该方案，计算毁伤概率，结果如表 6.2.5 所示。

表 6.2.5　现有方法舰炮对岸射击方案

n_x	n_z	l_x	l_z	n	P
3	3	51.60m	42.60m	283	0.4728

由表 6.2.5 可见，根据文献[75]的方法，实际得到的毁伤概率为 0.4728，远高于预定的 0.225。因此，在进行对比时，设定预定毁伤为 0.470，依据本书方法，得到结果如表 6.2.6 所示。

表 6.2.6　本书方法表尺分配方案

n_x	n_z	l_x	l_z	n	P
5	5	61.56m	35.57m	225	0.4707

根据计算结果，采用本节方法，方向表尺数与距离表尺数取(5,5)，只需要 225 发弹丸即可达到毁伤概率 0.4707，满足 0.4700 的毁伤概率要求，相比于文献[68]中的方法，射击弹丸数量减少了 58 发。

可见，本节方法能够准确根据预定毁伤概率求解所需射击弹丸数量，并且优化程度与准确性方面相比于现有方法有一定的提升。

4. 目标分布特性未知的情况

实战中可能无法确定目标分布特性，因而需要对目标分布特性进行一定的假设。一般而言，均匀分布是一种较为恶劣的分布情况，可以假设目标服从均匀分布求解舰炮对岸射击方案。

设目标实际服从正态分布，并且进行方案求解时目标分布特性未知。因此，假设目标服从均匀分布，根据目标相关误差进行舰炮对岸射击方案的求解，对于得到的方案，计算该方案在目标实际分布特性(正态分布)下的毁伤概率。

设相关误差为$[E_{x2}, E_{z2}]$，根据相关误差得到均匀分布假设条件下等效的目标散布区域，有

$$\begin{cases} L_x = 3E_{x2} / (\sqrt{2}\rho) \\ L_z = 3E_{z2} / (\sqrt{2}\rho) \end{cases} \tag{6.2.39}$$

根据式(6.2.39)等效后，有

$$\int_{-L_z}^{L_z}\int_{-L_x}^{L_x} f_n(x,z)\mathrm{d}x\mathrm{d}z \approx \int_{-L_z}^{L_z}\int_{-L_x}^{L_x} f_e(x,z)\mathrm{d}x\mathrm{d}z = 1 \tag{6.2.40}$$

即在散布区域$[-L_x, L_x]\times[-L_z, L_z]$内，目标实际的散布概率(正态分布)与假设条件(均匀分布)的散布概率几乎相等。

采用6.2.4节中的题设，$[L_x, L_z]$取[120，60]m，得到目标均匀分布假设下的毁伤概率P_e，并计算目标实际分布(正态分布)下的毁伤概率P_n，结果如表6.2.7所示。

表6.2.7　均匀分布假设条件下的舰炮对岸射击方案对比

n_x	n_z	I_x	I_z	n	P_e	P_n
1	5	0.00m	22.00m	65	0.4559	0.6724

为对比达到同等毁伤概率所需的射击弹丸数量，分别取预定毁伤概率为0.6700与0.4500,计算已知目标正态分布条件下的舰炮对岸射击方案,如表6.2.8所示。

表6.2.8　已知正态分布条件下舰炮对岸射击方案对比

P_c	n_x	n_z	I_x	I_z	n	P
0.6700	1	3	0.00m	13.02m	48	0.6838
0.4500	1	3	0m	4.26m	24	0.4756

由表6.2.7和表6.2.8可得:

(1) 假设目标服从均匀分布，求解舰炮对岸射击方案，得到的方案对于目标实际服从正态分布的情况，都能够得到高于预定要求的毁伤概率，因此假设目标均匀分布在战术上是可行的。

(2) 相比于已知目标服从正态分布的情况，假设目标服从均匀分布时，达到相同的毁伤概率所需的射击弹丸数量更多,即均匀分布是一种较为恶劣的目标分布情况。

因此，在实际应用中，当无法确定目标分布特性时，可以假设目标服从均匀分布并求解舰炮对岸射击方案。虽然这样做会增大射击弹丸消耗，但是可以保证毁伤概率达到预定要求。

6.2.6　小结

舰炮能够提供快速的对岸火力压制，充分发挥舰炮这一优势，需要结合区域射击方法具体分析并优化表尺梯次差、射击弹丸数量求解方法。本节提出了包含表尺梯次差求解及射击弹丸数量求解在内的舰炮对岸射击方案求解模型，流程简洁，结果准确，相比于现有方法在优化程度方面有一定提升，能够为对岸射击指挥提供更好的辅助决策。

第 7 章　区域射击方法在反舰导弹武器中的应用

现代高技术条件下的海战，敌我交战空间日趋扩大，迫使反舰导弹武器向中、远程及隐蔽攻击方向发展，超视距攻击对目标指示信息的依赖非常强。随着电磁空间对抗日益激烈，海军舰艇编队在遂行各种作战任务时，特别是敌强我弱的环境下，超视距目标指示系统难以为导弹武器系统进行目标信息精确有效的隐蔽获取。为了提高舰对舰导弹的超视距隐蔽攻击能力，在仅能获取目标概略信息的情况下，对多枚反舰导弹区域协同作战中的关键技术进行研究，是本章研究的重点。本章首先对反舰导弹目标散布区特性进行研究，根据海上机动目标的散布规律和反舰导弹目标散布涉及的误差因素，建立反舰导弹目标散布仿真模型，并通过四种等效计算方法进行大量仿真计算，得到最佳的计算方法，对目标散布区过大的形成因素进行分析。然后针对反舰导弹对目标散布区搜索问题，提出一种多弹区域覆盖平行搜索方法。建立目标捕捉概率的解析模型，并分析参数变化对捕捉概率的影响，给出区域覆盖平行搜索下捕捉概率的统计模拟模型并与解析法进行对比分析，得到区域覆盖射击的基本实施方法。

7.1　反舰导弹目标散布区特性研究

在反舰导弹作战使用研究中，必须研究导弹到达自控终点时的目标散布区特性。反舰导弹的目标散布区是指目标以不低于指定概率处于相对于导弹自控终点的海上某一区域。目标散布区特性(如形状和大小)直接影响了导弹对目标的分配、攻击方向和方式、搜索方式、雷达开机时间、抗电子干扰能力、攻击目标的选择方式等，进而决定了导弹是否能可靠搜索并捕捉到目标。

影响反舰导弹目标散布区特性的因素包括目标指示系统误差、目标机动误差、导弹自控终点散布误差等。以往研究主要考虑目标指示系统误差和目标机动散布规律，或者通过大量的简化假设给出粗略的目标散布区概率密度函数。简化得到的目标散布区规律便于实时辅助决策，但一些情况下由简化带来的误差又可能影响作战决策的有效性。随着计算技术的发展，蒙特卡罗统计模拟法成为全面分析反舰导弹目标散布区规律的有效手段，其统计分析结果可以对目前通用的目标散布区模型在不同情况下的有效性进行分析和检验，并辅助指挥员做出有效的战术决策。

本节首先分析目标指示系统误差、目标机动误差、导弹自控终点散布误差的特点，然后在此基础上提出目标散布区大小的等效计算模型和方法，最后根据典型态势的仿真，分析大目标散布区形成因素。

7.1.1　目标指示系统误差

1. 目标定位信息流程

为保证中、远程反舰导弹有效进行超视距攻击及对敌中、远程反舰导弹进行有效防御，指挥控制系统主要依靠超视距目标指示系统提供目标指示。其主要功能是融合多方传感器的情报信息，解算出目标相对于导弹发射平台的距离和方位。

解决海上超视距探测的主要技术途径有侦察卫星、被动声呐、直升机、主动短波超视距雷达、主动微波超视距雷达、舰载主动/被动超视距雷达等，各国海军对这些技术都有所应用。

超视距目标的探测方式可以分为直接探测(发射舰平台)和间接探测(外部引导平台)两种基本方式。

(1) 直接探测方式。直接探测方式是指平台自身携带的探测设备，主要包括各种主动探测雷达、被动探测设备等，探测并提供目标指示。在正常情况下，探测设备将目标信息发送给舰艇作战情报指挥系统，作战情报指挥系统进行信息融合和威胁判断处理后，将需要打击的目标信息发送给导弹火控设备。

在舰艇作战情报指挥系统不能正常工作的情况下，目标信息可由探测设备直接传送给导弹火控设备。

(2) 间接探测方式。间接探测方式主要是通过侦察卫星、天波雷达、地波雷达、技侦及通信定位、预警机与侦察机、侦察船、水声侦察、民用设备、无人机等手段获得实时或近实时的目标位置信息及目标运动要素，提供给导弹发射平台，平台按外部保障兵力提供的信息实施导弹射击。

正常情况下，舰用数据链将信息源发送的目标信息发送给舰艇作战情报指挥系统，作战情报指挥系统进行信息融合和威胁判断处理后，将需要打击的目标信息发送给导弹火控设备。

在舰艇作战情报指挥系统不能正常工作的情况下，目标信息可由数据链直接传送给导弹火控设备。

2. 目标指示系统误差模型

1) 中继站定位模型

利用空中平台作为中继站进行目标指示具有突然迅速、机动性强的特点，可以为远程反舰导弹的攻击提供理想的目标信息。中继站超视距引导定位方法有惯导大地法、航姿大地法和双向定位法。其中，惯导大地法是最常用的定位方法，其余两种均为惯导大地法无法正常使用时的补充算法。下面以惯导大地法为例介绍直升机超视距定位误差模型，如图 7.1.1 所示。

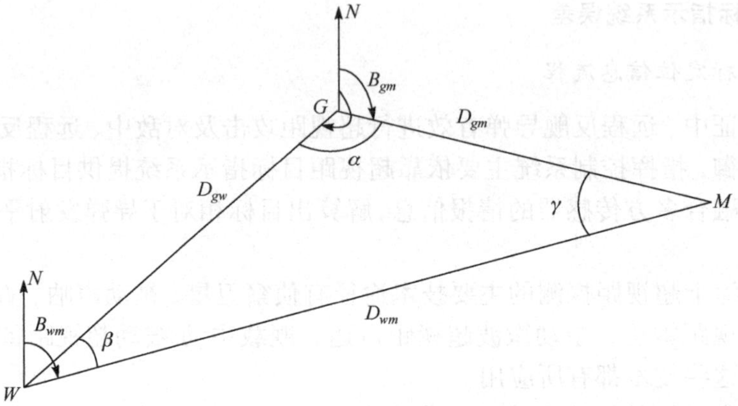

图 7.1.1　直升机超视距定位误差模型

由直升机雷达探测目标相对于直升机的方位、距离$[B_{gm},D_{gm}]$，直升机测高仪测得直升机的高度h和直升机使用全球定位系统(global positioning system, GPS)定位自身经纬度$[\lambda_g,\varphi_g]$，使用惯导设备测定航行参数λ，通过大地主题正解公式解算出目标的地理坐标$[\lambda_m,\varphi_m]$，然后把目标的 GPS 地理坐标传送给导弹发射舰，由导弹发射舰上火控系统，根据本舰参数和目标地理坐标通过大地主题反解公式解算出目标相对于发射舰的方位、距离$[B_{wm},D_{wm}]$。

由于受到导弹发射舰和直升机测向测距精度，罗经指北精度，导航设备 GPS 定位坐标的精度，直升机、发射舰、目标之间相互位置及数据链报文信息格式等因素的影响，导弹发射舰对目标定位的均方差$[\sigma_d,\sigma_b]$是以上各因素的函数。根据误差传播定律，目标方位和距离的均方误差函数分别为

$$\sigma_d = f(\sigma_{gd},\sigma_{gb},\sigma_{gn},\sigma_{gpsg},\sigma_{gpsw},\sigma_{\text{link}},\sigma_{\tau}) \tag{7.1.1}$$

$$\sigma_b = f(\sigma_{gd},\sigma_{gb},\sigma_{gn},\sigma_{gpsg},\sigma_{gpsw},\sigma_{\text{link}},\sigma_{wn},\sigma_{\tau}) \tag{7.1.2}$$

其中，σ_b为目标方位的均方差；σ_d为目标距离的均方差；σ_{gd}为直升机雷达测距的均方差；σ_{gb}为直升机雷达测方位的均方差；σ_{gpsg}为直升机 GPS 坐标的均方差；σ_{gn}为直升机罗经指北的均方差；σ_{gpsw}为导弹发射舰 GPS 舰位的均方差；σ_{wn}为导弹发射舰罗经指北的均方差；σ_{link}为数据链报文格式误差均

方差和数据解算均方差；σ_τ 为延迟误差均方差。

目标相对于导弹发射舰的方位、距离均方差求解公式推导如下。

$$\sigma_{dwg}=\sqrt{\sigma_{gpsg}^2+\sigma_{gpsw}^2+\sigma_{\text{link}}^2}$$

$$\sigma_{bwg}=\arcsin(\sigma_{dwg}/D_{wm})$$

$$\sigma_\alpha=\sqrt{\sigma_{gb}^2+\sigma_{bwg}^2+\sigma_{gn}^2}$$

$$\sigma_\beta=\arcsin(D_{gm}\sigma_\alpha/D_{wm})$$

$$\sigma_{b\tau}=\arcsin(\sigma_\tau/D_{wm})$$

$$\sigma_{d\tau}=\sigma_{b\tau}$$

$$\sigma_b=\sqrt{\sigma_\beta^2+\sigma_{wm}^2+\sigma_{bwg}^2+\sigma_{b\tau}^2}$$

$$\sigma_d=\sqrt{\frac{(D_{wg}-D_{gm}\cos\alpha)^2\sigma_{dwg}^2+(D_{gm}-D_{wg}\cos\alpha)^2\sigma_{gd}^2+(D_{wg}D_{gm}\sigma_\alpha\sin\alpha)^2}{D_{wm}^2}+\sigma_{d\tau}^2}$$

其中，D_{wg} 为导弹发射舰与直升机之间的距离；D_{wm} 为导弹发射舰与目标之间的距离；D_{gm} 为直升机与目标之间的距离；σ_{dwg} 为导弹发射舰与直升机之间的距离均方差；σ_{bwg} 为导弹发射舰与直升机之间的方位均方差；α 为导弹发射舰和直升机连线与直升机和目标连线之间的夹角；β 为导弹发射舰和直升机连线与导弹发射舰和目标连线之间的夹角；σ_α 为 α 的均方差；σ_β 为 β 的均方差。

2) 地波超视距雷达定位误差模型

双基地雷达的几何配置简化如图 7.1.2 所示，图 7.1.2 中发射站 A 点记为 T_x，接收站 B 点记为 R_x。其中，θ_T 为基线到发射站与目标连线的夹角；θ_R 为基线到接收站与目标连线的夹角。发射站目标视线与接收站目标视线的夹角 β 为双基地角，发射站到目标再到接收站的“距离和” $R=R_T+R_R$，$\triangle ABT$ 为双基地三角形。通常双基地目标定位方法包括常规定位方法、三角形几何重心法、三点加权平均法，这里以常规定位方法介绍双基地地波超视距雷达定位误差模型。

由地波超视距雷达探测目标相对地波雷达的方位、距离为 $[\theta_T,R_T]$，地波雷达所处的自身地理位置为 $[\lambda_T,\phi_T]$，通过大地主题正解公式解算出目标的地理坐标 $[\lambda_m,\varphi_m]$，然后把目标的地理坐标传送给火力控制平台舰，由火力控制平台，根据导弹发射舰参数和目标地理坐标通过大地主题反解公式解算出目标相对于发射舰的方位、距离 $[\theta_R,R_R]$。

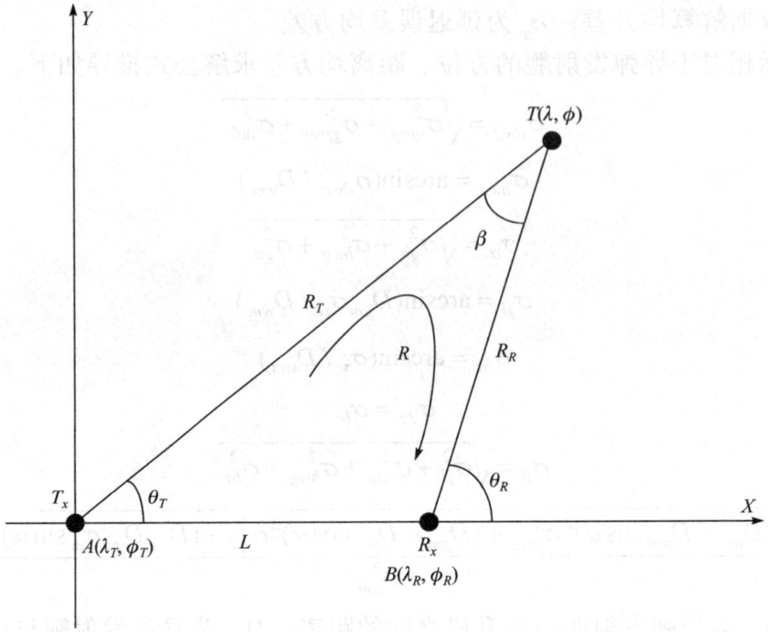

图 7.1.2　双基地地波雷达探测几何关系图

由于受地波雷达测向测距精度$[\sigma_{\theta_T},\sigma_{R_T}]$、火力控制平台舰罗经指北精度$\sigma_{wn}$、导航设备 GPS 定位坐标的精度$\sigma_{gpsT}$、地波雷达、火力控制平台舰、目标之间相互位置及数据链报文信息格式等因素的影响，导弹发射舰对目标定位的均方差$[\sigma_d,\sigma_b]$是以上各因素的函数。根据误差传播定律，目标方位和距离的均方误差函数分别为

$$\sigma_{R_R}=f(\sigma_{\theta_T},\sigma_{R_T},\sigma_{gpsT},\sigma_{gpsR},\sigma_{\text{link}},\sigma_\tau) \tag{7.1.3}$$

$$\sigma_{\theta_R}=f(\sigma_{\theta_T},\sigma_{R_T},\sigma_{gpsT},\sigma_{gpsR},\sigma_{\text{link}},\sigma_{wn},\sigma_\tau) \tag{7.1.4}$$

其中，σ_{θ_R}为目标方位的均方差；σ_{R_R}为目标距离的均方差；σ_{θ_T}为地波雷达测方位的均方差；σ_{R_T}为地波雷达测距的均方差；σ_{gpsT}为地波雷达坐标的均方差；σ_{gpsR}为导弹发射舰 GPS 舰位的均方差；σ_{wn}为导弹发射舰罗经指北的均方差；σ_{link}为数据链报文格式误差均方差和数据解算均方差；σ_τ为延迟误差均方差。

目标相对于导弹发射舰的方位、距离均方差求解公式推导如下：

$$\sigma_{R_R}=\sqrt{\sigma_{gpsT}^2+\sigma_{gpsR}^2\sigma_\tau^2+R_T^2\sigma_{R_T}^2\sin^2(\theta_T-\theta_R)+\sigma_{R_T}^2\cos^2(\theta_T-\theta_R)+\sigma_{\text{link}}^2} \tag{7.1.5}$$

$$\sigma_{\theta_R}=\frac{\sqrt{\sigma_{gpsT}^2+\sigma_{gpsR}^2\sigma_\tau^2+R_T^2\sigma_{R_T}^2\sin^2(\theta_T-\theta_R)+\sigma_{R_T}^2\cos^2(\theta_T-\theta_R)+R_T^2\sigma_{Rn}^2+\sigma_{\text{link}}^2}}{R_R} \tag{7.1.6}$$

3) 舰载超视距雷达定位误差模型

雷达探测目标分为两种工作方式，一是主动工作方式引导攻击，二是被动工作方式引导攻击。超视距雷达在大气波导条件下，探测距离可达数百公里，但其主、被动工作方式的战术特点差异较大。

主动工作方式组织实施简单，定位速度快，一般为单舰应用，分为自主搜索攻击、直插校准攻击等，但此工作方式电磁辐射特别大，极易暴露舰艇行踪及攻击意图。

被动工作方式可分为单舰机动定位、双舰交叉定位及多舰定位等方法，优点是隐蔽性好，整个过程主动设备不发射电磁波；探测距离远，比主动工作探测方式将近多一倍距离；缺点是定位组织实施较复杂，特别是单舰机动被动定位，需要较长时间和大量数据，而且需要在敌方舰艇发射电磁波的情况下才能探测其方位。

以较为常用的双舰被动交叉定位法为例，对其定位误差模型做简要分析。

双舰被动交叉定位法对目标定位的基本原理是利用处于不同位置上的两艘舰艇对目标雷达信号同时进行测向，得到两条方位线，然后计算出目标的位置。

双舰被动交叉定位几何配置简化为如图 7.1.3 所示，无源探测站的坐标分别为 $A(x_A,y_A)$ 和 $B(x_B,y_B)$；测得目标方位角分别为 θ_A 和 θ_B (以方位基线为基准)；AB 之间的距离为 d，目标在 T 点。

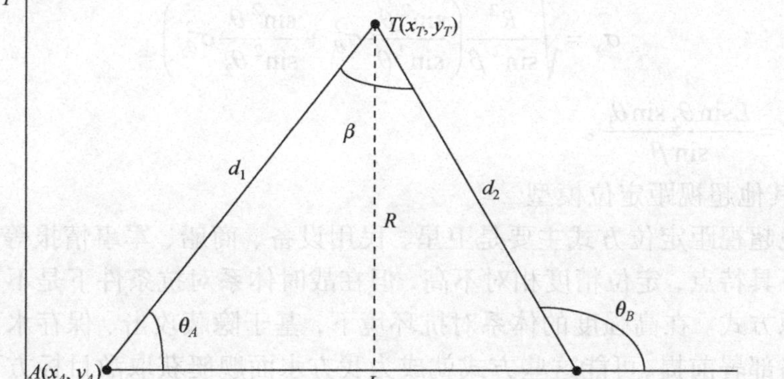

图 7.1.3　双舰被动交叉定位几何关系图

可以看出，两条位置线 AT 和 BT 的斜率分别为

$$\tan\theta_A = \frac{y_T - y_A}{x_T - x_A}$$

$$\tan\theta_B = \frac{y_T - y_B}{x_T - x_B}$$

整理可得目标点的位置为

$$x_T = \frac{y_A - y_B + x_B \tan\theta_B - x_A \tan\theta_A}{\tan\theta_B - \tan\theta_A}$$

$$y_T = \frac{\tan\theta_B y_A - y_B \tan\theta_A + (x_B - x_A)\tan\theta_A \tan\theta_B}{\tan\theta_B - \tan\theta_A}$$

由此可以看出，根据无源观测站 $A(x_A, y_A)$、$B(x_B, y_B)$ 和方位角 θ_A、θ_B，可以确定辐射点 $T(x_T, y_T)$。

双舰被动交叉定位误差可以分为三部分：一是测量因素引起的误差，如角度测量误差、距离测量误差等，对于这类误差一般可以假定它们服从高斯分布；二是几何因素，如目标与双基地雷达的收、发设备的相对位置关系；三是参数因素，如在测向交叉定位算法中的雷达收、发设备定址误差。对于参数误差，随着技术的发展，它的精度可以达到很高，因此在影响测向交叉定位精度中，测量因素和几何因素最主要，从而可以忽略参数误差的影响。

若把目标到基线的距离 R 看成常量，则可求得位置定位误差均方差为

$$\sigma_x = \sqrt{\frac{R^2}{\sin^2\beta}\left(\frac{\cos^2\theta_2}{\sin^2\theta_1}\sigma_{\theta_1}^2 + \frac{\cos^2\theta_1}{\sin^2\theta_2}\sigma_{\theta_2}^2\right)} \tag{7.1.7}$$

$$\sigma_y = \sqrt{\frac{R^2}{\sin^2\beta}\left(\frac{\sin^2\theta_2}{\sin^2\theta_1}\sigma_{\theta_1}^2 + \frac{\sin^2\theta_1}{\sin^2\theta_2}\sigma_{\theta_2}^2\right)} \tag{7.1.8}$$

其中，$R = \dfrac{L\sin\theta_2 \sin\theta_1}{\sin\beta}$。

4) 其他超视距定位模型

其他超视距定位方式主要是卫星、民用设备、商船、军事情报等，这些定位方式各具特点，定位精度相对不高，但在战时体系对抗条件下是不可缺少的信息来源方式。在高强度的体系对抗环境下，基于隐蔽攻击、保存水面打击力量的战略部署前提，可能这些方式就成为我方水面舰艇获取敌目标方位的有效手段。下面就主要使用的卫星设备定位误差模型进行分析。

在海面上由于没有人工或者自然的参考点，因此这里主要介绍利用卫星星历表和星载合成孔径雷达(synthetic aperture radar，SAR)回波数据的距离-多普勒参数对目标进行定位。此方法的优点是不需要在星载 SAR 的视场中使用任何位置确知的参考点，并且与卫星姿态数据无关。本方法的定位精度主要取决于卫星星历表数据的精度、假设的地球模型的有效性以及目标距离和多普勒信息的测量特性。

(1) 与斜距误差有关的定位误差。斜距误差会引起目标的视在位置沿着等多普勒线移动而造成定位误差，其值可按下述简明公式确定：

$$\Delta E_R = \Delta R / \sin\theta$$

其中，ΔE_R 为目标像元地距的定位误差；ΔR 是星载 SAR 到目标的斜距的测量误差；θ 是雷达波束在目标处的入射角(从目标处的法线方向算起)。

(2) 方位向定位误差。多普勒频率误差会引起目标的视在位置沿着等距离线移动，即在方位向出现定位误差。在 Saesat SAR 参数条件下，0.1°的姿态测量误差相对于多普勒频率误差约为 100Hz。采用杂波锁定技术已可把多普勒频率的估计误差控制在 3Hz 左右，由此造成的目标定位误差是很小的。造成方位向定位误差的另一个原因是星-地时钟的同步误差。对于 Seasat SAR 卫星，地面测绘带的速度为 6700m/s，因而每 15ms 的时间同步误差，将造成约 100m 的像元定位误差。因此，星历表的数据必须在最接近测量的时刻进行内插。造成方位向定位误差的第三个原因是脉冲重复频率数据线的丢失。因为目标像元的精确时间是相对于第一条图像数据线计算的，所以在第一条线和目标像元线之间每丢失一条线就要造成数值为 $T_P V_S'$ 的定位误差。其中，T_P 为脉冲重复周期(607.26μs)，V_S' 为地面测绘带的速度(6700m/s)。因此，在 Seasat SAR 卫星中，每丢失一条数据线，将造成 4m 的定位误差。

(3) 与星历表相关的定位误差。星历表数据决定了卫星在测量时刻的空间位置。卫星空间位置的误差具有三个分量：纵向分量 ΔI (沿卫星速度矢量方向的位移)；横向分量 ΔC (垂直于卫星轨道平面方向的位移)；径向分量 ΔR_s (沿地心即星下点方向的位移)。这些分量引起的定位误差分别为

$$\Delta E_1 = \Delta I\left(R_L / R_S\right)\cdot\sqrt{1-\left(\sin\psi\sin\varphi\right)^2} \tag{7.1.9}$$

$$\Delta E_2 = \Delta C\left(R_L / R_S\right)\cdot\sqrt{1-\left(\sin\psi\cos\varphi\right)^2} \tag{7.1.10}$$

$$\Delta E_3 = \Delta R_S\left(R_L / R_S\right)\tan\theta \tag{7.1.11}$$

其中，ψ 是从目标到卫星的地心角；φ 是目标相对卫星地迹的方位角。

7.1.2　导弹自控终点散布误差

导弹自控终点散布误差是导弹末制导雷达实际开机点相对于理论开机点(散布中心)的误差，包括随机误差和系统误差两类。随机误差又包括诸元、仪器、随机风等造成的误差；系统误差主要是由于计算自控飞行时间的理论公式是在理想条件下推导出来的，影响弹道的多种次要因素(如目标位置参数的测量误差、阵风、弹体的不对称性等)没有考虑，因而造成了误差。根据中心极限定理，可将导弹自控终点散布近似为在纵向和侧向上的二维正态分布。

导弹自控飞行的散布误差源主要包括自动驾驶仪的航向控制误差、航向陀螺漂移误差、扇面角装定与航向陀螺支架误差、弹体结构误差引发的导弹航向误差、回归残差、火控系统精度误差、随机风(阵风)引起的侧向误差和修风时的常值横风速误差等。

可以依据导弹自控终点散布的主要误差源，按误差传递的原理计算导弹的自控终点侧向散布误差和纵向散布误差。

试验数据显示，导弹在纵向和侧向上自控终点散布误差 $\sigma_{\bar{x}}$、$\sigma_{\bar{z}}$ 的绝对值随射程的增大而增大，而且其值是单调连续的，自控终点的误差与 D_{zk}(导弹导引头开机距离)关系呈现一定的规律性，可用曲线拟合最小二乘法将不同自控飞行距离的自控终点的误差数据拟合为

$$\sigma_{\bar{z}} = a_0 + a_1 D_{zk} + a_2 D_{zk}^2 \tag{7.1.12}$$

$$\sigma_{\bar{x}} = b_0 + b_1 D_{zk} + b_2 D_{zk}^2 \tag{7.1.13}$$

其中，a_0、a_1、a_2、b_0、b_1、b_2 均为常系数参数。

由此可见，导弹自控终点散布是以末制导雷达理论开机点为中心的椭圆分布，椭圆的两个轴长分别为 $\sigma_{\bar{x}}$ 和 $\sigma_{\bar{z}}$。

7.1.3　海上机动目标的散布规律

海上目标的机动对目标散布区域有直接的影响，目标的航向、航速和机动时间是影响海面机动目标散布的关键性因素。对于反舰导弹的战术使用过程，目标运动可分为“已知目标运动要素”和“可估计目标运动要素”两种情况。

1. 已知目标运动要素

已知目标运动要素是导弹攻击中最常见的一种情况，一般来说，中远程导弹在超视距攻击时都有目标的通报数据，其目标散布范围如图 7.1.4 所示，观

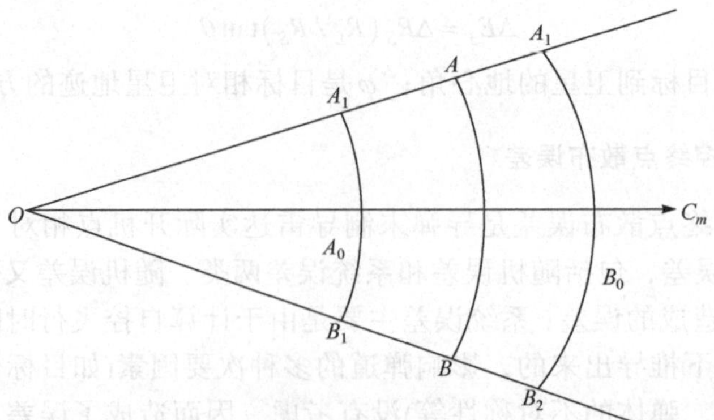

图 7.1.4　已知目标位置和速度时的目标散布范围

测点通过观测计算可求得目标运动速度。航向为C_m，航速为V_m，航向均方差为σ_c，航速均方差为σ_v，并且目标航向服从$N\left(\overline{C}_m,\sigma_c^2\right)$、目标航速服从$N\left(\overline{V}_m,\sigma_v^2\right)$的正态分布。

2. 可估计目标运动要素

未知目标运动时，一般可根据战场的态势估计目标的可能运动情况。因为在正常条件下，舰艇在海上的运动速度主要取决于舰艇的最大可用速度$V_{\max}$、舰艇战术目的、海区环境因素等。舰艇的最大可用速度和海区环境容易确定，如图 7.1.5 所示，因此舰艇战术目的对其速度的影响最大。一般来说，舰艇战术目的直接影响其航向航速，可结合平时对敌情资料的统计数据，根据战场态势概略地估计出目标的航向、航速范围。

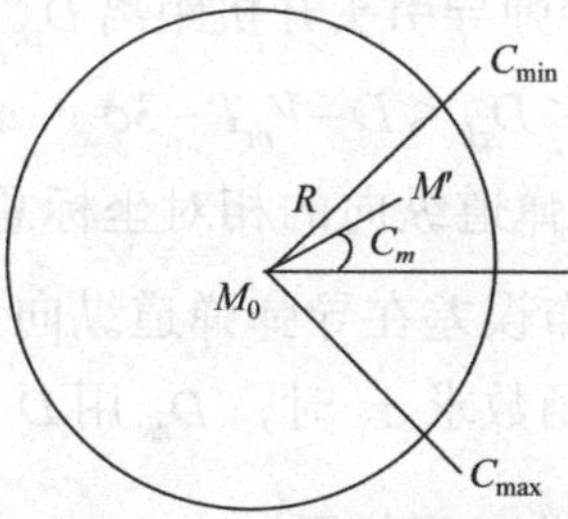

图 7.1.5　可估计目标参数时的目标散布范围

根据是对目标航向进行估计还是对目标航速进行估计，可分为以下三种情况：

(1) 估计航速范围为$V_{\min} \sim V_{\max}$，服从均匀分布；航向已知，服从$N(\overline{C}_m,\sigma_c^2)$的正态分布。

(2) 估计航向为$C_{\min} \sim C_{\max}$，服从均匀分布；航速已知，服从$N(\overline{V}_m,\sigma_v^2)$的正态分布。

(3) 估计航速范围为$V_{\min} \sim V_{\max}$，估计航向为$C_{\min} \sim C_{\max}$，估计的航向航速都服从均匀分布。

显然上述三种情况中，当$C_{\min}$取−180°、$C_{\max}$取 180°时，是指完全无法预测目标航向的情况；而当$V_{\min}$取 0、$V_{\max}$为目标舰艇的最大极限速度时，是指完全无法预测目标航速的情况。

3. 目标机动时间

显然，目标机动时间越长，其造成的散布范围也就越大，它直接取决于导弹的自控飞行时间T_{zk}，又因为从观测目标、通报数据到导弹发射有一定的时

间 T_f，所以目标机动时间 T 为观测时刻的时间间隔和导弹的自控飞行时间之和，即

$$T = T_f + T_{zk} \tag{7.1.14}$$

其中

$$T_{zk} = \begin{cases} \dfrac{D - d_{ych}^{\min}}{V_p}, & D \geqslant d_{ych}^{\min} + D_f^{\min} \\ \dfrac{D_f^{\min}}{V_p}, & D < d_{ych}^{\min} + D_f^{\min} \end{cases}$$

其中，$D_f^{\min}$ 为导弹所需飞行的最小距离；$d_{ych}^{\min}$ 为导弹导引头最小水平作用距离；V_p 为导弹飞行速度。

知道时间 T 后，可求得导弹导引头开机距离 D_{zk}，D_{zk} 应满足式(7.1.15)：

$$D_f^{\min} \leqslant D_{zk} \leqslant D - V_m T - 3\sigma_x - d_{ych}^{\min} \tag{7.1.15}$$

其中，σ_x 为目标相对于导弹弹道纵向的相对坐标总均方差，它是由目标指示系统误差和导弹自控终点散布误差在导弹弹道纵向上的合成，$\sigma_x = \sqrt{\sigma_d^2 + \sigma_{\bar{x}}^2}$，由自控终点的误差数据拟合函数求 $\sigma_{\bar{x}}$ 时，D_{zk} 用 D 代替。

7.1.4　反舰导弹目标散布区散布仿真模型

对于反舰导弹，目标散布区由目标的指示误差、导弹自控终点散布误差和目标机动散布共同决定。如图 7.1.6 所示，O' 为目标的通报位置，O_0' 为目标位置通报时的真实位置，导弹以 O' 为导弹瞄准点；O 为导弹理论自控终点(末制导雷达理论开机点)，OO' 为导弹瞄准点与导弹理论自控终点之间的距离，以 OO' 轴为横轴分别建立坐标系 OXZ 和 $O'XZ'$；O_0 为导弹实际自控终点，以 O_0 为原点建立坐标系 $O_0X_0Z_0$；M 是当导弹末制导雷达开机时目标的实际位置。

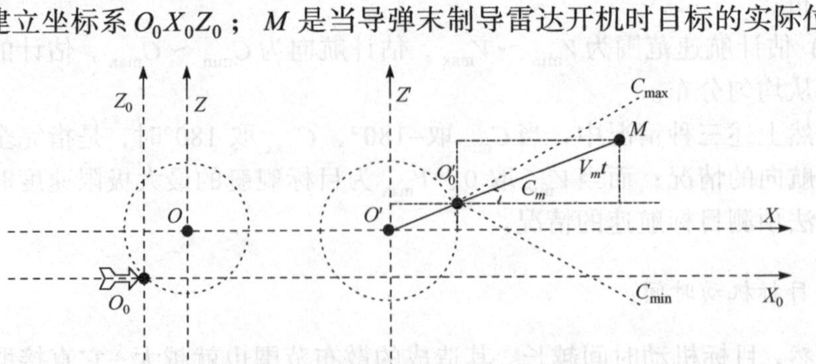

图 7.1.6　反舰导弹目标散布区示意图

这样，由图 7.1.6 可知，M 点在坐标系 $O_0X_0Z_0$ 中的位置矢量 $\overrightarrow{O_0M}$ 为

$$\overrightarrow{O_0M} = \overrightarrow{O_0O} + \overrightarrow{OO'} + \overrightarrow{O'O_0'} + \overrightarrow{O_0'M} \tag{7.1.16}$$

由前面的分析可知，O_0 在坐标系 OXZ 中服从二维正态分布，所以 $\overrightarrow{O_0O}$ 为随机变量；OO' 为导弹瞄准点与导弹理论自控终点之间的距离，是确定量；O_0' 在坐标系 $O'XZ'$ 中服从二维正态分布，所以 $\overrightarrow{O'O'}$ 为随机变量；$\overrightarrow{O_0'M}$ 为目标机动矢量，也是随机变量，所以位置矢量 $\overrightarrow{O_0M}$ 是由多个随机变量合成的。把位置矢量 $\overrightarrow{O_0M}$ 在坐标系 $O_0X_0Z_0$ 中进行投影，可得两个随机变量 $[X_m, Z_m]$。由多个随机变量的函数分布知识可求出随机变量 $[X_m, Z_m]$ 的概率密度函数，显然它们是相当复杂的解析函数，随着计算技术的发展，全面分析反舰导弹目标散布区散布规律的有效工具是蒙特卡罗统计模拟法，统计模拟的步骤如下。

(1) 设 O_0' 在坐标系 $O'XZ'$ 的坐标为 $[x_{O_0'}, z_{O_0'}]$，根据目标指示系统误差 σ_d、$\pi D\sigma_b/180$，随机产生均值为零，方差分别为 σ_d、$\pi D\sigma_b/180$ 的各自独立的正态随机数 $[x_{O_0'}, z_{O_0'}]$。

(2) 设 O_0 在坐标系 OXZ 的坐标为 $[x_{O_0}, z_{O_0}]$，根据导弹在纵向和侧向上自控终点散布方差 $\sigma_{\bar{x}}$、$\sigma_{\bar{z}}$，随机产生均值为零，方差分别为 $\sigma_{\bar{x}}$、$\sigma_{\bar{z}}$ 的各自独立的正态随机数 $[x_{O_0}, z_{O_0}]$。

(3) OO' 在坐标系 OXZ 的横轴上，设 OO' 的距离为 $x_{OO'}$，它是个确定量，即

$$x_{OO'} = D - D_{zk} \tag{7.1.17}$$

(4) 把坐标系 $O'XZ'$ 的原点平移到 O_0' 中，形成新的坐标系，M 点在这个新坐标系中的坐标为 $[x_{mO_0'}, z_{mO_0'}]$。由于海面目标机动可分为四种情况，指挥员根据态势，选择目标可能的一种机动方式，每种的模拟如下：

① 当目标航向服从 $N\left(\overline{C}_m, \sigma_c^2\right)$ 的正态分布、目标航速服从 $N\left(\overline{V}_m, \sigma_v^2\right)$ 的正态分布时，产生均值为 $\overline{C}_m$、方差为 σ_c 的正态随机数 C_m 和均值为 $\overline{V}_m$、方差为 σ_v 的正态随机数 V_m；

② 当目标航向服从 $C_{\min} \sim C_{\max}$ 的均匀分布、目标航速服从 $V_{\min} \sim V_{\max}$ 的均匀分布时，分别产生在 $C_{\min} \sim C_{\max}$ 和 $V_{\min} \sim V_{\max}$ 的随机数 C_m 和 V_m；

③ 当目标航向服从 $N\left(\overline{C}_m, \sigma_c^2\right)$ 的正态分布、目标航速服从 $V_{\min} \sim V_{\max}$ 的均匀分布时，产生均值为 $\overline{C}_m$、方差为 σ_c 的正态随机数 C_m 和在 $V_{\min} \sim V_{\max}$ 的随机数 V_m；

④ 当目标航向服从 $C_{\min} \sim C_{\max}$ 的均匀分布、目标航速服从 $N\left(\overline{V}_m, \sigma_v^2\right)$ 的正态分布时，产生在 $C_{\min} \sim C_{\max}$ 的随机数 C_m 和均值为 $\overline{V}_m$、方差为 σ_v 的正态

随机数 V_m。

这样随机数 $x_{mO_0'}$、$z_{mO_0'}$ 可由式(7.1.18)求得：

$$\begin{cases} x_{mO_0'} = V_m T \cos C_m \\ z_{mO_0'} = V_m T \sin C_m \end{cases} \tag{7.1.18}$$

(5) 由式(7.1.16)可知，M 点在坐标系 $O_0X_0Z_0$ 中的坐标 $[x_m, z_m]$ 为

$$\begin{cases} x_m = -x_{O_0} + x_{OO'} + x_{O_0'} + x_{mO_0'} \\ z_m = -z_{O_0} + z_{O_0'} + z_{mO_0'} \end{cases} \tag{7.1.19}$$

(6) 重复 N 次步骤(1)～(5)，可得 N 个随机样本 $[x_{m_i}, z_{m_i}]$ $(i=1,\cdots,N)$，在坐标系 $O_0X_0Z_0$ 中，每个样本 $[x_{m_i}, z_{m_i}]$ 可显示为一个点，在足够多的样本下，就可形象和清晰地显示出反舰导弹目标散布区的大小和外形，这样指挥员就很容易根据目标散布区的特性做出正确的决策。

(7) 根据 N 个随机样本 $[x_{m_i}, z_{m_i}]$，由统计论的知识，可求出样本均值 $[\overline{x}_m, \overline{z}_m]$ 和标准均方差 $[\sigma_{x_m}, \sigma_{z_m}]$，这样，当假设反舰导弹目标散布区散布规律服从正态分布时，可认为目标相对于导弹将处于以 $[\overline{x}_m, \overline{z}_m]$ 为中心、$[3\sigma_{x_m}, 3\sigma_{z_m}]$ 为半轴的椭圆中。

反舰导弹的目标散布区模拟仿真流程如图 7.1.7 所示，设导弹射击方式为现在点射击，发射方向是导弹直接瞄准目标射击。

7.1.5 目标散布区大小的等效计算

对于单发反舰导弹，目标散布区由目标的指示误差、导弹自控终点散布误差和目标机动散布共同决定。为了便于辅助作战决策，一般通常假设目标相对于末制导雷达开机点的综合散布在导弹弹道的纵向 X 方向和侧向 Z 方向且互不相关，这样用椭圆代替目标散布区，且椭圆的大小必须包含目标的实际散布区大小。下面分析如何确定这个椭圆的大小。

1. 第一种等效

由于目标的指示误差、导弹自控终点散布误差服从正态分布，它们的合成还是服从在 X 方向均方差为 σ_x 和在 Z 方向均方差 σ_z 的正态分布。根据已知目标运动要素、可估计目标运动要素进行如下等效。

1) 已知目标运动要素

如图 7.1.8 所示，目标机动散布区域 $A_0A_1A_2B_0B_1B_2$ 在坐标系 $O'XZ$ 投影的矩形区域 $\Delta a_{\max}$、$\Delta a_{\min}$、$\Delta b_{\max}$、$\Delta b_{\min}$ 为

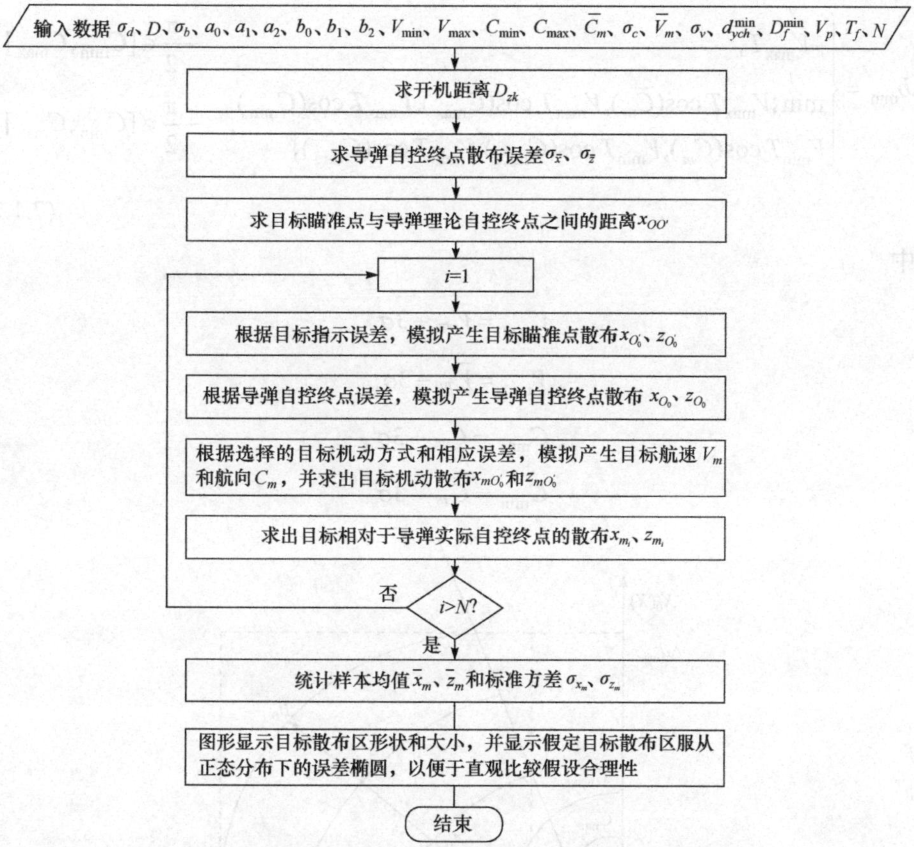

图 7.1.7　反舰导弹的目标散布区统计特性仿真流程图

$$\Delta a_{\max} = \begin{cases} V_{\max}T, & 0 \in [C_{\min}, C_{\max}] \\ \max\{V_{\max}T\cos(\bar{C}_m), V_{\max}T\cos(C_{\max}), V_{\max}T\cos(C_{\min}) \\ V_{\min}T\cos(\bar{C}_m), V_{\min}T\cos(C_{\max}), V_{\min}T\cos(C_{\min})\}, & 0 \notin [C_{\min}, C_{\max}] \end{cases} \tag{7.1.20}$$

$$\Delta a_{\min} = \begin{cases} -V_{\max}T, & \pi \in [C_{\min}, C_{\max}] \\ \min\{V_{\max}T\cos(\bar{C}_m), V_{\max}T\cos(C_{\max}), V_{\max}T\cos(C_{\min}) \\ V_{\min}T\cos(\bar{C}_m), V_{\min}T\cos(C_{\max}), V_{\min}T\cos(C_{\min})\}, & \pi \notin [C_{\min}, C_{\max}] \end{cases} \tag{7.1.21}$$

$$\Delta b_{\max} = \begin{cases} V_{\max}T, & \dfrac{\pi}{2} \in [C_{\min}, C_{\max}] \\ \max\{V_{\max}T\cos(\bar{C}_m), V_{\max}T\cos(C_{\max}), V_{\max}T\cos(C_{\min}) \\ V_{\min}T\cos(\bar{C}_m), V_{\min}T\cos(C_{\max}), V_{\min}T\cos(C_{\min})\}, & \dfrac{\pi}{2} \notin [C_{\min}, C_{\max}] \end{cases} \tag{7.1.22}$$

$$\Delta b_{\min}=\begin{cases}-V_{\max}T, & -\dfrac{\pi}{2}\in[C_{\min},C_{\max}]\\ \min\{V_{\max}T\cos(\bar{C}_m),V_{\max}T\cos(C_{\max}),V_{\max}T\cos(C_{\min}) \\ V_{\min}T\cos(\bar{C}_m),V_{\min}T\cos(C_{\max}),V_{\min}T\cos(C_{\min})\}, & -\dfrac{\pi}{2}\notin[C_{\min},C_{\max}]\end{cases}$$

(7.1.23)

其中

$$V_{\max}=\bar{V}_m+3\sigma_v$$

$$V_{\min}=\bar{V}_m-3\sigma_v$$

$$C_{\max}=\bar{C}_m+3\sigma_c$$

$$C_{\min}=\bar{C}_m-3\sigma_c$$

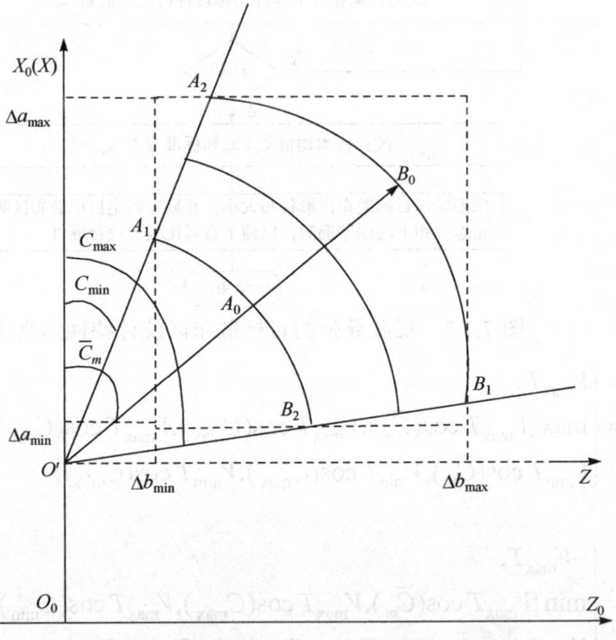

图 7.1.8　目标机动散布区域 $A_0A_1A_2B_0B_1B_2$ 示意图

目标散布区椭圆(概率达到 0.997 以上)在 X 方向上的半轴 a_{mx}、在 Z 方向上的半轴 b_{mz} 为

$$\begin{cases}a_{mx}=3\sigma_x+(\Delta a_{\max}-\Delta a_{\min})/2\\ b_{mz}=3\sigma_z+(\Delta b_{\max}-\Delta b_{\min})/2\end{cases}\tag{7.1.24}$$

目标散布区中心坐标为

$$\begin{cases}\overline{x}_m = x_{OO'} + (\Delta a_{\max} + \Delta a_{\min})/2 \\ \overline{z}_m = (\Delta b_{\max} + \Delta b_{\min})/2\end{cases} \tag{7.1.25}$$

2) 可估计目标运动要素

(1) 估计航速服从均匀分布，航向服从正态分布，此时有

$$\overline{V}_m = (V_{\min} + V_{\max})/2 \tag{7.1.26}$$

可以由式(7.1.20)～式(7.1.24)求解得目标散布区椭圆半轴 a_{mx}、b_{mz}，由式 (7.1.25)可得目标散布区中心坐标$[\overline{x}_m,\overline{z}_m]$。

(2) 估计航向服从均匀分布，航速服从正态分布，此时有

$$\overline{C}_m = (C_{\min} + C_{\max})/2 \tag{7.1.27}$$

可以由式(7.1.20)～式(7.1.24)求解得目标散布区椭圆半轴 a_{mx}、b_{mz}，由式 (7.1.25)可得目标散布区中心坐标$[\overline{x}_m,\overline{z}_m]$。

(3) 所估计的航向航速都服从均匀分布，此时有

$$\begin{cases}\overline{C}_m = (C_{\min} + C_{\max})/2 \\ \overline{V}_m = (V_{\min} + V_{\max})/2\end{cases} \tag{7.1.28}$$

可以由式(7.1.20)～式(7.1.24)求解得目标散布区椭圆半轴 a_{mx}、b_{mz}，由式 (7.1.25)可得目标散布区中心坐标$[\overline{x}_m,\overline{z}_m]$。

(4) 完全无法预测目标航向，此时有 $\Delta b_{\max} = V_{\max}T$、$\Delta b_{\min} = -V_{\max}T$、$\Delta a_{\max} = V_{\max}T$、$\Delta a_{\min} = -V_{\max}T$，可以由式(7.1.24)求解得目标散布区椭圆半轴 a_{mx}、b_{mz}，由式(7.1.25)可得目标散布区中心坐标$[\overline{x}_m,\overline{z}_m]$。

2. 第二种等效

由式(7.1.16)可知，导弹末制导雷达开机时目标的实际位置 M 点在图 7.1.6 所示的坐标系 $O_0X_0Z_0$ 中的坐标$[x_m,z_m]$，可认为参数$[x_m,z_m]$为随机变量，它们的概率密度函数可表示为

$$f_{x_m}(x_m) = \begin{cases}\dfrac{b_x}{\sqrt{2\pi}\sigma_x}\mathrm{e}^{-\frac{(x_m-\overline{x}_m-s_x)^2}{2\sigma_x{}^2}}, & x_m - \overline{x}_m > s_x \\ a_x, & \left|x_m - \overline{x}_m\right| \leqslant s_x \\ \dfrac{b_x}{\sqrt{2\pi}\sigma_x}\mathrm{e}^{-\frac{(x_m-\overline{x}_m+s_x)^2}{2\sigma_x{}^2}}, & x_m - \overline{x}_m < -s_x\end{cases} \tag{7.1.29}$$

$$f_{z_m}(z_m)=\begin{cases}\dfrac{b_z}{\sqrt{2\pi}\sigma_z}\mathrm{e}^{-\frac{(z_m-\bar{z}_m-s_z)^2}{2\sigma_z^2}}, & z_m-\bar{z}_m>s_z\\ a_z, & |z_m-\bar{z}_m|\leqslant s_z\\ \dfrac{b_z}{\sqrt{2\pi}\sigma_z}\mathrm{e}^{-\frac{(z_m-\bar{z}_m+s_z)^2}{2\sigma_z^2}}, & z_m-\bar{z}_m<-s_z\end{cases} \tag{7.1.30}$$

其中，$s_x=(\Delta a_{\max}-\Delta a_{\min})/2$；$s_z=(\Delta b_{\max}-\Delta b_{\min})/2$；$\sigma_x$、$\sigma_z$ 分别是目标的指示误差和导弹自控终点散布误差在 X 方向和在 Z 方向合成的总均方差。则有

$$b_x=1\bigg/\left(1+\frac{2s_x}{\sqrt{2\pi}\sigma_x}\right),\quad a_x=1/(2s_x+\sqrt{2\pi}\sigma_x) \tag{7.1.31}$$

$$b_z=1\bigg/\left(1+\frac{2s_z}{\sqrt{2\pi}\sigma_z}\right),\quad a_z=1/(2s_z+\sqrt{2\pi}\sigma_z) \tag{7.1.32}$$

由此可得其概率分布函数为

$$F_x(x)=F_x(x_m-\bar{x}_m)=\int_{-\infty}^{x}f_{xm}(x_m-\bar{x}_m)\mathrm{d}x_m=\begin{cases}2a_xs_x+b_x\Phi\left(\dfrac{x-s_x}{\sigma_x}\right), & x>s_x\\ \dfrac{b_x}{2}+a_x(x+s_x), & |x|\leqslant s_x\\ b_x\Phi\left(\dfrac{x+s_x}{\sigma_x}\right), & x<-s_x\end{cases} \tag{7.1.33}$$

$$F_z(z)=F_z(z_m-\bar{z}_m)=\int_{-\infty}^{z}f_{z_m}(z_m-\bar{z}_m)\mathrm{d}z_m=\begin{cases}2a_zs_z+b_z\Phi\left(\dfrac{z-s_z}{\sigma_z}\right), & z>s_z\\ \dfrac{b_z}{2}+a_z(z+s_z), & |z|\leqslant s_z\\ b_z\Phi\left(\dfrac{z+s_z}{\sigma_z}\right), & z<-s_z\end{cases} \tag{7.1.34}$$

其中

$$\Phi(x)=\int_{-\infty}^{x}\frac{1}{\sqrt{2\pi}}\mathrm{e}^{-\frac{t^2}{2}}\mathrm{d}t$$

末制导雷达开机时，设以 $[\bar{x}_m,\bar{z}_m]$ 为中心，目标在 X 方向区域 $[-a_{mx},a_{mx}]$ 上

的概率为 P_{mx}、在 Z 方向区域 $[-b_{mz},b_{mz}]$ 上的概率为 P_{mz}，由于假设综合散布在导弹弹道的纵向 X 方向和侧向 Z 方向且互不相关，则

$$P_{mx}=F_x\left(a_{mx}\right)-F_x\left(-a_{mx}\right) \tag{7.1.35}$$

$$P_{mz}=F_z\left(b_{mz}\right)-F_x\left(-b_{mz}\right) \tag{7.1.36}$$

取 P_{mx} 为 0.997、P_{mz} 为 0.997，由式(7.1.35)和式(7.1.36)可得相应的 a_{mx} 和 b_{mz}，由式(7.1.25)目标散布区中心坐标 $[\overline{x}_m,\overline{z}_m]$，则可认为目标散布区是以 $[\overline{x}_m,\overline{z}_m]$ 为中心、在 X 方向上的半轴为 a_{mx}、在 Z 方向上的半轴为 b_{mz} 的椭圆(概率达到 0.997 以上)。

3. 第三种等效

在随机变量

$$x=x_m-x_{OO'}=-x_{O_0}+x_{O_0'}+x_{mO_0'}=x_u+x_v$$

$$z=z_m=-z_{O_0}+z_{O_0'}+z_{mO_0'}=z_u+z_v$$

中

$$x_u=-x_{O_0}+x_{O_0'}$$

$$z_u=-z_{O_0}+z_{O_0'}$$

是目标的指示误差、导弹自控终点散布误差的合成，它们是服从在 X 方向均方差为 σ_x 和在 Z 方向均方差 σ_z 的正态分布，则它们的概率密度函数为

$$f_{x_u}(x_u)=\frac{1}{\sqrt{2\pi}\sigma_x}\mathrm{e}^{-\frac{x_u^2}{2\sigma_x^2}} \tag{7.1.37}$$

$$f_{z_u}(z_u)=\frac{1}{\sqrt{2\pi}\sigma_z}\mathrm{e}^{-\frac{z_u^2}{2\sigma_z^2}} \tag{7.1.38}$$

目标的机动散布误差 $x_v=x_{mO_0'}$、$z_v=z_{mO_0'}$ 假设为 $[a,b]$ 均匀分布，即

$$f_{x_v}(x_v)=\begin{cases}\dfrac{1}{b_x-a_x}, & x_v\subset[a_x,b_x]\\ 0, & \text{其他}\end{cases} \tag{7.1.39}$$

$$f_{z_v}(z_v)=\begin{cases}\dfrac{1}{b_z-a_z}, & z_v\subset[a_z,b_z]\\ 0, & \text{其他}\end{cases} \tag{7.1.40}$$

其中，$a_x=\Delta a_{\min}$；$b_x=\Delta a_{\max}$；$a_z=\Delta b_{\min}$；$b_z=\Delta b_{\max}$。

所以，随机变量 $[x,z]$ 的概率密度函数为

$$
\begin{aligned}
f_x(x) &= \int_{-\infty}^{+\infty} f_{x_u}(x-x_v) f_{x_v}(x_v)\mathrm{d}x_v \\
&= \frac{1}{b_x-a_x}\int_{a_x}^{b_x} f_{x_u}(x-x_v)\mathrm{d}x_v \\
&= \frac{1}{b_x-a_x}\int_{x-b_x}^{x-a_x} f_{x_u}(x_u)\mathrm{d}x_u \\
&= \frac{1}{b_x-a_x}\left(\Phi\left(\frac{x-a_x}{\sigma_x}\right)-\Phi\left(\frac{x-b_x}{\sigma_x}\right)\right)
\end{aligned} \tag{7.1.41}
$$

$$
\begin{aligned}
f_z(z) &= \int_{-\infty}^{+\infty} f_{z_u}(z-z_v) f_{z_v}(z_v)\mathrm{d}z_v \\
&= \frac{1}{b_z-a_z}\int_{a_z}^{b_z} f_{z_u}(z-z_v)\mathrm{d}z_v \\
&= \frac{1}{b_z-a_z}\int_{z-b_z}^{z-a_z} f_{z_u}(z_u)\mathrm{d}z_u \\
&= \frac{1}{b_z-a_z}\left(\Phi\left(\frac{z-a_z}{\sigma_z}\right)-\Phi\left(\frac{z-b_z}{\sigma_z}\right)\right)
\end{aligned} \tag{7.1.42}
$$

设 $\Delta x=(\Delta a_{\max}+\Delta a_{\min})/2$、$\Delta z=(\Delta b_{\max}+\Delta b_{\min})/2$，则可得概率 P_{mx} 为

$$
P_{mx}=\int_{\Delta x-a_{mx}}^{\Delta x+a_{mx}} f_x(x)\mathrm{d}x=\int_{\Delta x-a_{mx}}^{\Delta x+a_{mx}} \frac{1}{b_x-a_x}\left(\Phi\left(\frac{x-a_x}{\sigma_x}\right)-\Phi\left(\frac{x-b_x}{\sigma_x}\right)\right)\mathrm{d}x
$$

由于有

$$
\begin{aligned}
\int \Phi(x)\mathrm{d}x &= \int\left(\int_{-\infty}^{x}\frac{1}{\sqrt{2\pi}}\mathrm{e}^{-\frac{t^2}{2}}\mathrm{d}t\right)\mathrm{d}x \\
&= x\Phi(x)-\int x\mathrm{d}\left(\int_{-\infty}^{x}\frac{1}{\sqrt{2\pi}}\mathrm{e}^{-\frac{t^2}{2}}\mathrm{d}t\right) \\
&= x\Phi(x)-\int x\frac{1}{\sqrt{2\pi}}\mathrm{e}^{-\frac{x^2}{2}}\mathrm{d}x \\
&= x\Phi(x)+\frac{1}{\sqrt{2\pi}}\mathrm{e}^{-\frac{x^2}{2}}
\end{aligned}
$$

因此有

$$
\begin{aligned}
P_{mx} &= \frac{1}{b_x - a_x} \int_{-a_{mx}+\Delta x}^{a_{mx}+\Delta x} \left(\Phi\left(\frac{x-a_x}{\sigma_x}\right) - \Phi\left(\frac{x-b_x}{\sigma_x}\right) \right) \mathrm{d}x \\
&= \frac{\sigma_x}{b_x - a_x} \left(\int_{\frac{a_{mx}-\Delta x+a_x}{\sigma_x}}^{\frac{a_{mx}+\Delta x-a_x}{\sigma_x}} \Phi(t)\mathrm{d}t - \int_{\frac{a_{mx}-\Delta x+b_x}{\sigma_x}}^{\frac{a_{mx}+\Delta x-b_x}{\sigma_x}} \Phi(t)\mathrm{d}t \right) \\
&= \frac{\sigma_x}{b_x - a_x} \left[\left(t\Phi(t) + \frac{1}{\sqrt{2\pi}} \mathrm{e}^{-\frac{t^2}{2}} \right) \Bigg|_{\frac{a_{mx}-\Delta x+a_x}{\sigma_x}}^{\frac{a_{mx}+\Delta x-a_x}{\sigma_x}} - \left(t\Phi(t) + \frac{1}{\sqrt{2\pi}} \mathrm{e}^{-\frac{t^2}{2}} \right) \Bigg|_{\frac{a_{mx}-\Delta x+b_x}{\sigma_x}}^{\frac{a_{mx}+\Delta x-b_x}{\sigma_x}} \right] \\
&= \frac{\sigma_x}{b_x - a_x} \Bigg[\Bigg(\frac{a_{mx}+\Delta x-a_x}{\sigma_x} \Phi\left(\frac{a_{mx}+\Delta x-a_x}{\sigma_x}\right) + \cdots \\
&\quad + \frac{1}{\sqrt{2\pi}} \mathrm{e}^{-\frac{(a_{mx}+\Delta x-a_x)^2}{2\sigma_x^2}} + \frac{a_{mx}-\Delta x+a_x}{\sigma_x} \Phi\left(\frac{a_{mx}-\Delta x+a_x}{\sigma_x}\right) - \frac{1}{\sqrt{2\pi}} \mathrm{e}^{-\frac{(a_{mx}-\Delta x+a_x)^2}{2\sigma_x^2}} \Bigg) - \cdots \\
&\quad - \Bigg(\frac{a_{mx}+\Delta x-b_x}{\sigma_x} \Phi\left(\frac{a_{mx}+\Delta x-b_x}{\sigma_x}\right) + \frac{1}{\sqrt{2\pi}} \mathrm{e}^{-\frac{(a_{mx}+\Delta x-b_x)^2}{2\sigma_x^2}} + \cdots \\
&\quad + \frac{a_{mx}-\Delta x+b_x}{\sigma_x} \Phi\left(\frac{a_{mx}-\Delta x+b_x}{\sigma_x}\right) - \frac{1}{\sqrt{2\pi}} \mathrm{e}^{-\frac{(a_{mx}-\Delta x+b_x)^2}{2\sigma_x^2}} \Bigg) \Bigg]
\end{aligned}
\tag{7.1.43}
$$

同理可得概率 P_{mz} 为

$$
\begin{aligned}
P_{mz} &= \frac{\sigma_z}{b_z - a_z} \Bigg[\Bigg(\frac{b_{mz}+\Delta z-a_z}{\sigma_z} \Phi\left(\frac{b_{mz}+\Delta z-a_z}{\sigma_z}\right) + \cdots \\
&\quad + \frac{1}{\sqrt{2\pi}} \mathrm{e}^{-\frac{(b_{mz}+\Delta z-a_z)^2}{2\sigma_z^2}} + \frac{b_{mz}-\Delta z+a_z}{\sigma_z} \Phi\left(-\frac{b_{mz}-\Delta z+a_z}{\sigma_z}\right) - \frac{1}{\sqrt{2\pi}} \mathrm{e}^{-\frac{(b_{mz}-\Delta z+a_z)^2}{2\sigma_z^2}} \Bigg) - \cdots \\
&\quad - \Bigg[\frac{b_{mz}+\Delta z-b_z}{\sigma_z} \Phi\left(\frac{b_{mz}+\Delta z-b_z}{\sigma_z}\right) + \frac{1}{\sqrt{2\pi}} \mathrm{e}^{-\frac{(b_{mz}+\Delta z-b_z)^2}{2\sigma_z^2}} + \cdots \\
&\quad + \frac{b_{mz}-\Delta z+b_z}{\sigma_z} \Phi\left(-\frac{b_{mz}-\Delta z+b_z}{\sigma_z}\right) - \frac{1}{\sqrt{2\pi}} \mathrm{e}^{-\frac{(b_{mz}-\Delta z+b_z)^2}{2\sigma_z^2}} \Bigg) \Bigg]
\end{aligned}
\tag{7.1.44}
$$

同样取 P_{mx}、P_{mz} 均为 0.997，由式(7.1.43)和式(7.1.44)可得相应的 a_{mx} 和 b_{mz}，由式(7.1.25)目标散布区中心坐标 $[\overline{x}_m,\overline{z}_m]$，则可认为目标散布区是以 $[\overline{x}_m,\overline{z}_m]$ 为中心、在 X 方向上的半轴为 a_{mx}、在 Z 方向上的半轴为 b_{mz} 的椭圆(概率达到 0.997 以上)。

4. 第四种等效(统计模拟法)

根据 7.1.4 节统计模拟的步骤，求出样本均值 $[\overline{x}_m,\overline{z}_m]$ 和标准均方差 $[\sigma_{x_m},\sigma_{z_m}]$，一般假设反舰导弹目标散布区散布规律服从正态分布，则目标相对于导弹将处于以 $[\overline{x}_m,\overline{z}_m]$ 为中心、$[3\sigma_{x_m},3\sigma_{z_m}]$ 为半轴的椭圆中(概率达到 0.997 以上)。

7.1.6　仿真分析

按如图 7.1.7 所示反舰导弹的目标散布区模拟仿真流程，设导弹射击方式为现在点射击，发射方向是导弹直接瞄准目标射击，仿真的基本初始参数如下。

取 σ_d 为 1km，D 为 200km，σ_b 为 0.3°，$V_{\min}$ 为 0m/s，$V_{\max}$ 为 15m/s，$C_{\min}$ 为 −30°，$C_{\max}$ 为 30°，$\overline{C}_m$ 为 0°，σ_c 为 1°，$\overline{V}_m$ 为 10m/s，σ_v 为 1m/s，$d_{ych}^{\min}$ 为 3km，$D_f^{\min}$ 为 10km，V_p 为 220m/s，T_f 为 200s，a_0、a_1、b_0、b_1 取 0，a_2、b_2 取 3.5×10^{-5}，仿真次数 N 取 2000。仿真的结果如图 7.1.9～图 7.1.15 所示，图中 Z 轴的 0 坐标表示导弹实际自控终点，图中的点表示目标在每次仿真的一个散布。

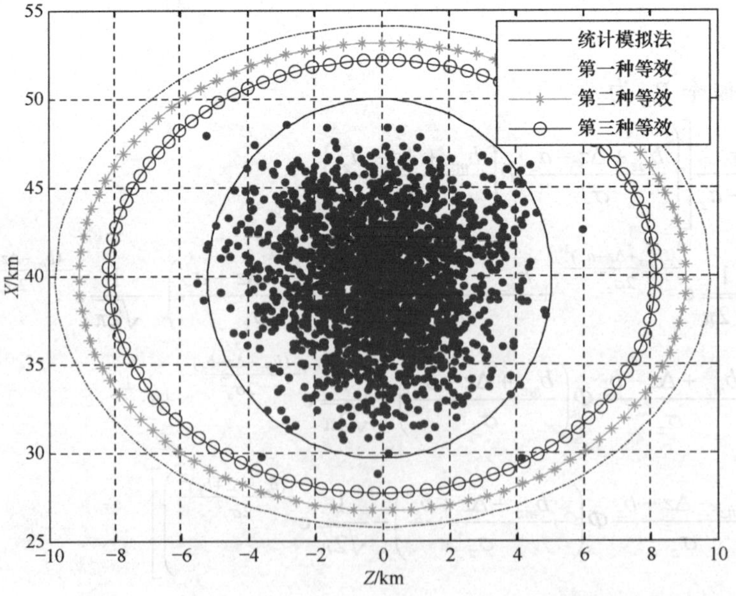

图 7.1.9　目标航向、航速均服从正态分布仿真结果

增大目标指示系统误差或导弹实际自控终点散布误差，即 σ_d 取 5km，D 取 400km，σ_b 取 3°，其他仿真参数不变，仿真的结果如图 7.1.10 所示。

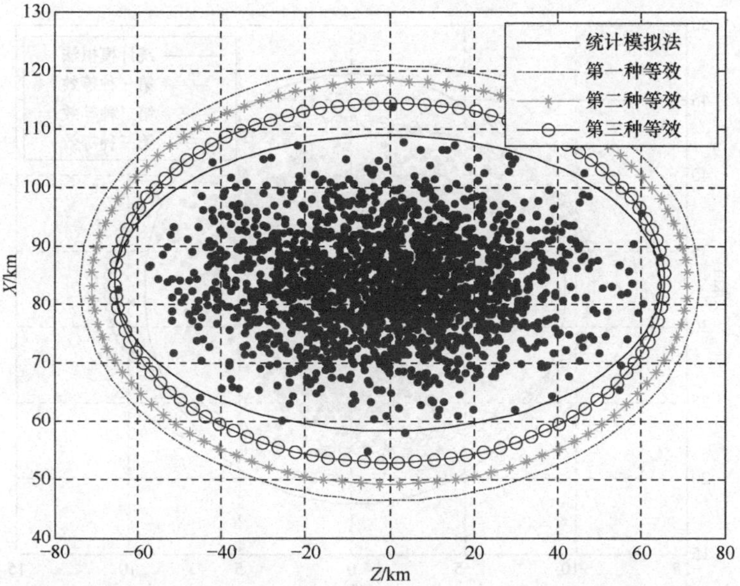

图 7.1.10　目标指示系统误差或导弹实际自控终点散布误差大于目标机动散布误差仿真结果

目标航向、航速均服从正态分布但航向、航速误差增大，即 σ_c 取 5°，σ_v 取 3m/s，其他仿真参数不变，仿真的结果如图 7.1.11 所示。

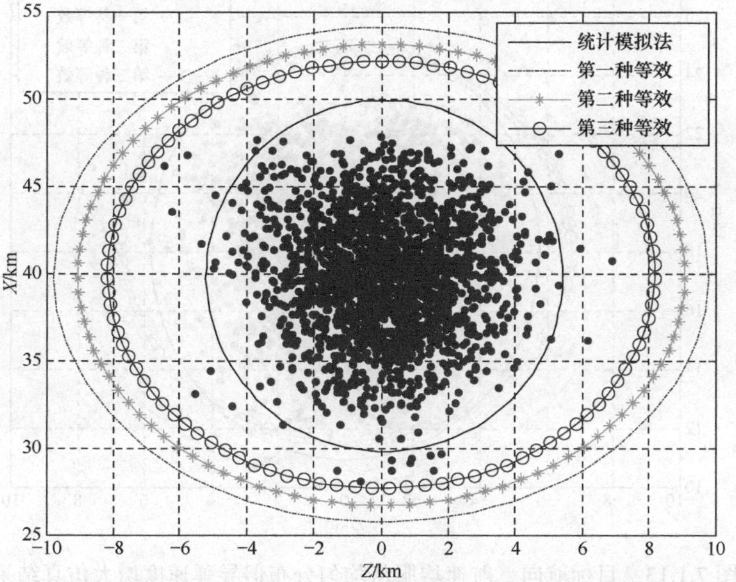

图 7.1.11　目标航向、航速均服从正态分布但航向、航速误差增大仿真结果

目标航向、航速均服从均匀分布但导弹速度增大，即 V_p 取 220m/s 及 800m/s，其他仿真参数不变，仿真的结果如图 7.1.12 和图 7.1.13 所示。

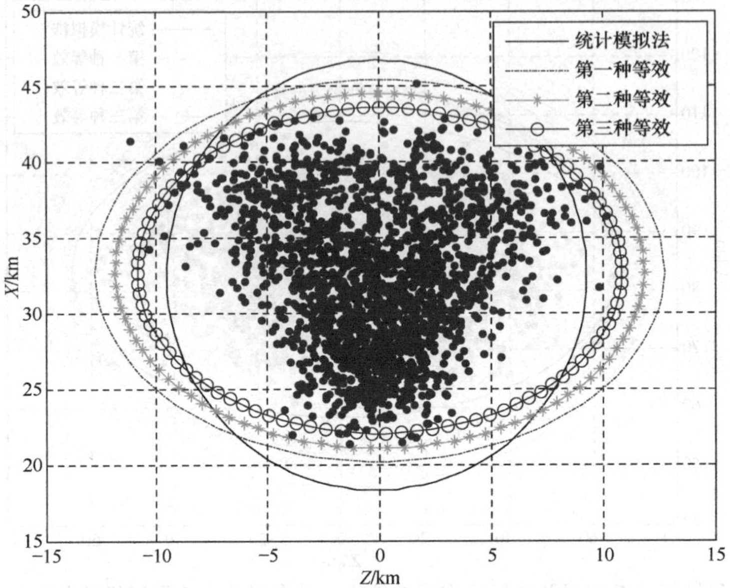

图 7.1.12　目标航向、航速均服从均匀分布仿真结果

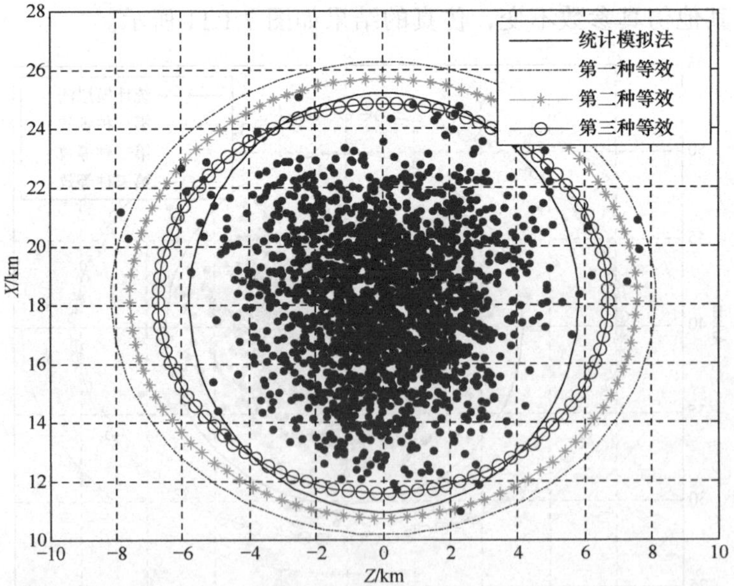

图 7.1.13　目标航向、航速均服从均匀分布但导弹速度增大仿真结果

当无法完全预测目标航向时，仿真参数不变，仿真的结果如图 7.1.14 和图 7.1.15 所示。

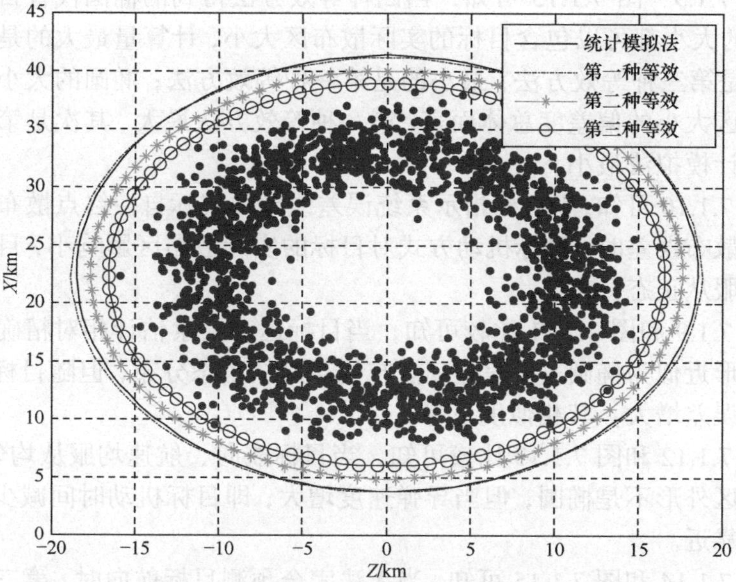

图 7.1.14　目标航向无法预测且航速服从正态分布仿真结果

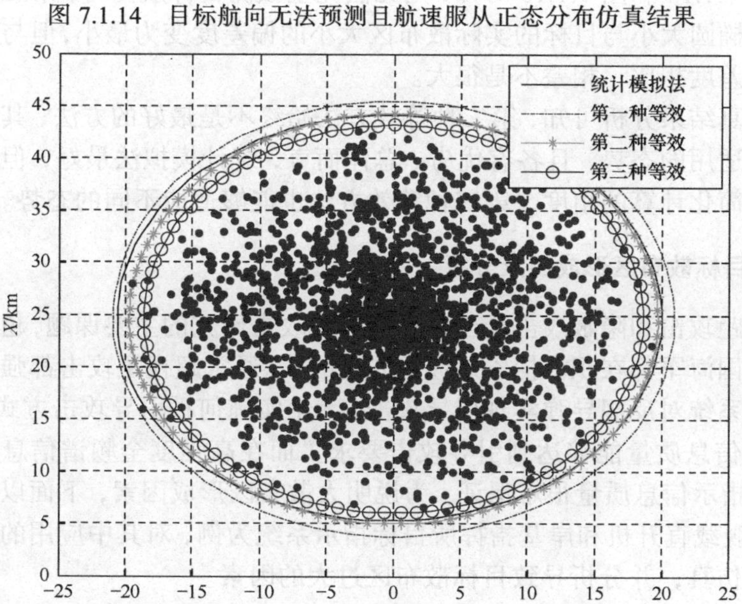

图 7.1.15　完全无法预测目标航向、航速仿真结果

根据仿真结果可得如下结论：

由图 7.1.9～图 7.1.15 可知，在足够多的样本下，通过对目标散布区散布

仿真就可形象和清晰地显示出反舰导弹目标散布区的大小和外形，这样指挥员就很容易根据目标散布区的特性做出正确的决策。

由图 7.1.9～图 7.1.15 可知，当四种等效方法得到的椭圆代替目标散布区时，椭圆的大小都可以包含目标的实际散布区大小，计算量最大的是统计模拟法，其次是第三种等效方法，最小的是第一种等效方法；椭圆的大小与目标的实际散布区大小的偏差度总体而言，第一种等效方法最大、其次是第二种等效方法、统计模拟法最小。

由图 7.1.10 可知，当目标指示系统误差或导弹实际自控终点散布误差大于目标机动散布误差时，目标机动方式对目标的实际散布区影响小，目标散布区散布规律服从正态分布。

由图 7.1.9 和图 7.1.11 比较可知，当目标运动要素估计相对精确时，目标散布区外形近似为椭圆，可假定其散布规律服从正态分布，但随目标航向、航速的估计误差增大，其相似度下降。

由图 7.1.12 和图 7.1.13 比较可知，当目标航向、航速均服从均匀分布时，目标散布区外形不是椭圆，但当导弹速度增大，即目标机动时间减少时，其外形向椭圆靠近。

由图 7.1.14 和图 7.1.15 可知，当无法完全预测目标航向时，第三种等效方法得到的椭圆大小与目标的实际散布区大小的偏差度变为最小，但与其他方法得到的偏差度相比，相差不是很大。

从仿真结果分析可知，第二种等效方法始终不是最好的方法，其余的等效方法各有适用的态势，且各有优劣。总体而言，统计模拟法最好，但它的计算量大，从简化计算的角度，第三种等效方法也能够适应不同的态势。

7.1.7 大目标散布区形成因素分析

超视距攻击和隐蔽攻击是当今反舰导弹攻击研究的主要课题，超视距隐蔽攻击是各国海军都在积极探索研究的先进战法。通常超视距攻击都强调超视距目标指示系统对反舰导弹实现引导攻击，无论实施何种引导攻击方式，都要求目标指示信息质量能够达到引导攻击要求。而在高强度全频谱信息对抗过程中，目标指示信息质量很难保证。为说明大散布区形成因素，下面以舰载超视距雷达、舰载直升机和岸基指挥所目标指示系统为例，对其中应用的目标定位模型进行仿真，并分析导致目标散布区过大的因素。

1. 目标散布区仿真

1) 舰载超视距雷达

舰载超视距雷达主要利用大气对流层对电磁波的非均匀散射和海上大气

对电波的超折射传播实现海上超视距目标探测，其探测范围可从视距到几百公里。

通过蒙特卡罗法对舰载超视距雷达主被动定位误差进行仿真分析。

主动探测精度数值仿真参数如下。

定位误差参数：测向精度为 0.3°，测距精度为 100m，GPS 精度为 10m，指北精度为 0.01°。

机动误差参数：速度均值为 25kn，速度方差为 5kn，航向均值为 40°，航向方差为 5°。

自控终点散布误差参数：导弹自导距离为 30km，加速时间常数为 1.2s，横风加速时间常数为 8s，导弹飞行速度为 300m/s，陀螺仪漂移的最大值为 0.4°/min；自动驾驶仪的不灵敏度、舵机零位最大误差为 0.5°；航向陀螺支架误差为 0.2°；弹体结构误差引起的航向最大误差为 0.25°；回归残差为 180m；随机风风速为 2m/s；火控系统引起的航向最大误差为 0.8°；常值风修风时的风速偏差为 1m/s；温度引起的发动机推力误差使得导弹飞行速度偏差为 1m/s；自控飞行时间计算装订误差为 0.5s，射击时延为 216s。

采用大地主题解算可得目标最大散布区如图 7.1.16 所示。由图可知，超视距雷达主动定位目标散布区在舰艇地理坐标系下，目标散布区为椭圆散布，散布椭圆长轴约为 25km。

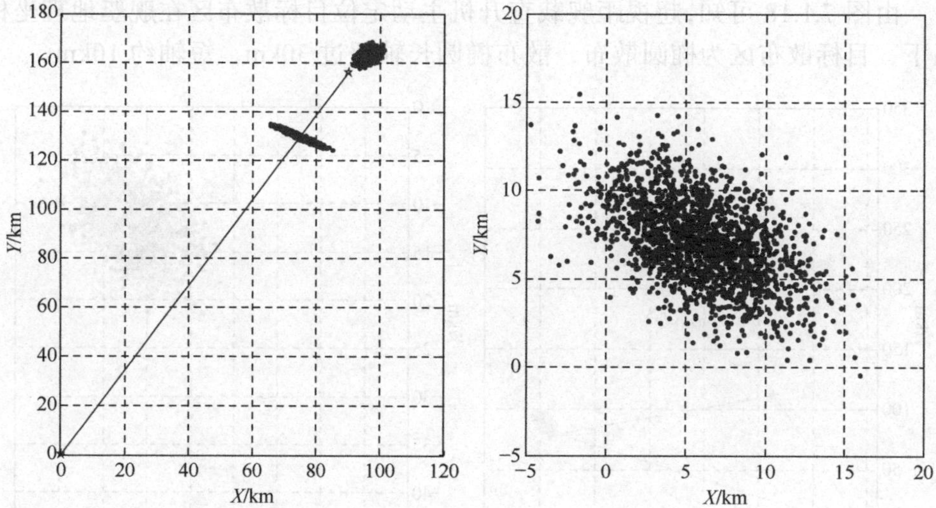

图 7.1.16　超视距雷达主动定位目标散布区

被动超视距雷达双舰交叉定位，可探测最大距离为 300km，基线为 40km，GPS 精度为 10m，测向精度为 0.3°，其他参数同上。采用双舰定位交叉算法可得目标最大散布区域如图 7.1.17 所示。

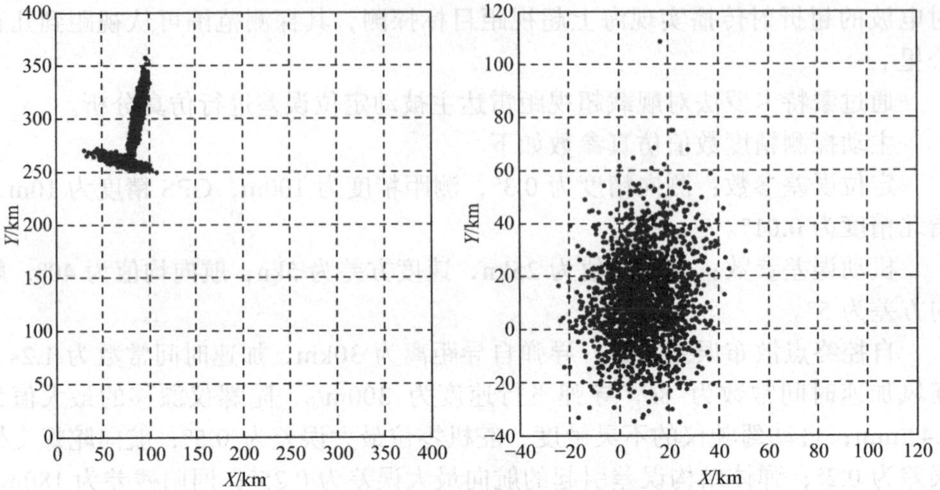

图 7.1.17 超视距雷达双舰被动定位目标散布区

由图 7.1.17 可知，超视距雷达主动定位目标散布区在舰艇地理坐标系下，目标散布区为椭圆散布，散布椭圆长轴超过 120km，短轴约为 60km。

2) 舰载直升机

目标距离 200km，方位角 100°，我舰经纬度[100，38]°，观测平台经纬度[101, 39]°。射击时延为 20s，其他参数同舰载超视距雷达主被动定位的仿真参数。

由图 7.1.18 可知，超视距舰载直升机主动定位目标散布区在舰艇地理坐标系下，目标散布区为椭圆散布，散布椭圆长轴超过 30km，短轴约 10km。

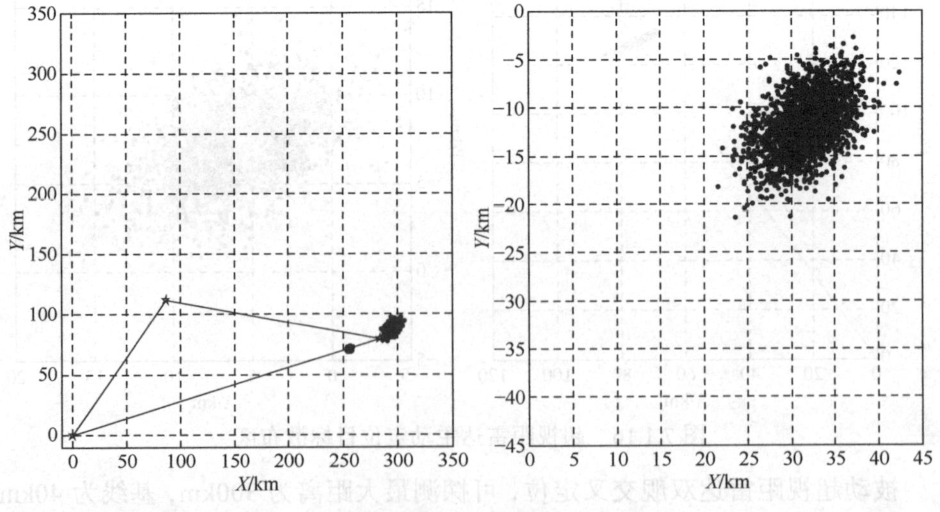

图 7.1.18 超视距舰载直升机主动定位目标散布区

3) 岸基指挥所目标指示系统

目标距离 200km，方位角 100°，我舰经纬度[100，38]°，观测平台经纬度[101，39]°。射击延时增大至 600s，其他参数同舰载超视距雷达主被动定位的仿真参数。其仿真结果如图 7.1.19 所示。

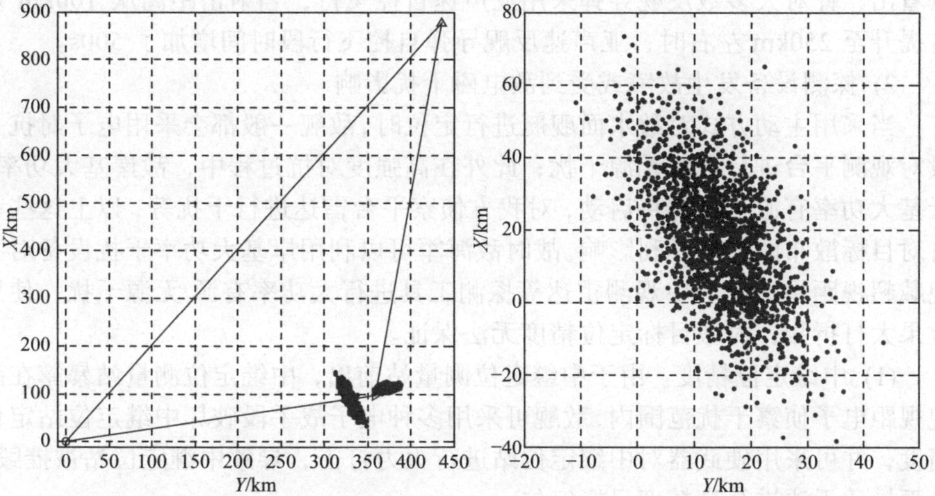

图 7.1.19　岸基指挥所目标指示系统目标散布区及目标综合散布

2. 大目标散布区形成因素分析

1) 射击距离影响

射击距离对最终目标散布区影响体现在以下几个方面：

(1) 自控终点散布。由自控终点仿真分析可知，自控终点散布与射击距离之间的拟合关系式为

$$\sigma_x = a_0 + a_1 r_{zk} + a_2 D_{zk}^2$$

$$\sigma_z = b_0 + b_1 r_{zk} + b_2 D_{zk}^2$$

当射击距离增大时，自控终点误差随射击距离平方线性增加，自控终点散布增加将直接导致目标散布区急剧增大。

(2) 远距离定位精度。从目标定位误差仿真分析可以看出，采用主动超视距雷达定位方式，目标定位精度随着距离增大影响不大；采用双舰交叉被动定位方式，目标定位精度随着距离增大急剧恶化；采用直升机协同定位方式，目标定位精度随距离增大影响不大。

对比三种定位方式可以看出，主动定位方式对目标距离不敏感，而被动定位方式对目标距离相对敏感。而战场上主动定位方式极容易暴露自身作战意

图，采用主动超视距定位方式只占到 30%，大部分定位过程都是由被动定位过程实现的。

(3) 射击时延。当导弹飞行速度较低、射击距离较远或目标机动能力较强时，会使目标机动误差较大。根据目标信息流程时效性及目标机动误差仿真可以看出，针对大多数反舰导弹采用亚声速自控飞行，当射击距离从 100km 左右提升至 250km 左右时，亚声速反舰导弹自控飞行段时间增加了 500s。

2) 探测设备发生故障或受到敌电磁干扰影响

当采用主动方式对敌水面舰艇进行定位时，敌舰一般都会采用电子对抗手段对观测平台进行有源无源干扰；此外在高强度对抗过程中，敌岸基大功率、天基大功率有源干扰都将启动，对我方侦察平台雷达进行干扰等，以上这些都将对目标散布区带来不利影响。战时敌海军可以利用岸基大功率干扰设备对我舰载超视距雷达、空中观测雷达等探测工具进行大功率有源/无源干扰，使用效果大打折扣，对敌目标定位精度无法保证。

(1) 中继定位精度。由于中继定位测量站前出，中继定位测量站暴露在敌舰视距电子侦察干扰范围内，敌舰可采用多种电子战手段破坏中继定位站定位精度，并可采用硬武器对中继定位站进行火力打击，导致中继定位站被摧毁，从而导致无法进行高精度目标定位。

(2) 远距离主被动雷达定位精度。随着局部战争强度提高，战场电磁环境日趋复杂，对抗双方为避免敌方侦察兵力对己方重点防御目标的超视距打击，大都会释放大量无法预估的电磁干扰，以形成战争迷雾。持续电磁干扰将极大影响雷达识别目标的能力，增加定位系统反应时间，甚至使定位系统无法进行有效定位，只能依靠释放电磁干扰的大致方位推断出电子干扰掩护的重点打击目标的所在区域。

3) 作战气象条件影响

气象条件对最终目标散布区影响体现在以下几个方面：

(1) 自控终点散布。随着反舰导弹射程增大，远距离气象条件很难进行有效预测。同时现代气象条件已可进行大范围的人工干预，使得气象条件预测更加困难。这些将导致反舰导弹在进行自控段弹道飞行时，随机风装订误差增大，最终使得反舰导弹自控终点散布过大。

(2) 远距离定位精度。首先，恶劣的作战气象条件将影响前出探测平台的使用，使得前出探测平台定位系统反应时间延长，同时很大程度上降低了前出探测平台有效工作时长；其次，恶劣的作战气象条件会使得大气波导变得不稳定，舰载超视距大气波导雷达有源/无源远程探测精度降低或者无法进行远程目标定位。当然有时战术条件限制也会形成大目标散布区。

7.1.8　小结

受作战环境影响、攻击战术限制等诸多因素共同作用，在战时高对抗条件下，使用主动超视距雷达攻击方式容易暴露自身作战意图，如果依靠舰载被动定位雷达、岸基超视距地波雷达、卫星定位方式等定位精度较低或时效性较差的超视距传感器，将导致目标散布增大、定位精度降低，主要在以下几种情况下易造成大散布区：

(1) 探测精度过差或目标信息通报时间滞后过长或受到敌电磁干扰影响，会导致目标信息恶劣，目标散布区过大；

(2) 目标距离过大，导弹自控飞行时间过长，导致导弹飞行误差和目标机动引起的系统误差过大，造成大目标散布区；

(3) 能够确切掌握目标作战区(如反封锁作战区、敌航母综合作战区等)的范围，或通过对战场情报的分析判断(如根据敌警戒兵力位置和分布推断)能够概略知道目标活动区，但目标作战区或活动区过大。

为了对大目标散布区进行建模计算以便于辅助作战决策，研究利用椭圆模拟目标散布区，且椭圆大小包含目标实际散布区大小，给出了目标散布区的等效计算方法和步骤。

研究提出了四种目标散布区等效计算方法，经过理论与仿真分析，除第二种等效方法外的三种方法都是有效的，战时可根据允许计算时间和要求的计算误差来选择某种等效方法。

统计模拟法(第四种等效方法)得到的目标散布区椭圆最接近实际目标实际散布区大小，但计算量大；第一种等效方法得到的目标散布区椭圆比实际目标实际散布区大，但计算量小；第三种等效方法得到的目标散布区椭圆与实际目标实际散布区的误差处于前两种方法的中间，计算量也处于中间。

目标散布区大小等效计算步骤如下：

(1) 根据探测设备的性能和接收的信息及数据的精度，计算目标指示的定位精度；

(2) 根据目标指示系统误差散布中心的初始距离，计算目标机动时间、导弹开机距离、导弹自控终点散布误差；

(3) 根据目标的机动方式和目标机动时间，计算目标的机动距离；

(4) 根据采用的等效方法，由目标指示系统误差、导弹自控终点散布误差和目标的机动距离，按给定的目标至少被一枚导弹捕捉的概率计算目标散布区的中心和目标散布区椭圆的长短轴。

7.2　多弹区域覆盖射击方法研究

未来作战海区的自然环境、目标环境和电子环境相当复杂，战场态势变化相当快，因此在复杂的环境条件下如何保障导弹武器系统的攻击精度是对其作战能力研究的重点。从前面的分析和仿真可知，若目标定位误差大，目标老化时间较长，则目标机动散布范围较大，导弹在射击距离较远时，导弹对目标的捕捉概率将不能满足攻击精度的要求。

为了保证导弹在作战时能完成其战斗使命，要么在保障攻击精度条件下，通过舰艇机动，减小导弹有效射击距离保证攻击精度；要么降低攻击精度，如把捕捉概率标准降低到 0.99、0.85 或 0.8 保证较远的有效射击距离，从而满足快速发射、先机制敌的要求。

这两种方法均存在不足，如何解决既保证最大的有效射击距离，又保证一定的攻击精度，这需要一种新的攻击方法，该方法是多弹区域覆盖射击方法，其基本思路是在复杂恶劣的海战场环境下，当目标的散布区较大时，已经不能把探测的目标看成一个确定的点目标，应按照对目标的火力运用原则，采用多弹区域覆盖射击方法，即将一次交射的两枚或多弹的末制导雷达搜索扇面联合组成一个宽度更大的搜索带，以克服单枚导弹末制导雷达对远距离大误差目标捕捉概率小的缺点，使齐射的导弹对远距离散布误差大的目标具有较高的捕捉概率。

反舰导弹的导引头开机后，搜索目标时一般保持导弹匀速直线运动，下面分析多弹区域覆盖平行搜索射击方法的相关问题。首先研究导弹搜索雷达连续开机时多枚同类型导弹区域覆盖射击的平行搜索捕捉概率、毁伤目标概率的计算，瞄准点数量、导弹瞄准点的偏移量、每个瞄准点分配的导弹数和导弹消耗量等公式和确定原则，并进行仿真验证；然后讨论导弹搜索雷达间歇开机和多枚不同类型导弹区域覆盖射击的平行搜索时相关计算公式和参数的确定原则；最后给出多弹区域覆盖平行搜索射击的组织实施方法。

7.2.1　目标散布区大小对导弹导引头捕捉目标能力的影响分析

为了分析目标散布区大小对导弹导引头捕捉目标能力的影响，令导弹用现在点射击方法朝目标的散布中心发射，目标相对于末制导雷达开机点的综合散布在 X 方向和 Z 方向互不相关，暂时不考虑电子干扰的影响，导弹提前开机，设导弹的导引头捕捉半宽为 $b = B_2/2$，目标指示系统误差率 $\eta_1 = \sigma_{uz}/b$，导弹自控终点散布误差率 $\eta_4=\sigma_{pz}/b$，相对导弹目标散布率 $\eta_0=\sqrt{\eta_1^{\ 2}+\eta_4^{\ 2}}$，目标机动偏移率 $\eta_2=S/b$，由捕捉概率简化计算模型可得

$$P_p=\int_{-b}^{b}\frac{1}{\sqrt{2\pi}b\eta_0}\exp\left[-\frac{(z-b\eta_2)^2}{2(b\eta_0)^2}\right]\mathrm{d}z=\int_{\frac{-1-\eta_2}{\eta_0}}^{\frac{1-\eta_2}{\eta_0}}\frac{1}{\sqrt{2\pi}}\mathrm{e}^{-\frac{t^2}{2}}\mathrm{d}t \tag{7.2.1}$$

对于不同目标散布率和目标机动偏移率下的导弹捕捉概率如表 7.2.1 所示。

表 7.2.1　不同偏移率的单发导弹捕捉概率

相对导弹目标散布率 η_0	目标机动偏移率 η_2								
	0	0.2	0.4	0.6	0.8	1	1.2	1.4	1.6
0.5	0.9545	0.9370	0.8824	0.7875	0.6553	0.5000	0.3446	0.2119	0.1151
0.6	0.9044	0.8860	0.8315	0.7437	0.6292	0.4996	0.3693	0.2525	0.1586
0.7	0.8469	0.8302	0.7816	0.7050	0.6074	0.4979	0.3867	0.2836	0.1956
0.8	0.7887	0.7745	0.7333	0.6687	0.5865	0.4938	0.3983	0.3072	0.2261
0.9	0.7335	0.7218	0.6876	0.6339	0.5652	0.4869	0.4048	0.3245	0.2506
1	0.6827	0.6731	0.6450	0.6006	0.5433	0.4772	0.4068	0.3364	0.2696
1.1	0.6367	0.6288	0.6057	0.5690	0.5213	0.4655	0.4051	0.3435	0.2837
1.2	0.5953	0.5889	0.5698	0.5393	0.4994	0.4522	0.4004	0.3467	0.2934
1.3	0.5582	0.5529	0.5370	0.5116	0.4780	0.4380	0.3936	0.3467	0.2995
1.4	0.5249	0.5205	0.5072	0.4859	0.4575	0.4234	0.3852	0.3443	0.3025
1.5	0.4950	0.4912	0.4801	0.4621	0.4380	0.4088	0.3757	0.3401	0.3031
1.6	0.4680	0.4648	0.4554	0.4401	0.4194	0.3944	0.3657	0.3345	0.3017
1.7	0.4436	0.4409	0.4328	0.4197	0.4020	0.3803	0.3554	0.3280	0.2990
1.8	0.4215	0.4191	0.4122	0.4009	0.3856	0.3667	0.3450	0.3209	0.2951
1.9	0.4013	0.3993	0.3933	0.3835	0.3702	0.3537	0.3346	0.3134	0.2905
2	0.3829	0.3812	0.3759	0.3674	0.3558	0.3413	0.3245	0.3057	0.2853

由表 7.2.1 可见，当相对导弹目标散布率和目标机动偏移率增大时，意味着目标散布区增大，导弹捕捉概率下降。当相对导弹目标散布率 $\eta_0>1.1$ 或目标机动偏移率 $\eta_2\geqslant1$ 时，导弹捕捉概率小于 0.6，已经不能满足要求。正常情况下，已经不能对目标进行攻击，如果在这样大的目标散布区下仍想对目标进行

攻击，就必须使用新的攻击方法。

7.2.2　多弹区域覆盖射击的平行搜索捕捉概率研究

由上面分析可以看出，当目标散布区较大时，已经不能把目标看成一个确定的点目标，而应按照对面目标的火力运用原则，采用具有一定散布度的射击方法发射导弹，即将一次齐射的两枚(或多枚)导弹人为地将它们的自控飞行终点散布成一定间隔，使各枚导弹人为地产生一定的系统误差，这样就可以用两枚(或多枚)导弹的末制导雷达搜索扇面联合组成一个宽度更大的搜索带，以克服单枚导弹末制导雷达搜索扇面小、对远距离大误差目标的捕捉概率小的缺点，使齐射的导弹对远距离误差散布大的目标具有较高的捕捉概率。

由式(7.2.1)给出单枚导弹捕捉概率计算模型，通过计算分析得出在大目标散布区下,单枚导弹捕捉概率不能满足作战需求,这时需要多弹区域覆盖搜索。下面首先分析其概率及其影响因素,然后分析以导弹捕捉概率为效能指标下的控制参数分析。

1. 双弹区域覆盖平行搜索捕捉概率

1) 解析法

由于导弹纵轴上可通过雷达提高开锁进行搜索，搜索深度大，因此可假设纵轴捕捉概率为 1，这里只讨论侧向捕捉概率。

图 7.2.1 中的直角坐标系，其原点为目标散布中心，目标指示系统误差率 $\eta_1=\sigma_{uz}/b$，导弹自控 OXZ 终点散布误差率 $\eta_4=\sigma_{pz}/b$，相对导弹目标散布率 $\eta_0=\sqrt{\eta_1^2+\eta_4^2}$，目标的机动距离为 S，其偏移率 $\eta_2=S/b$。导弹 A 和 B 沿 X 轴方向分别向各自的瞄准点 O_A 和 O_B 射击，O_A 和 O_B 与目标散布中心的偏差都为 $\Delta L/2$，ΔL 为导弹瞄准点偏移量，即两个导弹实际瞄准点之间侧向偏差值，设导弹瞄准点偏移率 $\eta_3=\Delta L/(2b)$。则由式(7.2.1)可得导弹 A 和 B 的捕捉概率为

$$P_A=\int_{-b}^{b}\frac{1}{\sqrt{2\pi}b\eta_0}\exp\left[-\frac{(z-b\eta_2+b\eta_3)^2}{2(b\eta_0)^2}\right]\mathrm{d}z=\int_{\frac{-1-\eta_2+\eta_3}{\eta_0}}^{\frac{1-\eta_2+\eta_3}{\eta_0}}\frac{1}{\sqrt{2\pi}}\mathrm{e}^{-\frac{t^2}{2}}\mathrm{d}t \tag{7.2.2}$$

$$P_B=\int_{-b}^{b}\frac{1}{\sqrt{2\pi}b\eta_0}\exp\left[-\frac{(z-b\eta_2-b\eta_3)^2}{2(b\eta_0)^2}\right]\mathrm{d}z=\int_{\frac{-1-\eta_2-\eta_3}{\eta_0}}^{\frac{1-\eta_2-\eta_3}{\eta_0}}\frac{1}{\sqrt{2\pi}}\mathrm{e}^{-\frac{t^2}{2}}\mathrm{d}t \tag{7.2.3}$$

由如图 7.2.1 可知，目标至少被一枚导弹捕捉的概率 $P_{1/2}$ 为

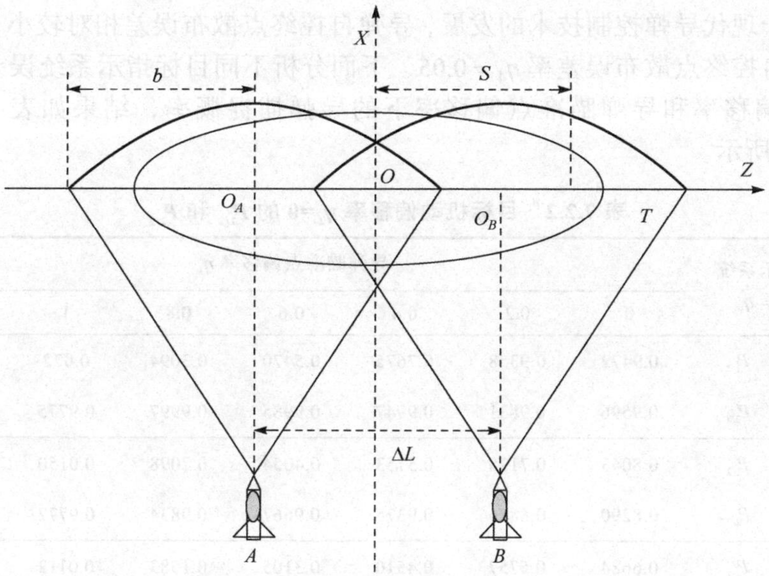

图 7.2.1　双弹区域覆盖平行搜索示意图

$$
\begin{aligned}
P_{1/2} &= 1-\int_{-\infty}^{+\infty}\frac{1}{\sqrt{2\pi}b\eta_1}\mathrm{e}^{-\frac{(x-b\eta_2)^2}{2(b\eta_1)^2}}\left[1-\int_{-b}^{b}\frac{1}{\sqrt{2\pi}b\eta_4}\mathrm{e}^{-\frac{(z-x-b\eta_3)^2}{2(b\eta_4)^2}}\mathrm{d}z\right]\cdots \\
&\quad\cdot\left[1-\int_{-b}^{b}\frac{1}{\sqrt{2\pi}b\eta_4}\mathrm{e}^{-\frac{(z-x+b\eta_3)^2}{2(b\eta_4)^2}}\mathrm{d}z\right]\mathrm{d}x \\
&= 1-\int_{-\infty}^{+\infty}\frac{1}{\sqrt{2\pi}}\mathrm{e}^{-\frac{y^2}{2}}\left(1-\int_{\frac{-1-y\eta_1-\eta_2-\eta_3}{\eta_4}}^{\frac{1-y\eta_1-\eta_2-\eta_3}{\eta_4}}\frac{1}{\sqrt{2\pi}}\mathrm{e}^{-\frac{t^2}{2}}\mathrm{d}t\right)\cdots \\
&\quad\cdot\left(1-\int_{\frac{-1-y\eta_1-\eta_2+\eta_3}{\eta_4}}^{\frac{1-y\eta_1-\eta_2+\eta_3}{\eta_4}}\frac{1}{\sqrt{2\pi}}\mathrm{e}^{-\frac{t^2}{2}}\mathrm{d}t\right)\mathrm{d}y
\end{aligned}
\tag{7.2.4}
$$

而目标被两枚导弹同时捕捉的概率 $P_{2/2}$ 为

$$
P_{2/2}=\int_{-\infty}^{+\infty}\frac{1}{\sqrt{2\pi}}\mathrm{e}^{-\frac{y^2}{2}}\left(\int_{\frac{-1-y\eta_1-\eta_2-\eta_3}{\eta_4}}^{\frac{1-y\eta_1-\eta_2-\eta_3}{\eta_4}}\frac{1}{\sqrt{2\pi}}\mathrm{e}^{-\frac{t^2}{2}}\mathrm{d}t\right)\left(\int_{\frac{-1-y\eta_1-\eta_2+\eta_3}{\eta_4}}^{\frac{1-y\eta_1-\eta_2+\eta_3}{\eta_4}}\frac{1}{\sqrt{2\pi}}\mathrm{e}^{-\frac{t^2}{2}}\mathrm{d}t\right)\mathrm{d}y
\tag{7.2.5}
$$

由于现代导弹控制技术的发展，导弹自控终点散布误差相对较小，因此可取导弹自控终点散布误差率 $\eta_4 = 0.05$ 。下面分析不同目标指示系统误差率、目标机动偏移率和导弹瞄准点偏移率下的导弹捕捉概率，结果如表 7.2.2 和表 7.2.3 所示。

表 7.2.2 目标机动偏移率 η_2=0 的 $P_{1/2}$ 和 $P_{2/2}$

目标指示系统误差率 η_1		导弹瞄准点偏移率 η_3						
		0	0.2	0.4	0.6	0.8	1	1.2
0.5	$P_{1/2}$	0.9472	0.9358	0.7675	0.5470	0.3094	0.022	0.0000
	$P_{2/2}$	0.9596	0.9831	0.9947	0.9985	0.9997	0.9775	0.6906
0.75	$P_{1/2}$	0.8043	0.7128	0.5753	0.4054	0.2098	0.0150	0.0000
	$P_{2/2}$	0.8290	0.8896	0.9375	0.9667	0.9834	0.9772	0.7868
1	$P_{1/2}$	0.6684	0.5757	0.4510	0.3105	0.1583	0.0112	0.0000
	$P_{2/2}$	0.6957	0.7693	0.8380	0.8900	0.9278	0.9430	0.8137
1.25	$P_{1/2}$	0.5628	0.4775	0.3685	0.2508	0.1270	0.0009	0.0000
	$P_{2/2}$	0.5890	0.6626	0.7369	0.7991	0.8498	0.8811	0.7943

表 7.2.3 目标机动偏移率 η_2=0.8 的 $P_{1/2}$ 和 $P_{2/2}$

目标指示系统误差率 η_1		导弹瞄准点偏移率 $\eta_3/2$						
		0	0.2	0.4	0.6	0.8	1	1.2
0.5	$P_{1/2}$	0.6338	0.4993	0.3426	0.2045	0.0930	0.0000	0.0000
	$P_{2/2}$	0.6753	0.7870	0.8838	0.9443	0.9767	0.9852	0.9044
0.75	$P_{1/2}$	0.5813	0.4834	0.3638	0.0000	0.0000	0.0000	0.0000
	$P_{2/2}$	0.6119	0.6988	0.7859	0.8557	0.9080	0.9362	0.8480
1	$P_{1/2}$	0.5298	0.4450	0.3398	0.0000	0.0000	0.0000	0.0000
	$P_{2/2}$	0.5563	0.6324	0.7118	0.7796	0.8363	0.8739	0.8021
1.25	$P_{1/2}$	0.4763	0.3995	0.3049	0.0000	0.0000	0.0000	0.0000
	$P_{2/2}$	0.5005	0.5705	0.6449	0.7112	0.7691	0.8113	0.7565

通过对式(7.2.4)和式(7.2.5)进行计算仿真得出捕捉概率 $P_{1/2}$ 和 $P_{2/2}$ 与目标指示系统误差率、目标机动偏移率和导弹瞄准点偏移率之间的关系如

图 7.2.2～图 7.2.4 所示。

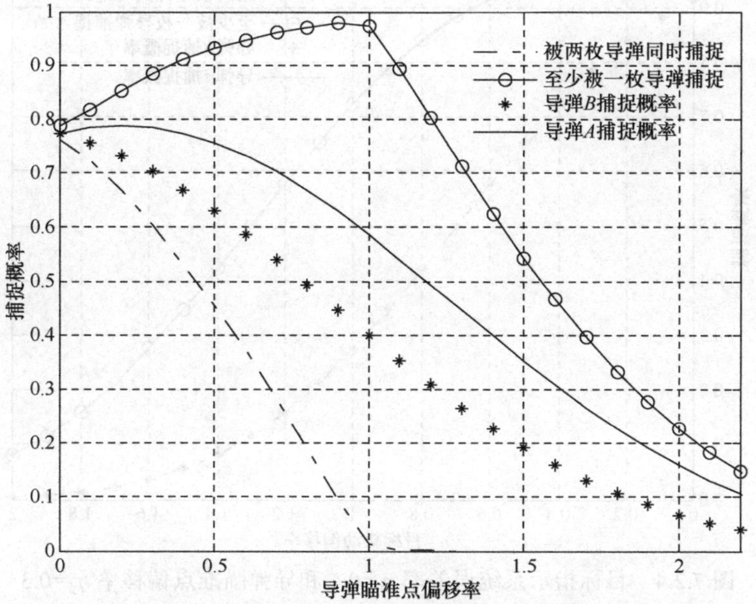

图 7.2.2　目标指示系统误差率 η_1=0.8 和目标机动偏移率 η_2=0.2

图 7.2.3　目标机动偏移率 η_2=0.2 和导弹瞄准点偏移率 η_3=0.3

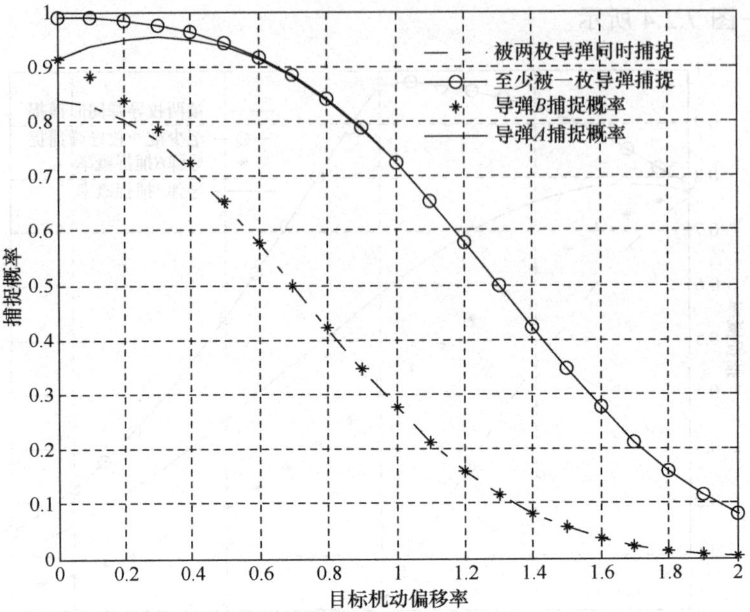

图 7.2.4　目标指示系统误差率 $\eta_1=0.5$ 和导弹瞄准点偏移率 $\eta_3=0.3$

由表 7.2.2、表 7.2.3 和图 7.2.2～图 7.2.4 可见：

(1) 当目标指示系统误差率和目标机动偏移率增大时，意味着目标散布区增大，当导弹瞄准点偏移率一定时，目标至少被一枚导弹捕捉的概率 $P_{1/2}$ 和目标被两枚导弹同时捕捉的概率 $P_{2/2}$ 都随着目标指示系统误差率或目标机动偏移率增大而减小。

(2) 当导弹瞄准点偏移率 η_3 由 0 增加到 1 时，目标至少被一枚导弹捕捉的概率 $P_{1/2}$ 是递增的，当 η_3 继续增大后，$P_{1/2}$ 开始下降。

(3) 当目标指示系统误差率、目标机动偏移率或导弹瞄准点偏移率增大时，目标被两枚导弹同时捕捉的概率 $P_{2/2}$ 下降，这意味当 $\eta_3=0$ 时，$P_{2/2}$ 最大。

(4) 当目标散布区较大时，为了提高 $P_{1/2}$，应增大导弹瞄准点偏移率。当 $P_{1/2}$ 增大到一定值时(0.9 以上)，继续增大导弹瞄准点偏移率(<1)，虽然 $P_{1/2}$ 继续提高，但提高不大，而 $P_{2/2}$ 却下降很大，这意味着当导弹瞄准点偏移率到一定值时，得到 $P_{1/2}$ 满足射击要求，就没有必要增大导弹瞄准点偏移率到 1，虽然这时 $P_{1/2}$ 达到最大。

2) 统计模拟法

前面为了便于理解和分析，在假设目标的机动距离 S 为确定值的前提下，得到了式(7.2.4)和式(7.2.5)。如果要更准确地计算 P_A、P_B、$P_{1/2}$ 和 $P_{2/2}$ 等概率，可用统计模拟法。

如图 7.2.5 所示，O' 为目标的通报位置，O'_0 为目标位置通报时的真实位置，O_{oA}、O_{oB} 为按最佳导弹瞄准点偏移量公式计算得到的导弹 A 和 B 理论自控终点(末制导雷达理论开机点)，O 为两导弹理论自控终点 O_{oA}、O_{oB} 的中心，O_A、O_B 分别为导弹 A 和 B 的实际自控终点。以 O 和 O' 为原点，OO' 轴为横轴分别建立坐标系 OXZ 和 $O'XZ'$，则 OO' 为目标理论初始点与两导弹理论自控终点中心之间在 X 轴上的距离。M 是当导弹末制导雷达开机时目标的实际位置，O'_0M 为目标的机动距离，它在 Z 轴上的投影为 S。

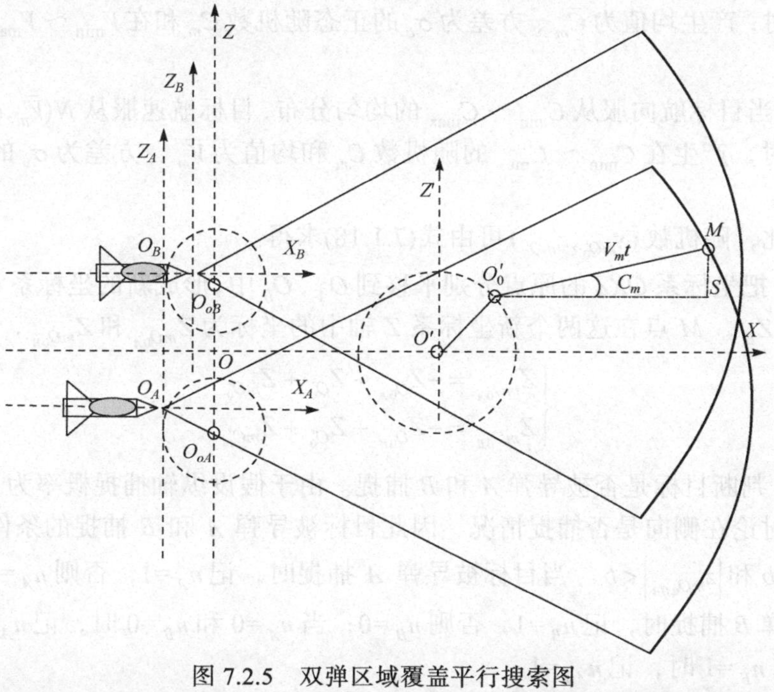

图 7.2.5　双弹区域覆盖平行搜索图

仿真计算步骤如下。

(1) 设 O'_0 在坐标系 $O'XZ'$ 的坐标为 $(x_{O'_0}, z_{O'_0})$，根据目标指示系统误差 σ_d、$D\sigma_b$，随机产生均值为零，方差分别为 σ_d、$D\sigma_b$ 的各自独立的正态随机数 $(x_{O'_0}, z_{O'_0})$。

(2) 设 O_A、O_B 在坐标系 OXZ 的坐标为 $(x_{O_{0A}}, z_{O_{0A}})$、$(x_{O_{0B}}, z_{O_{0B}})$，根据导弹在纵向和侧向上自控终点散布方差 $[\sigma_{\overline{x}}, \sigma_{\overline{z}}]$，随机产生均值为 $[0, -\Delta L/2]$ 和 $[0, \Delta L/2]$，方差分别为 $[\sigma_{\overline{x}}, \sigma_{\overline{z}}]$ 的各自独立的正态随机数 $(x_{O_{0A}}, z_{O_{0A}})$、$(x_{O_{0B}}, z_{O_{0B}})$。

(3) 把坐标系 $O'XZ'$ 的原点平移到 O'_0 中，形成新的坐标系，M 点在这个新坐标系中的坐标为 $(x_{mO'_0}, z_{mO'_0})$。由于海面目标机动可分为四种情况，指挥员根据态势，选择目标可能的一种机动方式，每种的模拟如下：

① 当目标航向服从$N(\bar{C}_m,\sigma_c^2)$的正态分布、目标航速服从$N(\bar{V}_m,\sigma_v^2)$的正态分布时，产生均值为$\bar{C}_m$、方差为σ_c的正态随机数C_d和均值为$\bar{V}_m$、方差为σ_v的正态随机数V_m；

② 当目标航向服从$C_{\min}\sim C_{\max}$的均匀分布、目标航速服从$V_{\min}\sim V_{\max}$的均匀分布时，分别产生在$C_{\min}\sim C_{\max}$和$V_{\min}\sim V_{\max}$的随机数C_m和V_m；

③ 当目标航向服从$N(\bar{C}_m,\sigma_c^2)$的正态分布、目标航速服从$V_{\min}\sim V_{\max}$的均匀分布时，产生均值为$\bar{C}_m$、方差为σ_c的正态随机数C_m和在$V_{\min}\sim V_{\max}$的随机数V_m；

④ 当目标航向服从$C_{\min}\sim C_{\max}$的均匀分布、目标航速服从$N(\bar{V}_m,\sigma_v^2)$的正态分布时，产生在$C_{\min}\sim C_{\max}$的随机数C_m和均值为$\bar{V}_m$、方差为σ_v的正态随机数V_m。

因此，随机数$(x_{mO_0'},z_{mO_0'})$可由式(7.1.18)求得。

(4) 把坐标系OXZ的原点分别平移到O_A、O_B中，形成新的坐标系$O_AX_AZ_A$和$O_BX_BZ_B$，M点在这两个新坐标系Z轴中的坐标为$Z_{mO_{0A}}$和$Z_{mO_{0B}}$，可得

$$\begin{cases}Z_{mO_{0A}}=-Z_{O_{0A}}+Z_{O_0'}+Z_{mO_0'}\\ Z_{mO_{0B}}=-Z_{O_{0B}}+Z_{O_0'}+Z_{mO_0'}\end{cases}\tag{7.2.6}$$

(5) 判断目标是否被导弹A和B捕捉。由于假设纵轴捕捉概率为1，因此这里只讨论在侧向是否捕捉情况，因此目标被导弹A和B捕捉的条件分别是$\left|z_{mO_{0A}}\right|<b$和$\left|z_{mO_{0HB}}\right|<b$。当目标被导弹$A$捕捉时，记$n_A=1$，否则$n_A=0$；当目标被导弹$B$捕捉时，记$n_B=1$，否则$n_B=0$；当$n_A=0$和$n_B=0$时，记$n_{AB}=0$；当$n_A=1$或$n_B=1$时，记$n_{AB}=1$。

(6) 重复N次步骤(1)～(5)，可得N对随机样本n_{A_i}、n_{B_i}、n_{AB_i} $(i=1,2,\cdots,N)$，在足够多的样本下，可得

$$\begin{cases}P_A=\dfrac{\sum n_{A_i}}{N}\\ P_B=\dfrac{\sum n_{B_i}}{N}\\ P_{1/2}=\dfrac{\sum n_{AB_i}}{N}\\ P_{2/2}=\dfrac{\sum n_{A_i}n_{B_i}}{N}\end{cases}\tag{7.2.7}$$

双弹区域覆盖平行搜索捕捉概率仿真计算流程如图7.2.6所示。设导弹射

击方式为现在点射击，发射方向是各个导弹直接瞄准各自的瞄准点射击。

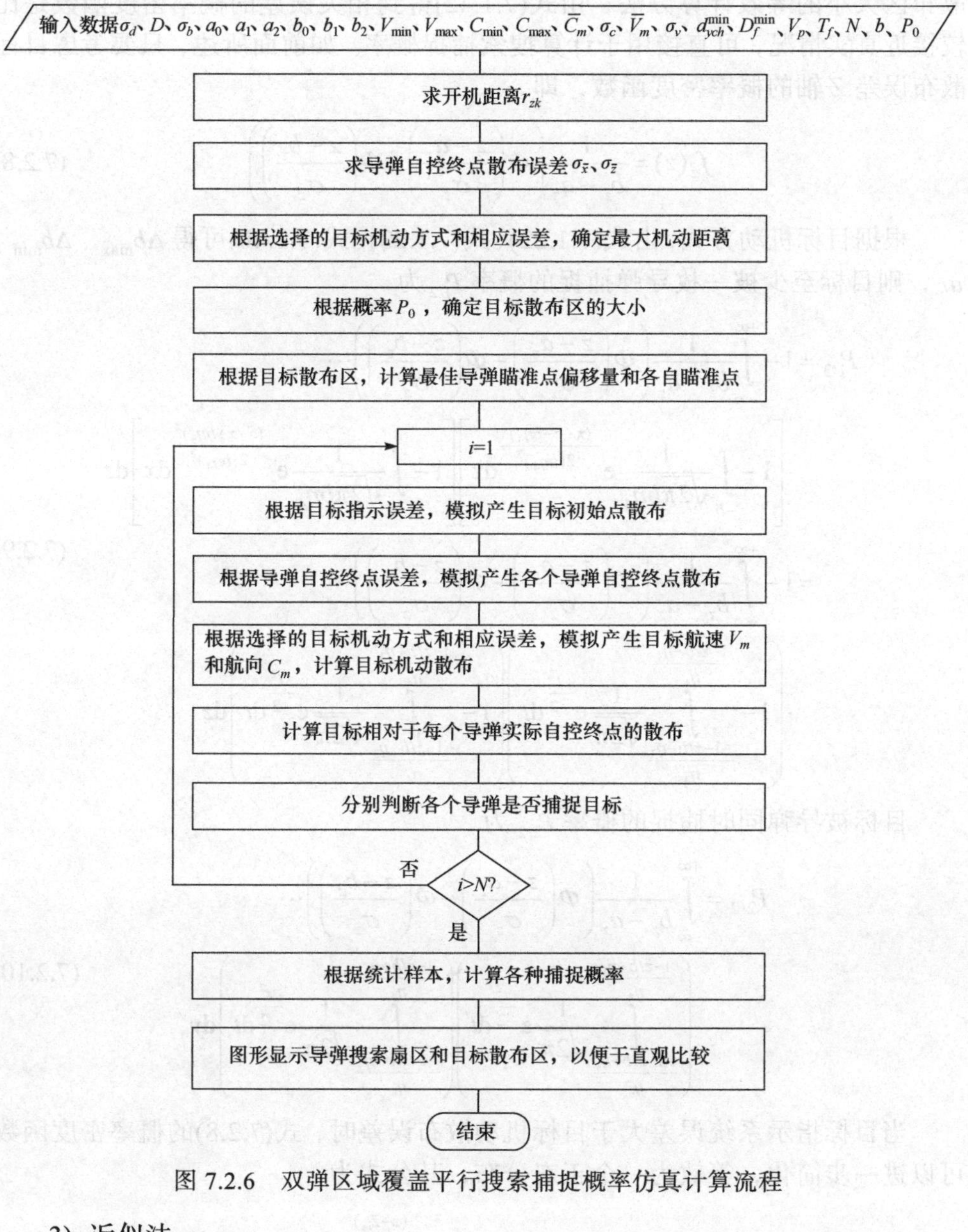

图 7.2.6　双弹区域覆盖平行搜索捕捉概率仿真计算流程

3) 近似法

解析法是在假设目标的机动距离S为确定值的前提下，给出了双弹区域覆盖平行搜索捕捉概率。但其实机动距离S也是一个随机量，目标的实际散布区是由目标指示系统误差和目标机动散布组成的，因此在计算捕捉概率时，相关误差目标散布误差是目标指示系统误差和目标机动散布合成的误差。根据目标散布区大小的等效计算方法，由式(7.1.42)得到相关误差的概率密度函数是比较接近真实情况，可直接用于计算搜索捕捉概率。如前面所述，只要考虑目标散布误差 Z 轴的概率密度函数，即

$$f_z(z)=\frac{1}{b_z-a_z}\left(\Phi\left(\frac{z-a_z}{\sigma_z}\right)-\Phi\left(\frac{z-b_z}{\sigma_z}\right)\right) \tag{7.2.8}$$

根据目标机动方式，由式(7.1.22)、式(7.1.23)、式(7.1.40)可得 $\Delta b_{\max}$、$\Delta b_{\min}$、a_z，则目标至少被一枚导弹捕捉的概率 $P_{1/2}$ 为

$$\begin{aligned}P_{1/2}&=1-\int_{-\infty}^{+\infty}\frac{1}{b_z-a_z}\left(\Phi\left(\frac{z-a_z}{\sigma_z}\right)-\Phi\left(\frac{z-b_z}{\sigma_z}\right)\right)\cdots\\&\cdot\left[1-\int_{-b}^{b}\frac{1}{\sqrt{2\pi}b\eta_4}\mathrm{e}^{-\frac{(x-z-b\eta_3)^2}{2(b\eta_4)^2}}\mathrm{d}x\right]\left[1-\int_{-b}^{b}\frac{1}{\sqrt{2\pi}b\eta_4}\mathrm{e}^{-\frac{(x-z+b\eta_3)^2}{2(b\eta_4)^2}}\mathrm{d}x\right]\mathrm{d}z\\&=1-\int_{-\infty}^{+\infty}\frac{1}{b_z-a_z}\left(\Phi\left(\frac{z-a_z}{\sigma_z}\right)-\Phi\left(\frac{z-b_z}{\sigma_z}\right)\right)\cdots\\&\cdot\left(1-\int_{\frac{-1-z/b-\eta_3}{\eta_4}}^{\frac{1-z/b-\eta_3}{\eta_4}}\frac{1}{\sqrt{2\pi}}\mathrm{e}^{-\frac{t^2}{2}}\mathrm{d}t\right)\left(1-\int_{\frac{-1-z/b+\eta_3}{\eta_4}}^{\frac{1-z/b+\eta_3}{\eta_4}}\frac{1}{\sqrt{2\pi}}\mathrm{e}^{-\frac{t^2}{2}}\mathrm{d}t\right)\mathrm{d}z\end{aligned} \tag{7.2.9}$$

目标被导弹同时捕捉的概率 $P_{2/2}$ 为

$$\begin{aligned}P_{2/2}&=\int_{-\infty}^{+\infty}\frac{1}{b_z-a_z}\left(\Phi\left(\frac{z-a_z}{\sigma_z}\right)-\Phi\left(\frac{z-b_z}{\sigma_z}\right)\right)\cdots\\&\cdot\left(\int_{\frac{-1-z/b-\eta_3}{\eta_4}}^{\frac{1-z/b-\eta_3}{\eta_4}}\frac{1}{\sqrt{2\pi}}\mathrm{e}^{-\frac{t^2}{2}}\mathrm{d}t\right)\left(\int_{\frac{-1-z/b+\eta_3}{\eta_4}}^{\frac{1-z/b+\eta_3}{\eta_4}}\frac{1}{\sqrt{2\pi}}\mathrm{e}^{-\frac{t^2}{2}}\mathrm{d}t\right)\mathrm{d}y\end{aligned} \tag{7.2.10}$$

当目标指示系统误差大于目标机动散布误差时，式(7.2.8)的概率密度函数可以进一步简化，等效为一个正态分布，其公式为

$$f_z(z)=\frac{1}{\sqrt{2\pi}\sigma_{z_m}}\mathrm{e}^{-\frac{(z-\overline{z}_m)^2}{2\sigma_{z_m}^2}} \tag{7.2.11}$$

其中，根据目标机动方式，根据 7.1.5 节第三种等效方式可得 $\overline{z}_m$ 和 b_{mz}，则

$\sigma_{z_m} = b_{mz}/3$。将导弹的瞄准点进行偏移，从而消除目标机动带来的影响，此时式(7.2.9)和式(7.2.10)变为

$$P_{1/2} = 1 - \int_{-\infty}^{+\infty} \frac{1}{\sqrt{2\pi}} \mathrm{e}^{-\frac{y^2}{2}} \left(1 - \int_{\frac{-1-y\eta_{mz}-\eta_3}{\eta_4}}^{\frac{1-y\eta_{mz}-\eta_3}{\eta_4}} \frac{1}{\sqrt{2\pi}} \mathrm{e}^{-\frac{t^2}{2}} \mathrm{d}t\right)\left(1 - \int_{\frac{-1-y\eta_{mz}+\eta_3}{\eta_4}}^{\frac{1-y\eta_{mz}+\eta_3}{\eta_4}} \frac{1}{\sqrt{2\pi}} \mathrm{e}^{-\frac{t^2}{2}} \mathrm{d}t\right) \mathrm{d}y \tag{7.2.12}$$

$$P_{2/2} = \int_{-\infty}^{+\infty} \frac{1}{\sqrt{2\pi}} \mathrm{e}^{-\frac{y^2}{2}} \left(\int_{\frac{-1-y\eta_{mz}-\eta_3}{\eta_4}}^{\frac{1-y\eta_{mz}-\eta_3}{\eta_4}} \frac{1}{\sqrt{2\pi}} \mathrm{e}^{-\frac{t^2}{2}} \mathrm{d}t\right)\left(\int_{\frac{-1-y\eta_{mz}+\eta_3}{\eta_4}}^{\frac{1-y\eta_{mz}+\eta_3}{\eta_4}} \frac{1}{\sqrt{2\pi}} \mathrm{e}^{-\frac{t^2}{2}} \mathrm{d}t\right) \mathrm{d}y \tag{7.2.13}$$

其中，$\eta_{mz} = \sigma_{z_m}/b$。

当目标机动运动要素未知，且目标机动散布误差远大于目标指示系统误差时，式(7.2.8)的概率密度函数可以进一步简化，等效为一个均匀分布，其公式为

$$f_z(z-\overline{z}_m) = \begin{cases} \dfrac{1}{2b_{mz}}, & z-\overline{z}_m \subset [-b_{mz}, b_{mz}] \\ 0, & \text{其他} \end{cases} \tag{7.2.14}$$

根据目标机动方式，根据 7.1.5 节第三种等效方式可得 $\overline{z}_m$ 和 b_{mz}，令 $\eta_{mz} = b_{mz}/b$，$\eta_{\overline{z}_m} = \overline{z}_m/b$。此时式(7.2.9)和式(7.2.10)变为

$$P_{1/2} = 1 - \int_{-\eta_{mz}+\eta_{\overline{z}_m}}^{\eta_{mz}+\eta_{\overline{z}_m}} \frac{1}{2\eta_{mz}} \left(1 - \int_{\frac{-1-y-\eta_3}{\eta_4}}^{\frac{1-y-\eta_3}{\eta_4}} \frac{1}{\sqrt{2\pi}} \mathrm{e}^{-\frac{t^2}{2}} \mathrm{d}t\right)\left(1 - \int_{\frac{-1-y+\eta_3}{\eta_4}}^{\frac{1-y+\eta_3}{\eta_4}} \frac{1}{\sqrt{2\pi}} \mathrm{e}^{-\frac{t^2}{2}} \mathrm{d}t\right) \mathrm{d}y \tag{7.2.15}$$

$$P_{2/2} = \int_{-\eta_{mz}+\eta_{\overline{z}_m}}^{\eta_{mz}+\eta_{\overline{z}_m}} \frac{1}{2\eta_{mz}} \left(\int_{\frac{-1-y-\eta_3}{\eta_4}}^{\frac{1-y-\eta_3}{\eta_4}} \frac{1}{\sqrt{2\pi}} \mathrm{e}^{-\frac{t^2}{2}} \mathrm{d}t\right)\left(\int_{\frac{-1-y+\eta_3}{\eta_4}}^{\frac{1-y+\eta_3}{\eta_4}} \frac{1}{\sqrt{2\pi}} \mathrm{e}^{-\frac{t^2}{2}} \mathrm{d}t\right) \mathrm{d}y \tag{7.2.16}$$

为了验证近似计算的正确性，通过典型例子，比较不同导弹瞄准点偏移率下，由近似计算与统计模拟法得到的捕捉概率的近似程度。设导弹射击方式为现在点射击，发射方向是导弹直接瞄准各自瞄准点射击，仿真的基本初始参数如下。

取 σ_d 为 5km，D 为 300km，σ_b 为 4°，$V_{\min}$ 为 10m/s，$V_{\max}$ 为 20m/s，$C_{\min}$ 为 0°，$C_{\max}$ 为 90°，$\overline{C}_m$ 为 30°，σ_c 为 10°，$\overline{V}_m$ 为 15m/s，σ_v 为 3m/s，b 为 30km，$d_{ych}^{\min}$ 为 3km，$D_f^{\min}$ 为 10km，V_p 为 220m/s，T_f 为 600s，a_0、a_1、b_0、b_1 取 0，a_2、b_2 取 5×10^{-5}，仿真次数 N 取 5000。在各种机动方式下，目标至少被一枚

导弹捕捉的概率和按图 7.2.6 仿真计算流程图得到的实际捕捉概率如图 7.2.7～图 7.2.10 所示。图 7.2.7 中“近似”表示用式(7.2.9)计算的捕捉概率；“正态”表示用式(7.2.12)计算的捕捉概率；“均匀”表示用式(7.2.16)计算的捕捉概率；“统计”表示用统计模拟得到的实际捕捉概率。

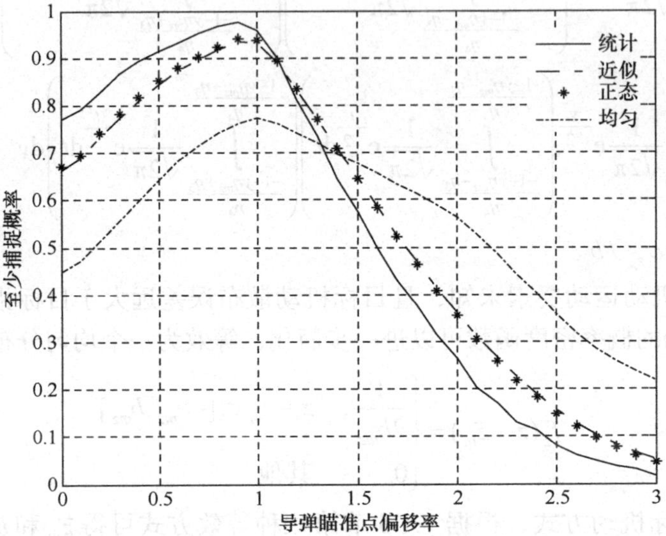

图 7.2.7　目标航速服从正态分布和航向服从正态分布结果

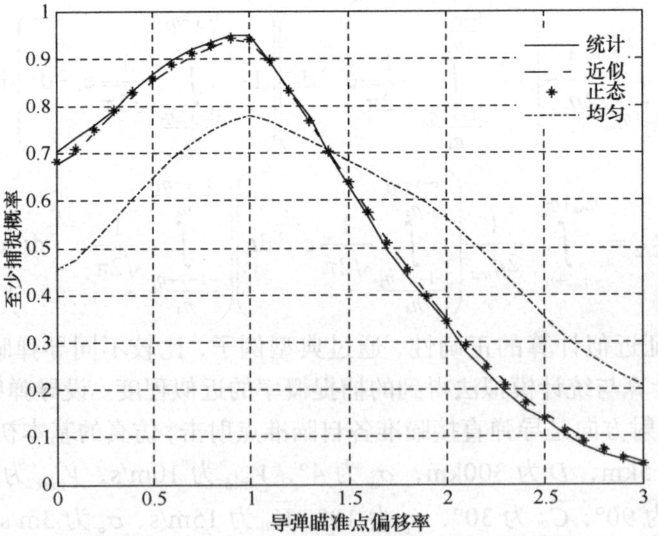

图 7.2.8　目标航向、航速均服从均匀分布结果

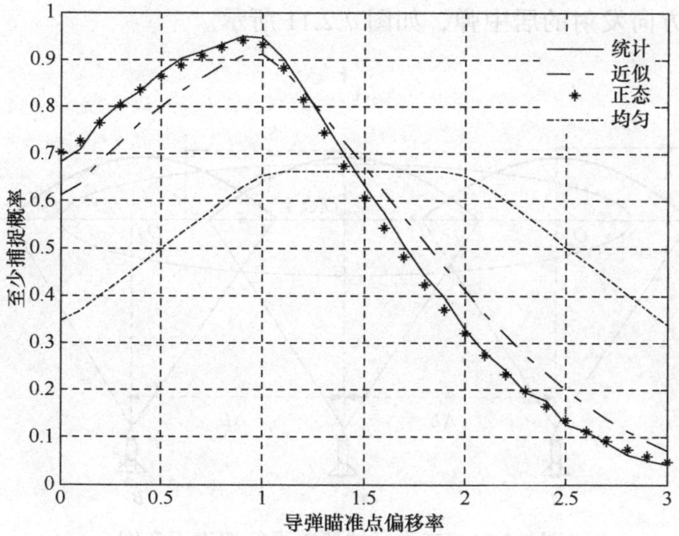

图 7.2.9　目标航向无法预测且航速服从正态分布结果

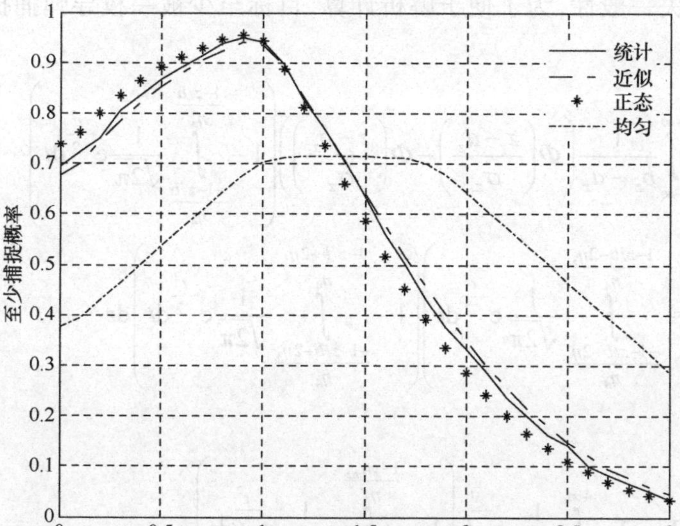

图 7.2.10　完全无法预测目标航向航速结果

由仿真结果可知，在目标指示系统误差较大时，式(7.2.12)计算捕捉概率的公式与实际的捕捉概率基本一致,即假设相关误差的概率密度函数为正态分布而得到的捕捉概率更接近实际。

2. 多弹区域覆盖平行搜索捕捉概率

三枚导弹实施区域覆盖平行搜索等于在双弹对称偏移的基础上增加一枚

沿最大概率方向发射的居中弹，如图 7.2.11 所示。

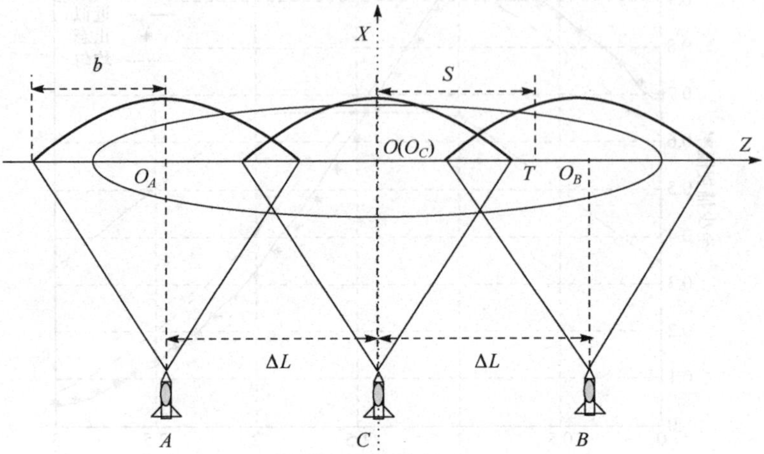

图 7.2.11　三弹区域覆盖平行搜索示意图

同样不失一般性，为了便于解析计算，目标至少被一枚导弹捕捉的概率 $P_{1/3}$ 可简化为

$$P_{1/3}=1-\int_{-\infty}^{+\infty}\frac{1}{b_z-a_z}\left(\Phi\left(\frac{z-a_z}{\sigma_z}\right)-\Phi\left(\frac{z-b_z}{\sigma_z}\right)\right)\left(1-\int_{\frac{-1-z/b}{\eta_4}}^{\frac{1-z/b}{\eta_4}}\frac{1}{\sqrt{2\pi}}\mathrm{e}^{-\frac{t^2}{2}}\mathrm{d}t\right)\cdots$$
$$\cdot\left(1-\int_{\frac{-1-z/b-2\eta_3}{\eta_4}}^{\frac{1-z/b-2\eta_3}{\eta_4}}\frac{1}{\sqrt{2\pi}}\mathrm{e}^{-\frac{t^2}{2}}\mathrm{d}t\right)\left(1-\int_{\frac{-1-z/b+2\eta_3}{\eta_4}}^{\frac{1-z/b+2\eta_3}{\eta_4}}\frac{1}{\sqrt{2\pi}}\mathrm{e}^{-\frac{t^2}{2}}\mathrm{d}t\right)\mathrm{d}z \tag{7.2.17}$$

或

$$P_{1/3}=1-\int_{-\infty}^{+\infty}\frac{1}{\sqrt{2\pi}}\mathrm{e}^{-\frac{y^2}{2}}\left(1-\int_{\frac{-1-y\eta_{mz}}{\eta_4}}^{\frac{1-y\eta_{mz}}{\eta_4}}\frac{1}{\sqrt{2\pi}}\mathrm{e}^{-\frac{t^2}{2}}\mathrm{d}t\right)\cdots$$
$$\cdot\left(1-\int_{\frac{-1-y\eta_{mz}-2\eta_3}{\eta_4}}^{\frac{1-y\eta_{mz}-2\eta_3}{\eta_4}}\frac{1}{\sqrt{2\pi}}\mathrm{e}^{-\frac{t^2}{2}}\mathrm{d}t\right)\left(1-\int_{\frac{-1-y\eta_{mz}+2\eta_3}{\eta_4}}^{\frac{1-y\eta_{mz}+2\eta_3}{\eta_4}}\frac{1}{\sqrt{2\pi}}\mathrm{e}^{-\frac{t^2}{2}}\mathrm{d}t\right)\mathrm{d}y \tag{7.2.18}$$

或

$$P_{1/3}=1-\int_{-\eta_{mz}}^{\eta_{mz}}\frac{1}{2\eta_{mz}}\left(1-\int_{\frac{-1-y}{\eta_4}}^{\frac{1-y}{\eta_4}}\frac{1}{\sqrt{2\pi}}\mathrm{e}^{-\frac{t^2}{2}}\mathrm{d}t\right)\cdots$$
$$\cdot\left(1-\int_{\frac{-1-y-2\eta_3}{\eta_4}}^{\frac{1-y-2\eta_3}{\eta_4}}\frac{1}{\sqrt{2\pi}}\mathrm{e}^{-\frac{t^2}{2}}\mathrm{d}t\right)\left(1-\int_{\frac{-1-y+2\eta_3}{\eta_4}}^{\frac{1-y+2\eta_3}{\eta_4}}\frac{1}{\sqrt{2\pi}}\mathrm{e}^{-\frac{t^2}{2}}\mathrm{d}t\right)\mathrm{d}y \tag{7.2.19}$$

四枚导弹情况下与双弹类似，各发导弹瞄准点相对于目标散布中心在方向上呈对称分布，如图 7.2.12 所示。

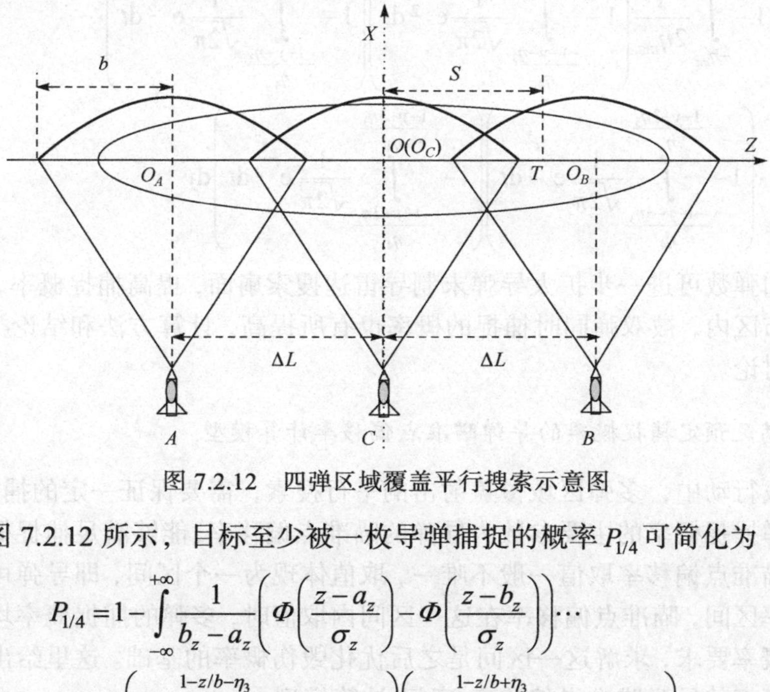

图 7.2.12　四弹区域覆盖平行搜索示意图

如图 7.2.12 所示，目标至少被一枚导弹捕捉的概率 $P_{1/4}$ 可简化为

$$P_{1/4}=1-\int_{-\infty}^{+\infty}\frac{1}{b_z-a_z}\left(\Phi\left(\frac{z-a_z}{\sigma_z}\right)-\Phi\left(\frac{z-b_z}{\sigma_z}\right)\right)\cdots$$
$$\cdot\left(1-\int_{\frac{-1-z/b-\eta_3}{\eta_4}}^{\frac{1-z/b-\eta_3}{\eta_4}}\frac{1}{\sqrt{2\pi}}\mathrm{e}^{-\frac{t^2}{2}}\mathrm{d}t\right)\left(1-\int_{\frac{-1-z/b+\eta_3}{\eta_4}}^{\frac{1-z/b+\eta_3}{\eta_4}}\frac{1}{\sqrt{2\pi}}\mathrm{e}^{-\frac{t^2}{2}}\mathrm{d}t\right)\cdots \tag{7.2.20}$$
$$\cdot\left(1-\int_{\frac{-1-z/b-3\eta_3}{\eta_4}}^{\frac{1-z/b-3\eta_3}{\eta_4}}\frac{1}{\sqrt{2\pi}}\mathrm{e}^{-\frac{t^2}{2}}\mathrm{d}t\right)\left(1-\int_{\frac{-1-z/b+3\eta_3}{\eta_4}}^{\frac{1-z/b+3\eta_3}{\eta_4}}\frac{1}{\sqrt{2\pi}}\mathrm{e}^{-\frac{t^2}{2}}\mathrm{d}t\right)\mathrm{d}z$$

或

$$P_{1/4}=1-\int_{-\infty}^{+\infty}\frac{1}{\sqrt{2\pi}}\mathrm{e}^{-\frac{y^2}{2}}\left(1-\int_{\frac{-1-y\eta_{mz}-\eta_3}{\eta_4}}^{\frac{1-y\eta_{mz}-\eta_3}{\eta_4}}\frac{1}{\sqrt{2\pi}}\mathrm{e}^{-\frac{t^2}{2}}\mathrm{d}t\right)\left(1-\int_{\frac{-1-y\eta_{mz}+\eta_3}{\eta_4}}^{\frac{1-y\eta_{mz}+\eta_3}{\eta_4}}\frac{1}{\sqrt{2\pi}}\mathrm{e}^{-\frac{t^2}{2}}\mathrm{d}t\right)\cdots$$
$$\cdot\left(1-\int_{\frac{-1-y\eta_{mz}-3\eta_3}{\eta_4}}^{\frac{1-y\eta_{mz}-3\eta_3}{\eta_4}}\frac{1}{\sqrt{2\pi}}\mathrm{e}^{-\frac{t^2}{2}}\mathrm{d}t\right)\left(1-\int_{\frac{-1-y\eta_{mz}+3\eta_3}{\eta_4}}^{\frac{1-y\eta_{mz}+3\eta_3}{\eta_4}}\frac{1}{\sqrt{2\pi}}\mathrm{e}^{-\frac{t^2}{2}}\mathrm{d}t\right)\mathrm{d}y \tag{7.2.21}$$

或

$$P_{1/4}=1-\int_{-\eta_{mz}}^{\eta_{mz}}\frac{1}{2\eta_{mz}}\left(1-\int_{\frac{-1-y-\eta_3}{\eta_4}}^{\frac{1-y-\eta_3}{\eta_4}}\frac{1}{\sqrt{2\pi}}\mathrm{e}^{-\frac{t^2}{2}}\mathrm{d}t\right)\left(1-\int_{\frac{-1-y+\eta_3}{\eta_4}}^{\frac{1-y+\eta_3}{\eta_4}}\frac{1}{\sqrt{2\pi}}\mathrm{e}^{-\frac{t^2}{2}}\mathrm{d}t\right)\cdots$$
$$\cdot\left(1-\int_{\frac{-1-y-3\eta_3}{\eta_4}}^{\frac{1-y-3\eta_3}{\eta_4}}\frac{1}{\sqrt{2\pi}}\mathrm{e}^{-\frac{t^2}{2}}\mathrm{d}t\right)\left(1-\int_{\frac{-1-y+3\eta_3}{\eta_4}}^{\frac{1-y+3\eta_3}{\eta_4}}\frac{1}{\sqrt{2\pi}}\mathrm{e}^{-\frac{t^2}{2}}\mathrm{d}t\right)\mathrm{d}y \tag{7.2.22}$$

增加弹数可进一步扩大导弹末制导雷达搜索扇面，提高捕捉概率，在相同目标散布区内，被双弹同时捕捉的概率也有所提高，计算方法和结论类同，这里不再讨论。

3. 满足预定捕捉概率的导弹瞄准点偏移率计算模型

作战行动中，多弹区域覆盖射击的平行搜索，需要保证一定的捕捉概率。影响多弹捕捉概率的主要参数为导弹的瞄准点偏移率，能够满足捕捉概率要求的导弹瞄准点偏移率取值一般不唯一，取值体现为一个区间，即导弹可用瞄准点偏移率区间，瞄准点偏移率在这一区间内取值时，多弹的捕捉概率均能够满足捕捉概率要求，求解这一区间是之后优化毁伤概率的基础。这里给出满足预定捕捉概率的导弹瞄准点偏移率(区间)计算模型。

设至少一枚导弹捕捉到目标的概率为 $P_{1/N}$ ，其中 N 为导弹数量； P_c 为预定捕捉概率。根据之前的分析，影响捕捉概率 $P_{1/N}$ 的主要参数包括 η_{mz} 、 $\eta_{\bar{z}_m}$ 、 η_3 、 η_4 、 n_i 、 m 。其中， η_{mz} 为根据 7.1.5 节中第三种等效方法得到的归一化目标等效散布误差(均方差)； $\eta_{\bar{z}_m}$ 为归一化导弹机动偏移率； η_3 为归一化瞄准点偏移率； η_4 为归一化导弹自控终点散布误差(均方差)； n_i 为每个瞄准点上分配的导弹数量； m 为瞄准点数量。因此，有导弹数量为

$$N=\sum_{i=1}^{m}n_i \tag{7.2.23}$$

注意到，由于$\eta_{\overline{z}_m}$可以在射击之前计算得到，因此可以将导弹的瞄准点进行偏移以修正$\eta_{\overline{z}_m}$带来的偏差，此时捕捉概率$P_{1/N}$变为

$$P_{1/N}=1-\int_{-\infty}^{+\infty}\frac{1}{\sqrt{2\pi}}\mathrm{e}^{-\frac{y^2}{2}}\prod_{i=1}^{m}\left(1-\int_{\frac{-1-y\eta_{mz}+d(i)\eta_3}{\eta_4}}^{\frac{1-y\eta_{mz}+d(i)\eta_3}{\eta_4}}\frac{1}{\sqrt{2\pi}}\mathrm{e}^{-\frac{t^2}{2}}\mathrm{d}t\right)^{n_i}\mathrm{d}y \tag{7.2.24}$$

其中

$$d(i)=-(m-1)+2(i-1) \tag{7.2.25}$$

下面分析当η_{mz}、η_4、n_i、m给定时，如何求解区间$D_{\eta_3}=\{\eta_3\}$，使$\forall\eta_3\in D_{\eta_3}$，均有捕捉概率满足预定要求，即

$$P_{1/N}(\eta_3)\geqslant P_c \tag{7.2.26}$$

首先，需要根据给定的η_{mz}、η_4、n条件，确定是否存在D_{η_3}。由于$P_{1/N}(\eta_3)$为连续函数，以及$P_{1/N}(\eta_3)$的形式，$\exists\eta_{3,E}$，当$\eta_3>\eta_{3,E}$时，有$P_{1/N}(\eta_3)<P_{1/N}(\eta_{3,E})$，即当$\eta_3$增大到一定数值后，$P_{1/N}(\eta_3)$单调递减。根据闭区间极值存在定理，在$\eta_3$的合理取值范围内存在$P_{1/N}(\eta_3)$的最大值$\max P_{1/N}(\eta_3)$，可以通过$\max P_{1/N}(\eta_3)$判断是否存在$D_{\eta_3}$。即当$\max P_{1/N}(\eta_3)>P_c$时，有$D_{\eta_3}\neq\varnothing$，如图 7.2.13 所示。

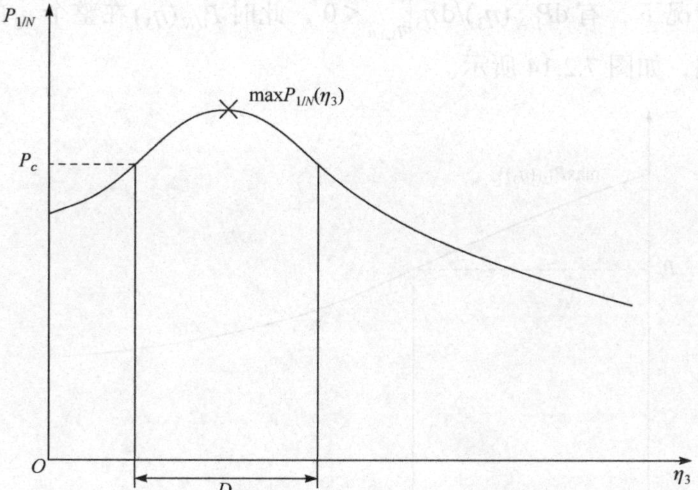

图 7.2.13　满足预定捕捉概率的导弹瞄准点偏移率求解示意图

由于$P_{1/N}(\eta_3)$连续可导，因此可以通过导数$\mathrm{d}P_{1/N}(\eta_3)/\mathrm{d}\eta_3$求解$\max P_{1/N}(\eta_3)$。导数$\mathrm{d}P_{1/N}(\eta_3)/\mathrm{d}\eta_3$的形式为

$$\frac{\mathrm{d}P_{1/N}(\eta_3)}{\mathrm{d}\eta_3}=-\int_{-\infty}^{+\infty}\frac{1}{\sqrt{2\pi}}\mathrm{e}^{-\frac{y^2}{2}}\sum_{i=1}^{m}P_d(\eta_{mz},\eta_3,\eta_4,n_i,i)\mathrm{d}y \tag{7.2.27}$$

其中

$$P_d(\eta_{mz},\eta_3,\eta_4,n_i,i)=-\frac{n_i d_i}{\eta_4\sqrt{2\pi}}\left[\mathrm{e}^{-\frac{\left(\frac{1-y\eta_{mz}+d_i\eta_3}{\eta_4}\right)^2}{2}}-\mathrm{e}^{-\frac{\left(\frac{-1-y\eta_{mz}+d_i\eta_3}{\eta_4}\right)^2}{2}}\right]\cdots$$
$$\cdot\left(1-\int_{\frac{-1-y\eta_{mz}+d_i\eta_3}{\eta_4}}^{\frac{1-y\eta_{mz}+d_i\eta_3}{\eta_4}}\frac{1}{\sqrt{2\pi}}\mathrm{e}^{-\frac{t^2}{2}}\mathrm{d}t\right)^{n_i-1}\prod_{\substack{j=1\\ j\neq i}}^{m}\left(1-\int_{\frac{-1-y\eta_{mz}+d_j\eta_3}{\eta_4}}^{\frac{1-y\eta_{mz}+d_j\eta_3}{\eta_4}}\frac{1}{\sqrt{2\pi}}\mathrm{e}^{-\frac{t^2}{2}}\mathrm{d}t\right)^{n_i} \tag{7.2.28}$$

$$d_i=-(m-1)+2(i-1) \tag{7.2.29}$$

若 N 为奇数，则当 $i=\frac{N+1}{2}$ 时，有

$$P_d(\eta_{mz},\eta_3,\eta_4,n_i,i)=0 \tag{7.2.30}$$

这里给出 $\max P_{1/N}(\eta_3)$ 的二分法迭代求解方法。选取迭代序列 $\eta_{3,a,i}$ 与 $\eta_{3,b,i}$，$i\in\mathbb{N}$。取 $\eta_{3,a,0}=0$，$\eta_{3,b,0}$ 使 $\mathrm{d}P_{1/N}(\eta_3)/\mathrm{d}\eta_3\big|_{\eta_{3,a,0}}$ 与 $\mathrm{d}P_{1/N}(\eta_3)/\mathrm{d}\eta_3\big|_{\eta_{3,b,0}}$ 异号。

特殊情况下，有 $\mathrm{d}P_{1/N}(\eta_3)/\mathrm{d}\eta_3\big|_{\eta_{3,a,0}}\leqslant 0$，此时 $P_{1/N}(\eta_3)$ 在整个 η_3 的取值范围内单调递减，如图 7.2.14 所示。

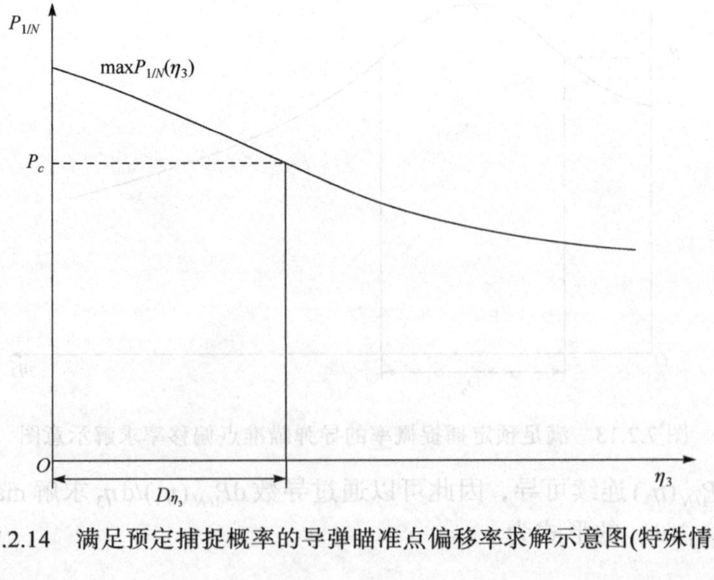

图 7.2.14　满足预定捕捉概率的导弹瞄准点偏移率求解示意图(特殊情况)

因而有

$$\max P_{1/N}(\eta_3) = P_{1/N}(0) \tag{7.2.31}$$

对于一般情况，当$i>0$时，有

$$\eta_{3,i} = (\eta_{3,a,i-1} + \eta_{3,b,i-1})/2 \tag{7.2.32}$$

若$\eta_{3,a,i-1}$与$\eta_{3,i}$异号，则有

$$\eta_{3,b,i} = \eta_{3,i} \tag{7.2.33}$$

若不然，则有

$$\eta_{3,a,i} = \eta_{3,i} \tag{7.2.34}$$

因此有

$$\lim_{i\to+\infty} \left.\frac{\mathrm{d}P_{1/N}(\eta_3)}{\mathrm{d}\eta_3}\right|_{\eta_{3,i}} = 0 \tag{7.2.35}$$

进而有$P_{1/N}(\eta_3)$在$\eta_{3,i}$处取极值，根据$P_{1/N}(\eta_3)$的性质，有

$$\lim_{i\to+\infty} P_{1/N}(\eta_{3,i}) = \max P_{1/N}(\eta_3) \tag{7.2.36}$$

求解得到$\max P_{1/N}(\eta_3)$，取对应的η_3记为$\eta_{3,m}$，根据$\max P_{1/N}(\eta_3)$是否大于P_c判断是否存在D_{η_3}，之后求解D_{η_3}。由于$P_{1/N}(\eta_3)$与$\mathrm{d}P_{1/N}(\eta_3)/\mathrm{d}\eta_3$的连续性，只需要求解$\eta_{3,m}$附近的两个点$\eta_{3,d}$与$\eta_{3,u}$，使

$$\eta_{3,d} < \eta_{3,m} < \eta_{3,u} \tag{7.2.37}$$

同时有

$$P_{1/N}(\eta_{3,d}) = P_{1/N}(\eta_{3,u}) = P_c \tag{7.2.38}$$

采用牛顿迭代法求解$\eta_{3,d}$与$\eta_{3,u}$。构建迭代序列$\eta_{3,d,k}$与$\eta_{3,u,k}$，$k\in\mathbb{N}^+$。取

$$\eta_{3,u,0} = (1+k_s)\eta_{3,m} \tag{7.2.39}$$

其中，$k_s>0$。对于$k>1$，有

$$\Delta\eta_{3,k}^* = [P_c - P_{1/N}(\eta_{3,u,k-1})] \Big/ \left.\frac{\mathrm{d}P_{1/N}(\eta_3)}{\mathrm{d}\eta_3}\right|_{\eta_{3,u,k-1}} \tag{7.2.40}$$

由于在$\eta_{3,m}$附近有$\mathrm{d}P_{1/N}(\eta_3)/\mathrm{d}\eta_3 \to 0$，此时$\Delta\eta_{3,k}^* \to \infty$，因此取

$$\Delta\eta_{3,k} = \frac{\Delta\eta_{3,k}^*}{\left|\Delta\eta_{3,k}^*\right|} \min\left\{\frac{\eta_{3,u,k-1}}{k_\Delta}, \Delta\eta_{3,k}^*\right\} \tag{7.2.41}$$

其中，$k_\Delta>1$，使$\Delta\eta_{3,k}$在一定合理范围内，这样$\Delta\eta_{3,k}$在$\eta_{3,m}$附近不会取值过大，而在趋近解时又能够具有较高的效率。这样取

$$\eta_{3,u,k} = \eta_{3,u,k-1} + \Delta\eta_{3,k} \tag{7.2.42}$$

有

$$\lim_{k\to+\infty} P_{1/N}(\eta_{3,u,k}) = P_c \tag{7.2.43}$$

同理取

$$\eta_{3,d,0} = (1-k_s)\eta_{3,m} \tag{7.2.44}$$

采用相同的方法，可以解得

$$\lim_{k\to+\infty} P_{1/N}(\eta_{3,d,k}) = P_c \tag{7.2.45}$$

当 $\eta_{3,m}=0$ 时，有 $P_{1/N}(\eta_3)$ 单调递减，此时直接取 $\eta_{3,d}=\eta_{3,m}$ 即可，这种情况下有

$$\eta_{3,d} \leqslant \eta_{3,m} < \eta_{3,u} \tag{7.2.46}$$

从而解得 $D_{\eta_3}=[\eta_{3,d},\eta_{3,u}]$。

给出具体的计算示例，初始条件为 η_4 取 0.6，预定捕捉概率 P_c 取 0.85，导弹数量 N 取 2～5，每个瞄准点分配一枚导弹，改变 η_{mz} 取值(0.4～2)，求解导弹可用瞄准点偏移率区间，如表 7.2.4 和图 7.2.15 所示。

表 7.2.4　不同 η_2 取值条件下的导弹可用瞄准点偏移率区间

N	D_{η_3}	η_{mz}								
		0.4	0.6	0.8	1	1.2	1.4	1.6	1.8	2
2	$\eta_{3,d}$	0.0000	0.0000	0.1990	—	—	—	—	—	—
	$\eta_{3,u}$	0.8865	0.9107	0.8598	—	—	—	—	—	—
3	$\eta_{3,d}$	0.0000	0.0000	0.0000	0.1823	0.4485	—	—	—	—
	$\eta_{3,u}$	1.1721	0.9875	0.9547	0.9366	0.8893	—	—	—	—
4	$\eta_{3,d}$	0.0000	0.0000	0.0000	0.0000	0.2213	0.3621	0.5056	—	—
	$\eta_{3,u}$	0.8923	0.9277	0.9451	0.9493	0.9462	0.9326	0.8943	—	—
5	$\eta_{3,d}$	0.0000	0.0000	0.0000	0.0000	0.1243	0.2385	0.3328	0.4276	0.5365
	$\eta_{3,u}$	1.1721	0.9878	0.9574	0.9517	0.9507	0.9490	0.9434	0.9288	0.8952

图 7.2.15 中，不同导弹数量对应曲线包络的区域为捕捉概率大于预定要求(0.85)的瞄准点偏移率。由图 7.2.15 可知，随着 η_{mz} 的增加，目标散布情况不断恶化，需要更多的导弹数量才能达到捕捉概率 0.85 的要求。注意到，当瞄准点数量为奇数时，由于始终有一枚导弹瞄准目标散布中心，因此当 η_{mz} 较小时，可用的瞄准点偏移率区间大于邻近的偶数导弹数量对应瞄准点偏移率区间。

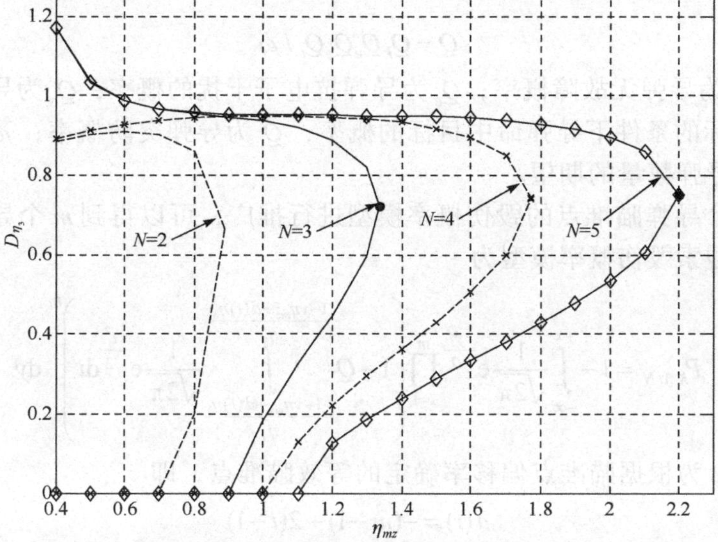

图 7.2.15　不同 η_{mz} 取值条件下的导弹可用瞄准点偏移率区间

7.2.3　多弹区域覆盖射击的平行搜索毁伤概率研究

射击效率指标是兵力运用和指挥决策的主要依据，前面以保证目标至少被一枚导弹捕捉的概率不低于期望值，同时被多弹同时捕捉的概率越大越好为效能指标，但实际上是否进行区域射击还应与对方的抗导能力(包括火力抗导能力和电子抗导能力)等因素有关，因此应以至少一发导弹命中目标的概率为效能指标研究反舰导弹的区域射击方法。

下面首先分析多弹区域覆盖平行搜索射击的毁伤目标概率，然后分析在指定至少命中一发导弹概率不低于指定值下的导弹的消耗量计算公式以及对导弹瞄准点的数量和导弹瞄准点偏移量的大小等参数的影响进行分析。

1. 多弹区域覆盖平行搜索射击的毁伤目标概率

7.2.2 节已经建立了导弹捕捉目标的概率模型，导弹捕捉到目标是毁伤目标的基础，在捕捉目标概率模型的基础上，可以建立导弹毁伤目标的模型。

以两个导弹瞄准点为例，根据导弹捕捉目标的概率模型，可以得到两枚导弹平行搜索时的毁伤概率模型为

$$P_{K,1/N}=1-\int_{-\infty}^{+\infty}\frac{1}{\sqrt{2\pi}}\mathrm{e}^{-\frac{y^2}{2}}\left(1-Q\int_{\frac{-1-y\eta_{mz}-\eta_3}{\eta_4}}^{\frac{1-y\eta_{mz}-\eta_3}{\eta_4}}\frac{1}{\sqrt{2\pi}}\mathrm{e}^{-\frac{t^2}{2}}\mathrm{d}t\right)^{n_1}\left(1-Q\int_{\frac{-1-y\eta_{mz}+\eta_3}{\eta_4}}^{\frac{1-y\eta_{mz}+\eta_3}{\eta_4}}\frac{1}{\sqrt{2\pi}}\mathrm{e}^{-\frac{t^2}{2}}\mathrm{d}t\right)^{n_2}\mathrm{d}y \tag{7.2.47}$$

其中

$$Q = Q_k Q_e Q_z Q_t / \omega \tag{7.2.48}$$

式中，Q_k 为导弹无故障概率；Q_e 为导弹抗电子干扰的概率；Q_z 为导弹导引头捕捉到目标的条件下导弹命中目标的概率；Q_t 为导弹突防概率；ω 为毁伤目标所需的导弹数量的期望。

将两个导弹瞄准点的毁伤概率模型进行推广，可以得到 m 个导弹瞄准点时的平行搜索毁伤概率模型为

$$P_{K,1/N} = 1 - \int_{-\infty}^{+\infty} \frac{1}{\sqrt{2\pi}} \mathrm{e}^{-\frac{y^2}{2}} \prod_{i=1}^{m} \left(1 - Q \int_{\frac{-1-y\eta_{mz}+d(i)\eta_3}{\eta_4}}^{\frac{1-y\eta_{mz}+d(i)\eta_3}{\eta_4}} \frac{1}{\sqrt{2\pi}} \mathrm{e}^{-\frac{t^2}{2}} \mathrm{d}t \right)^{n_i} \mathrm{d}y \tag{7.2.49}$$

其中，$d(i)$ 为根据瞄准点偏移率确定的等效瞄准点，即

$$d(i) = -(m-1) + 2(i-1) \tag{7.2.50}$$

显然，在同等条件下，由于 Q 的影响，导弹毁伤目标的概率应低于导弹捕捉目标的概率。

设 η_{mz} 取 1.2，η_4 取 0.05，Q 取 0.9，导弹瞄准点数量 m 分别取 2～4，每个瞄准点分配一枚导弹，改变瞄准点偏移率 η_3 的取值，得到导弹捕捉概率与毁伤概率如图 7.2.16～图 7.2.18 所示。

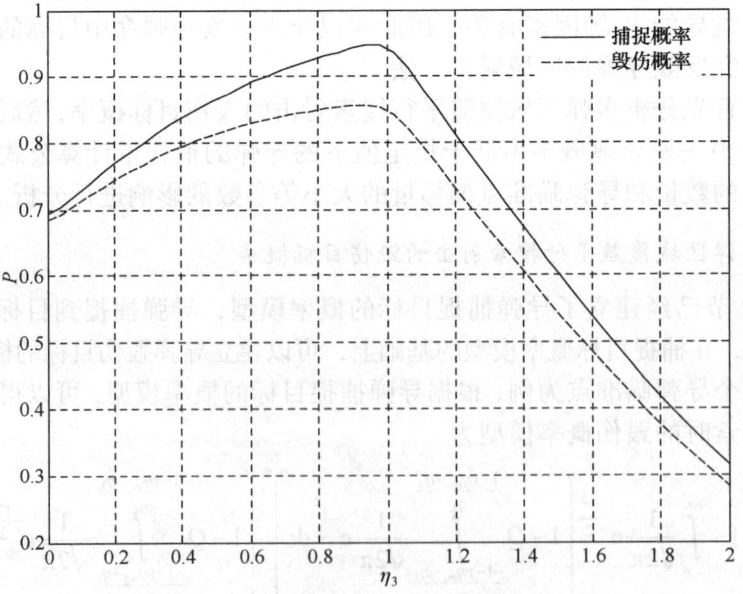

图 7.2.16　导弹捕捉概率与毁伤概率(2 枚)

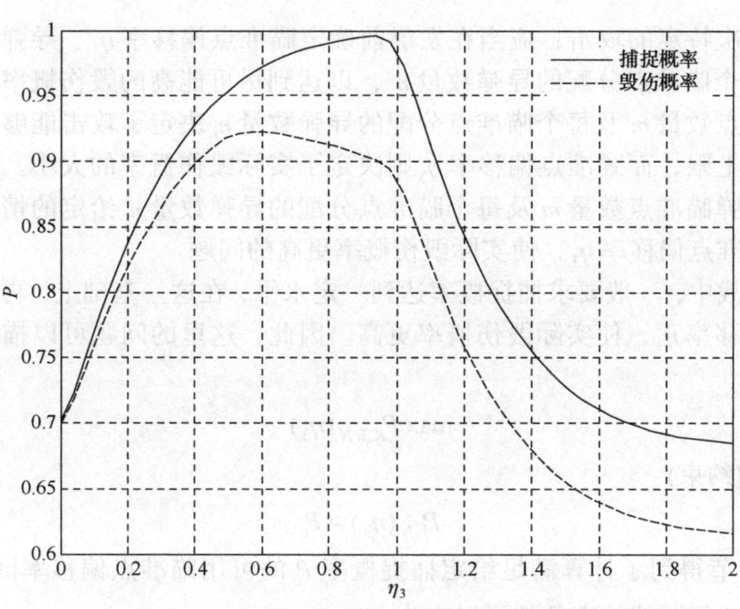

图 7.2.17　导弹捕捉概率与毁伤概率(3 枚)

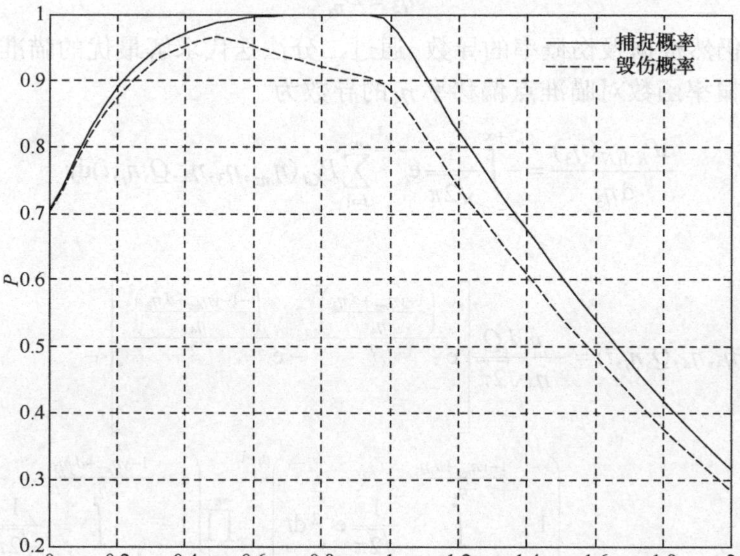

图 7.2.18　导弹捕捉概率与毁伤概率(4 枚)

2. 多弹区域覆盖平行搜索攻击瞄准点偏移率计算方法

根据式(7.2.47)，影响多弹区域覆盖平行搜索攻击毁伤概率的参数有 η_{mz}、η_3、η_4、Q、m、n_i。在导弹发射之前，参数 η_{mz}、η_4、Q 均是固定的，因

此对于某次特定的攻击，应当在发射前确定瞄准点偏移率 η_3、导弹瞄准点数量 m 及每个瞄准点分配的导弹数量 n_i，以达到尽可能高的毁伤概率。其中，导弹瞄准点数量 m 及每个瞄准点分配的导弹数量 n_i 决定了攻击能够达到的毁伤概率的上限，而瞄准点偏移率 η_3 则决定了实际毁伤概率的大小。这里主要解决在导弹瞄准点数量 m 及每个瞄准点分配的导弹数量 n_i 给定的情况下，如何求解瞄准点偏移率 η_3，使实际毁伤概率更高的问题。

在作战中，一般要求捕捉概率达到一定水平，在这一基础上，再优化调整瞄准点偏移率 η_3，使实际毁伤概率更高。因此，这里的问题可以描述为优化 η_3，使

$$\max P_{K,1/N}(\eta_3) \tag{7.2.51}$$

同时满足(约束)

$$P_{1/N}(\eta_3) \geqslant P_c \tag{7.2.52}$$

7.2.2 节得到了计算满足给定捕捉概率 P_c 的可用瞄准点偏移率区间 D_{η_3} 的方法，因此问题的约束条件可以变为

$$\eta_3 \in D_{\eta_3} \tag{7.2.53}$$

这里仍然根据毁伤概率的导数，通过二分法迭代求解最优的瞄准点偏移率 η_3。毁伤概率函数对瞄准点偏移率 η_3 的导数为

$$\frac{\mathrm{d}P_{K,1/N}(\eta_3)}{\mathrm{d}\eta_3} = -\int_{-\infty}^{+\infty} \frac{1}{\sqrt{2\pi}} \mathrm{e}^{-\frac{y^2}{2}} \sum_{i=1}^{m} P_{Kd}(\eta_{mz},\eta_3,\eta_4,Q,n_i,i)\mathrm{d}y \tag{7.2.54}$$

其中

$$P_{Kd}(\eta_{mz},\eta_3,\eta_4,Q,n_i,i) = -\frac{n_i d_i Q}{\eta_4\sqrt{2\pi}}\left[\mathrm{e}^{-\frac{\left(\frac{1-y\eta_{mz}+d_i\eta_3}{\eta_4}\right)^2}{2}} - \mathrm{e}^{-\frac{\left(\frac{-1-y\eta_{mz}+d_i\eta_3}{\eta_4}\right)^2}{2}}\right]\cdots$$
$$\cdot\left(1-\int_{\frac{-1-y\eta_{mz}+d_i\eta_3}{\eta_4}}^{\frac{1-y\eta_{mz}+d_i\eta_3}{\eta_4}} \frac{1}{\sqrt{2\pi}}\mathrm{e}^{-\frac{t^2}{2}}\mathrm{d}t\right)^{n_i-1} \prod_{\substack{j=1\\ j\neq i}}^{m}\left(1-\int_{\frac{-1-y\eta_{mz}+d_j\eta_3}{\eta_4}}^{\frac{1-y\eta_{mz}+d_j\eta_3}{\eta_4}} \frac{1}{\sqrt{2\pi}}\mathrm{e}^{-\frac{t^2}{2}}\mathrm{d}t\right)^{n_i} \tag{7.2.55}$$

具体求解方法为构建迭代序列 $\eta_{3,a,k}$ 与 $\eta_{3,b,k}$，其中初值为

$$\begin{cases}\eta_{3,a,0} = \min D_{\eta_3}\\ \eta_{3,b,0} = \max D_{\eta_3}\end{cases} \tag{7.2.56}$$

计算 $\mathrm{d}P_{K,1/N}(\eta_3)/\mathrm{d}\eta_3\big|_{\eta_3=\eta_{3,a,0}}$ 与 $\mathrm{d}P_{K,1/N}(\eta_3)/\mathrm{d}\eta_3\big|_{\eta_3=\eta_{3,b,0}}$，若

$$\left.\frac{\mathrm{d}P_{K,1/N}(\eta_3)}{\mathrm{d}\eta_3}\right|_{\eta_3=\eta_{3,a,0}}<0 \tag{7.2.57}$$

则说明 $P_{K,1/N}(\eta_3)$ 在 D_{η_3} 上单调递减，因此取 $\eta_3=\min D_{\eta_3}$ 作为结果。否则，对于 $k>0$，则有计算式(7.2.58)：

$$P_{K,1/N}(\eta_{3,k}) \tag{7.2.58}$$

其中

$$\eta_{3,k}=(\eta_{3,a,k-1}+\eta_{3,b,k-1})/2 \tag{7.2.59}$$

若 $\mathrm{d}P_{K,1/N}(\eta_3)/\mathrm{d}\eta_3\big|_{\eta_3=\eta_{3,a,k-1}}$ 与 $\mathrm{d}P_{K,1/N}(\eta_3)/\mathrm{d}\eta_3\big|_{\eta_3=\eta_{3,k}}$ 异号，则取

$$\eta_{3,b,k}=\eta_{3,k} \tag{7.2.60}$$

否则取

$$\eta_{3,a,k}=\eta_{3,k} \tag{7.2.61}$$

因此有

$$\lim_{k\to+\infty}\left.\frac{\mathrm{d}P_{K,1/N}(\eta_3)}{\mathrm{d}\eta_3}\right|_{\eta_3=\eta_{3,k}}=0 \tag{7.2.62}$$

3. 多弹区域覆盖平行搜索攻击导弹的消耗量计算

影响毁伤概率上限的参数主要为导弹数量 N，而导弹数量又由导弹瞄准点数量 m 及每个瞄准点分配的导弹数量 n_i 决定，即 (m,n_i) 组合。这里给出根据预定毁伤概率 $P_{C,K}$ 确定 (m,n_i) 组合，即导弹数量的方法。

针对导弹数量求解问题的特点，解应当满足以下几个要求：

(1) 满足预定毁伤概率 $P_{C,K}$；

(2) 所需导弹数量 N 尽量少；

(3) 所需瞄准点数量 m 尽量少。

对于要求(1)，需要针对给定 (m,n_i) 组合，通过前文中的方法求解最优毁伤概率即对应的瞄准点偏移率，判断是否能够达到预定毁伤概率要求 $P_{C,K}$；对于要求(2)与(3)，则需要从一个较小的导弹数量取值 N_j 开始，给出所有的 (m,n_i) 组合，计算最优毁伤概率，选取其中满足预定毁伤概率并且所需瞄准点数量 m 较少的组合。

因此，这里构建导弹数量迭代序列 N_j，通过一种预估-校正方法迭代计算导弹数量。方法分为三个步骤，即导弹数量初值预估、导弹瞄准点数量 m 及每个瞄准点分配的导弹数量 n_i 组合 (m,n_i) 的求解以及对应最优毁伤概率求解、导弹数量的校正。

1) 导弹数量初值预估

事实上，当参数 η_{mz}、η_4、Q 固定时，若导弹数量 N_j 也已确定，那么无论如何调整瞄准点偏移率 η_3，都无法超过某一毁伤概率，即最优毁伤概率。下面求解给定导弹数量 N_j 条件下，毁伤概率 $P_{K,1/N}$ 的最优值 $P_{O,K,1/N}$，进而通过最优毁伤概率 $P_{O,K,1/N}$ 反解出导弹数量初值 N_0。

注意到在式(7.2.47)中，设

$$U=-\sum_{i=1}^{m}\ln\left(1-Q\int_{\frac{-1-y\eta_{mz}+d(i)\eta_3}{\eta_4}}^{\frac{1-y\eta_{mz}+d(i)\eta_3}{\eta_4}}\frac{1}{\sqrt{2\pi}}\mathrm{e}^{-\frac{t^2}{2}}\mathrm{d}t\right)^{n_i} \tag{7.2.63}$$

则有

$$P_{K,1/N}=1-\int_{-\infty}^{+\infty}\frac{1}{\sqrt{2\pi}}\mathrm{e}^{-\frac{y^2}{2}-U}\mathrm{d}y \tag{7.2.64}$$

另外，有

$$\begin{aligned}\int_{-\infty}^{+\infty}U(y)\mathrm{d}y&=\int_{-\infty}^{+\infty}-\sum_{i=1}^{m}\ln\left(1-Q\int_{\frac{-1-y\eta_{mz}}{\eta_4}}^{\frac{1-y\eta_{mz}}{\eta_4}}\frac{1}{\sqrt{2\pi}}\mathrm{e}^{-\frac{t^2}{2}}\mathrm{d}t\right)^{n_i}\mathrm{d}y\\&=\int_{-\infty}^{+\infty}-N\ln\left(1-Q\int_{\frac{-1}{\eta_4}}^{\frac{1}{\eta_4}}\frac{1}{\sqrt{2\pi}}\mathrm{e}^{-\frac{t^2}{2}}\mathrm{d}t\right)\mathrm{d}y\\&=\tau(N,\eta_4,Q)\end{aligned} \tag{7.2.65}$$

即 $\tau(N,\eta_4,Q)$ 是与 y 无关的量，可以作为等周条件，通过变分法求解 $P_{K,1/N}$ 的最优值。设

$$H=\mathrm{e}^{-\frac{y^2}{2}-U}+\lambda U \tag{7.2.66}$$

有

$$I=\int_{-\infty}^{+\infty}H\mathrm{d}y \tag{7.2.67}$$

与 $P_{K,1/N}$ 在相同的 U 处取极值，此时 U 的值记为 U_O，根据变分极值条件，U_O 满足

$$\frac{\partial H}{\partial U}-\frac{\mathrm{d}}{\mathrm{d}y}\frac{\partial H}{\partial U_y}=0 \tag{7.2.68}$$

由于 H 不显含 U_y，因此有

$$\frac{\partial H}{\partial U}-\frac{\mathrm{d}}{\mathrm{d}y}\frac{\partial H}{\partial U_y}=-\mathrm{e}^{-\frac{y^2}{2}-U}+\lambda=0 \tag{7.2.69}$$

解得

$$U=-\frac{y^2}{2}-\ln\lambda \tag{7.2.70}$$

注意到 $U\geqslant 0$，因此有

$$y\leqslant\sqrt{-2\ln\lambda} \tag{7.2.71}$$

设

$$R_y=\sqrt{-2\ln\lambda} \tag{7.2.72}$$

同时利用等周条件 $\tau(N,\eta_{mz},\eta_4)$，有

$$\int_{-\infty}^{+\infty}\left(-\frac{y^2}{2}-\ln\lambda\right)\mathrm{d}y=\tau(N,\eta_{mz},\eta_4,Q) \tag{7.2.73}$$

解得

$$R=\sqrt[3]{\frac{3}{2}\tau(N,\eta_4,Q)} \tag{7.2.74}$$

因此有

$$U_O=\begin{cases}\frac{1}{2}(R^2-y^2), & |y|\leqslant R\\ 0, & |y|>R\end{cases} \tag{7.2.75}$$

将 U_O 代入式(7.2.64)，可以得到最优毁伤概率 $P_{O,K,1/N}$ 为

$$P_{O,K,1/N}=1-\frac{2}{\sqrt{2\pi}}\left(R\mathrm{e}^{-\frac{R^2}{2}}-\int_R^{+\infty}\mathrm{e}^{-\frac{y^2}{2}}\mathrm{d}y\right) \tag{7.2.76}$$

根据式(7.2.76)，构建迭代模型，可以得到求解最优毁伤概率对应 R 的方法：

$$R_{k+1} = \sqrt{2\ln R_k - 2\ln\left(\frac{\sqrt{2\pi}}{2}(1-P_{O,K,1/N}) + \int_{R_k}^{+\infty} \mathrm{e}^{-\frac{y^2}{2}}\mathrm{d}y\right)} \tag{7.2.77}$$

将式(7.2.77)中 $P_{O,K,1/N}$ 替换为 $P_{C,K}$，则有

$$R_{k+1} = \sqrt{2\ln R_k - 2\ln\left(\frac{\sqrt{2\pi}}{2}(1-P_{C,K}) + \int_{R_k}^{+\infty} \mathrm{e}^{-\frac{y^2}{2}}\mathrm{d}y\right)} \tag{7.2.78}$$

结合式(7.2.74)，得到对应的导弹数量初值 N_0 为

$$N_0 = \left\lceil \frac{2}{3} R^{2/3} / \tau_0(\eta_{mz}, \eta_4, Q) \right\rceil \tag{7.2.79}$$

由于导弹数量为整数，因此需向上取整，其中

$$\tau_0(\eta_{mz}, \eta_4, Q) = \int_{-\infty}^{+\infty} -\ln\left(1 - Q\int_{\frac{-1-y\eta_{mz}}{\eta_4}}^{\frac{1-y\eta_{mz}}{\eta_4}} \frac{1}{\sqrt{2\pi}}\mathrm{e}^{-\frac{t^2}{2}}\mathrm{d}t\right)\mathrm{d}y \tag{7.2.80}$$

2) 导弹瞄准点数量及每个瞄准点分配的导弹数量求解

为便于作战方案实施，需要尽量少的导弹数量与瞄准点数量，因此需要根据给定的导弹数量 N_j，给出所有的导弹瞄准点数量 m 及每个瞄准点分配的导弹数量 n_i 的组合 (m, n_i)，分别计算各种组合的最优毁伤概率，选取其中满足预定毁伤概率要求并且 m 最少的组合。

显然，瞄准点数量 m 不能大于导弹数量 N_j，即

$$m \in \{1, 2, \cdots, N_j\} \tag{7.2.81}$$

当每个瞄准点均分配了 1 枚导弹时，需要把剩余的 $N_j - m$ 枚导弹分配到 m 个瞄准点上。可以从 1 开始，通过穷举的方法求解不同 m 下的每个瞄准点分配导弹数量 n_i，进而列出所有的 (m, n_i) 组合。因此，只需要给出已知 m 条件下的 n_i 取值求解方法即可。

对于给定的 m，可以通过递归方法求解所有的 n_i 的取值，引入 N_s、n_s 与 m_s 描述递归过程，N_s 表示每次递归的剩余导弹总数，初值取 $N_j - m$，n_s 表示每次递归分配给第一个瞄准点的导弹数量，m_s 表示每次递归的瞄准点数量，初值取 m，具体步骤如下：

(1) n_s 取 0，开始分配；

(2) 在第一个瞄准点上分配 n_s 枚导弹，剩余 N_s-n_s 枚导弹与 m_s-1 个瞄准点；

(3) 若 m_s-1 为 1，则将剩余的 N_s-n_s 枚导弹分配至该瞄准点，进入步骤(6)；

(4) 若 N_s-n_s 为 0，则剩余的 m_s-1 个瞄准点均不分配导弹，进入步骤(6)；

(5) 对于其他情况，取 N_s 为 N_s-n_s，m_s 为 m_s-1，进入步骤(1)；

(6) 取 n_s 为 n_s+1，若 n_s 大于 N_j-m，则返回，否则 N_s 取 N_j-m，m_s 取 m，进入步骤(2)。

通过递归方法可以求解给定 N_j 条件下所有的 (m,n_i) 组合。得到所有的 (m,n_i) 组合后，可以通过前文中的方法计算每种组合的最优毁伤概率及对应的瞄准点偏移率，若其中没有满足预定毁伤概率的解，则需要对导弹数量进行校正。

3) 导弹数量迭代校正

在得到导弹数量 N_{j-1} 后，如果实际毁伤概率不能满足要求，即

$$P_{K,1/N}(N_{j-1})<P_{C,K} \tag{7.2.82}$$

其中，$P_{K,1/N}(N_{j-1})$ 为所有 (m,n_i) 组合情况下的毁伤概率最大值，则需要对导弹数量进行校正。对于导弹数量初值 N_0，首先取 $N_1=N_0+1$，之后计算 $P_{K,1/N}(N_0)$，若仍然无法满足预定毁伤概率的要求，即

$$P_{K,1/N}(N_1)<P_{C,K,1/N} \tag{7.2.83}$$

则对于 $j\geqslant 2$，计算毁伤概率对导弹数量的等效导数，即

$$\frac{\mathrm{d}P_{K,1/N}(N_{j-1})}{\mathrm{d}N}=\frac{P_{K,1/N}(N_{j-1})-P_{K,1/N}(N_{j-2})}{N_{j-1}-N_{j-2}} \tag{7.2.84}$$

根据等效导数修正导弹数量，得到 N_j 为

$$N_j=N_{j-1}+\left\lceil (P_{C,K}-P_{K,1/N}(N_{j-1}))\bigg/\frac{\mathrm{d}P_{K,1/N}(N_{j-1})}{\mathrm{d}N}\right\rceil \tag{7.2.85}$$

最终得到满足要求的导弹数量。

4. 导弹数量和瞄准点偏移的确定原则

通过前面的分析，可以给出导弹数量与瞄准点偏移率(量)的确定原则，其中导弹数量由瞄准点数量与每个瞄准点分配的导弹数量确定，具体步骤如下：

(1) 确定参数 η_{mz}、η_4、Q；

(2) 给出预定捕捉概率 P_c 与预定毁伤概率 $P_{C,K}$；

(3) 根据 $P_{C,K}$ 计算导弹数量初值 N_0(N_j)；

(4) 根据给定的导弹数量 N_j 列出所有 (m,n_i) 组合，分别计算最优毁伤概率

与对应的瞄准点偏移率，选取满足预定毁伤概率要求并且瞄准点数量 m 最少的解作为结果；

(5) 若步骤(4)中计算得到的解不满足预定毁伤概率要求 $P_{C,K}$，则对导弹数量进行校正，并进入步骤(4)。

下面给出算例。η_4 取 0.05，Q 分别取 0.1、0.3、0.5、0.7，预定捕捉概率 P_c 取 0.95，预定毁伤概率 $P_{C,K}$ 取 0.8，η_{mz} 分别取 0.8、1.2、1.6、2.0，分别计算最优方案，结果如表 7.2.5～表 7.2.8 所示，其中瞄准点不超过 4 个。

表 7.2.5　攻击方案及对应捕捉概率、毁伤概率(Q=0.7)

η_{mz}	N	m	n_i	η_3	$P_{1/N}$	$P_{K,1/N}$
0.8	3	2	(2, 1)	0.5873	0.9543	0.8355
1.2	4	4	(1, 1, 1, 1)	0.4867	0.9595	0.8375
1.6	7	4	(1, 3, 2, 1)	0.9526	0.9840	0.8806
2	8	4	(2, 2, 2, 2)	1.0014	0.9538	0.8649

表 7.2.6　攻击方案及对应捕捉概率、毁伤概率(Q=0.5)

η_{mz}	N	m	n_i	η_3	$P_{1/N}$	$P_{K,1/N}$
0.8	4	4	(1, 1, 1, 1)	0.2227	0.9626	0.8030
1.2	7	4	(2, 2, 1, 2)	0.4760	0.9592	0.8361
1.6	11	4	(3, 2, 3, 3)	0.9502	0.9846	0.8654
2	12	4	(3, 3, 3, 3)	1.0197	0.9569	0.8404

表 7.2.7　攻击方案及对应捕捉概率、毁伤概率(Q=0.3)

η_{mz}	N	m	n_i	η_3	$P_{1/N}$	$P_{K,1/N}$
0.8	8	4	(2, 2, 2, 2)	0.2280	0.9674	0.8114
1.2	12	4	(3, 3, 3, 3)	0.4834	0.9621	0.8113
1.6	17	4	(4, 4, 5, 4)	0.6943	0.9500	0.8056
2.0	23	4	(6, 5, 6, 6)	0.9653	0.9522	0.8269

表 7.2.8　攻击方案及对应捕捉概率、毁伤概率(Q=0.1)

η_{mz}	N	m	n_i	η_3	$P_{1/N}$	$P_{K,1/N}$
0.8	26	4	(6, 6, 7, 7)	0.2173	0.9680	0.8019
1.2	39	4	(10, 9, 10, 10)	0.4769	0.9633	0.8009

续表

η_{mz}	N	m	n_i	η_3	$P_{1/N}$	$P_{K,1/N}$
1.6	61	4	(15, 15, 16, 15)	0.6829	0.9500	0.8202
2.0	69	4	(17, 17, 18, 17)	0.9631	0.9533	0.8036

5. 统计模拟法验证分析

根据 7.1.5 节的分析，多弹区域覆盖射击时，由于目标的机动情况复杂，需要对目标散布区域进行一定的等效计算，得到便于进一步分析的目标散布模型，因此有必要验证经过等效计算得到的射击方案是否有效。

采用统计模拟法验证方法的有效性，对于不同的目标散布情况，通过 7.1.5 节的第三种等效方法得到归一化目标等效散布误差，之后通过 7.2.3 节中的方法得到理论射击方案。分别计算：

(1) 通过理论模型计算得到理论射击方案对应的捕捉概率与毁伤概率，即理论捕捉概率与理论毁伤概率；

(2) 实际目标散布条件下，理论射击方案对应的实际捕捉概率与毁伤概率，即实际捕捉概率与实际毁伤概率；

(3) 实际目标散布条件下，所有导弹瞄准目标散布中心对应的捕捉概率与毁伤概率，即集火捕捉概率与集火毁伤概率。

其中，(1)与(2)对比，用于验证方法的正确性，即能够达到捕捉概率与毁伤概率要求；(1)与(3)对比，用于验证方法的有效性，即验证 7.2.3 节中用于计算射击方案的模型能够提高捕捉概率与毁伤概率。另外，由于理论计算时对目标散布进行了一定的等效，因此(1)与(2)得到的结果可能不相近，这里定义方法正确性为“实际捕捉概率与毁伤概率均接近或高于理论捕捉概率与毁伤概率”。

1) 仿真流程

通过统计模拟法进行仿真，需要先根据目标参数与导弹参数确定射击方案，然后根据射击方案与目标、导弹的散布情况计算实际捕捉概率与毁伤概率，具体求解流程如表 7.2.9 所示。

表 7.2.9　统计检验法仿真流程

	步骤
射击方案求解	设定目标参数； 设定导弹参数； 根据 7.2.3 节第二部分与第三部分计算导弹总数 N 、瞄准点数量 m 、每个瞄准点分配的导弹数量 n_i 、瞄准点偏移率 η_3 ； 根据 7.2.2 节第二部分计算理论捕捉概率 $P_{1/N}$ ； 根据 7.2.3 节第一部分计算理论毁伤概率 $P_{K,1/N}$

续表

	步骤
	设定统计模拟法仿真次数； 对于一次仿真：
计算实际捕捉概率与毁伤概率	根据目标位置、速度的概率分布与数字特征生成目标实际位置； 根据导弹的自控终点散布与瞄准点偏移率(对于集火射击，瞄准点偏移率为零)生成导弹实际位置； 根据导弹搜索半宽与导弹实际位置判断是否捕捉目标； 根据捕捉到目标的导弹数量及导弹捕捉目标后毁伤目标的概率判断是否毁伤目标； 统计所有仿真中捕捉目标、毁伤目标的次数，计算导弹捕捉目标、毁伤目标的频率，作为实际捕捉概率与毁伤概率

2) 目标参数

根据目标速度与航向的分布情况，将目标参数分为 6 组：

A 为目标速度正态分布、目标航向正态分布。目标距离 400km，目标距离均方差 8km，目标方位均方差 2.5°，目标机动速度均值 10m/s，目标速度均方差 3m/s，目标航向均值 0°，目标航向均方差 3°。

B 为目标速度正态分布、目标航向均匀分布。目标距离 400km，目标距离均方差 8km，目标方位均方差 2.5°，目标机动速度均值 10m/s，目标速度均方差 3m/s，目标航向最小值−90°，目标航向最大值 90°。

C 为目标速度均匀分布、目标航向正态分布。目标距离 400km，目标距离均方差 8km，目标方位均方差 2.5°，目标机动速度最小值 0m/s，目标机动速度最大值 15m/s，目标航向均值 0°，目标航向均方差 3°。

D 为目标速度均匀分布、目标航向均匀分布。目标距离 400km，目标距离均方差 8km，目标方位均方差 2.5°，目标机动速度最小值 0m/s，目标机动速度最大值 15m/s，目标航向最小值−90°，目标航向最大值 90°。

E 为目标速度正态分布、目标航向未知。目标距离 400km，目标距离均方差 8km，目标方位均方差 2.5°，目标机动速度均值 10m/s，目标速度均方差 3m/s。

F 为目标速度均匀分布、目标航向未知。目标距离 400km，目标距离均方差 8km，目标方位均方差 2.5°，目标机动速度最小值 0m/s，目标机动速度最大值 15m/s。

3) 导弹参数

导弹速度 220m/s，导弹飞行最小距离 3km，导引头开机最小距离 10km，导弹自控终点横向散布系数 3.5×10^{-5}，导弹自控终点纵向散布系数 3.5×10^{-5}，导弹发射延时 200s，导弹搜索半宽 20km，导弹捕捉目标后毁伤目标的概率 0.7。

4) 仿真对比

根据目标参数，分别求解不同目标参数下的归一化目标等效散布误差 η_{mz}，如表 7.2.10 所示。

表 7.2.10　目标参数

目标参数	A	B	C	D	E	F
η_{mz}	1.2200	1.4734	1.1758	1.3644	1.4734	1.3644

在得到 η_{mz} 后，可以得到不同目标参数下的射击方案，如表 7.2.11 所示。

表 7.2.11　不同目标参数下的射击方案

目标参数	N	m	n_i	η_3	$P_{1/N}$	$P_{K,1/N}$
A	4	4	(1, 1, 1, 1)	0.4886	0.9566	0.8336
B	5	4	(1, 1, 2, 1)	0.6295	0.9500	0.8146
C	4	4	(1, 1, 1, 1)	0.4844	0.9629	0.8409
D	5	4	(1, 1, 2, 1)	0.5584	0.9500	0.8378
E	5	4	(1, 1, 2, 1)	0.8145	0.9500	0.8146
F	5	4	(1, 1, 2, 1)	0.5584	0.9500	0.8378

得到射击方案后，通过统计模拟法计算实际捕捉概率与毁伤概率，并与理论计算值对比，如表 7.2.12 所示。

表 7.2.12　捕捉概率与毁伤概率的理论值、实际值对比

目标参数	理论捕捉概率	实际捕捉概率	集火捕捉概率	理论毁伤概率	实际毁伤概率	集火毁伤概率
A	0.9566	0.9938	0.7344	0.8336	0.8793	0.5173
B	0.9500	0.9903	0.6012	0.8146	0.8658	0.4193
C	0.9629	0.9939	0.7376	0.8409	0.8785	0.5156
D	0.9500	0.9863	0.6360	0.8378	0.8931	0.4484
E	0.9500	0.9895	0.6016	0.8146	0.8704	0.4208
F	0.9500	0.9885	0.6417	0.8378	0.8909	0.4534

由表 7.2.12 可得，对目标实际散布情况进行等效处理，因此采用 7.2.3 节的方法得到的射击方案，其对应的实际捕捉概率与毁伤概率均高于理论计算结果，因此能够满足预定捕捉概率与毁伤概率的要求；另外，采用多弹平行覆盖射击的方法，相比于将所有导弹瞄准点配置于目标散布中心的方法，能够显著提高捕捉概率与毁伤概率。

7.2.4 间歇开机搜索时多弹区域覆盖射击分析

在之前的分析中，分别以目标的捕捉概率和毁伤概率为效能指标给出了最佳导弹瞄准点偏移量、导弹瞄准点数量和导弹的消耗量等计算公式，在这些计算公式中，导弹的搜索半宽是最重要的参数之一。如果导弹采用连续开机的搜索方式，那么对于不在导弹雷达搜索扇面内的目标，导弹的搜索必然演变为依靠搜索扇面的远界捕捉飞行中遭遇的第一个目标，难以获得敌编队队形、假目标排列、目标尺寸、岛岸背景等信息，同时雷达连续开机将降低导弹搜索的隐蔽性。

为保证搜索隐蔽性，导弹搜索过程中可采用间歇开机方法进行搜索，如图 7.2.19 所示。间歇开机搜索中，导弹每次开机对雷达搜索扇面进行 1～3 次扫描，然后关机静默飞行以降低雷达暴露时间，直至飞行至下次开机位置，雷达再次开机对雷达搜索扇面进行搜索，各次开机搜索扇面应有重叠，确保不漏搜。发现目标后应进行数据相关处理，以防重复录取。

图 7.2.19 间歇开机搜索时导弹的实际搜索宽度

显然，间歇开机搜索方式会导致导弹实际搜索宽度减小，这种搜索方式下导弹的等效搜索半宽 $b_{间歇}$ 为

$$b_{间歇} = (R_{\max} - d_{间歇}) \cdot \sin\alpha = b_{连续} - (t_{间歇} + t_{搜索}) \cdot V_{导弹} \cdot \sin\alpha \quad (7.2.86)$$

例如，$b_{连续}$ 取 30km，$b_{间歇}$ 取 20km，$V_{导弹}$ 取 220m/s，α 取 45°，方位搜索

时间 $t_{搜索}$ 取 4s，则有

$$t_{间歇}=(b_{连续}-b_{间歇})/(V_{导弹}\cdot\sin\alpha)-t_{搜索}=60.3\text{s}$$

这样，在多弹区域覆盖间歇开机搜索射击的捕捉概率、毁伤目标概率、瞄准点数量、导弹瞄准点的偏移量、每个瞄准点分配的导弹数量和导弹消耗量等公式和确定原则中，用导弹的等效搜索半宽 $b_{间歇}$ 代替导弹的搜索半宽 b 即可。

7.2.5　不同类型的多弹区域覆盖射击分析

在实际作战行动中，参与作战的平台可能装备不同型号的导弹武器，因此需要依托不同型号的导弹武器实施多弹区域覆盖射击，这一过程与之前章节的分析存在一定的差异，主要体现在不同类型导弹的搜索半宽、导弹自控终点散布不相同。与之前的分析过程类似，这里首先建立不同类型导弹的多弹区域覆盖平行搜索捕捉概率模型，然后求解攻击方案，包括导弹数量与瞄准点偏移量。

1. 多弹区域覆盖平行搜索捕捉概率与毁伤概率

不同类型的多弹区域覆盖射击过程如图 7.2.20 所示。显然，不同类型的多弹区域覆盖射击与相同类型的多弹区域覆盖射击的差异体现在两点：一是不同类型导弹的搜索半宽不同；二是不同类型导弹的自控终点散布误差不同。

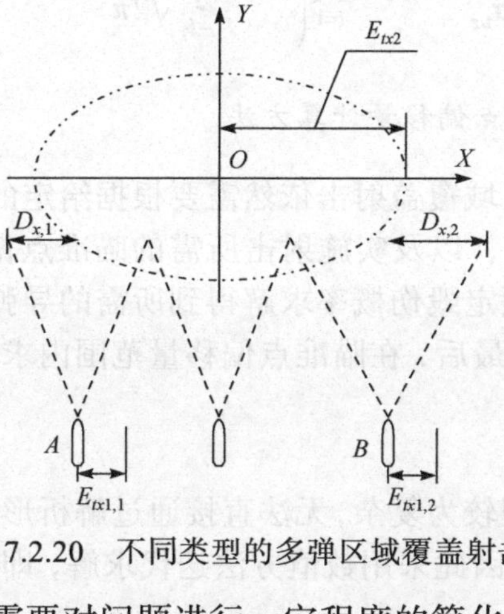

图 7.2.20　不同类型的多弹区域覆盖射击

在进行分析之前，需要对问题进行一定程度的简化。在采用不同类型的反舰导弹实施射击时，每种反舰导弹的数量可能不同，这时，在计算最优瞄准点偏移量的过程中，就必须考虑单个瞄准点上可能有不同类型的反舰导弹，由于搜捕半宽不同，问题的求解将变得较为复杂。因此，之后的分析仅考虑最为简单的情况，即每个瞄准点仅安排一枚反舰导弹，不同瞄准点上的反舰导弹类型可能相同，也可能不相同。

与之前的分析类似，设有 n 枚导弹进行区域覆盖射击，对于每一枚导弹 $i \in 1,2,\cdots,n$，导弹自控终点散布误差为 $\sigma_{pz,i}$，导弹的导引头捕捉半宽为 b_i(注意到，对于任意 $i,j \in \{1,2,\cdots,n\}$ 且 $i \neq j$，有 $\sigma_{pz,i} = \sigma_{pz,j}$，$b_i = b_j$，也有可能有 $\sigma_{pz,i} \neq \sigma_{pz,j}$，$b_i \neq b_j$)；目标指示系统误差为 σ_{uz}，目标机动距离为 S，相邻两枚导弹之间的瞄准点偏差为 ΔL。这样，得到不同类型的多弹区域覆盖平行搜索捕捉概率为

$$P_{1/N}^{*} = 1 - \int_{-\infty}^{+\infty} \frac{1}{\sqrt{2\pi}\sigma_{uz}} \mathrm{e}^{-\frac{(x-S)^2}{2\sigma_{uz}^2}} \prod_{i=1}^{n} \left(1 - \int_{-b_i}^{b_i} \frac{1}{\sqrt{2\pi}} \mathrm{e}^{-\frac{(z-x+D_i)^2}{2\sigma_{pz,i}^2}} \mathrm{d}z \right) \mathrm{d}x \tag{7.2.87}$$

其中

$$D_i = -(n-1)\Delta L + 2(i-1)\Delta L \tag{7.2.88}$$

基于捕捉概率模型，可以得到毁伤概率模型。由于不同类型的导弹毁伤能力不同，因此捕获目标后毁伤目标的可能性也不同，设 Q_i 为不同导弹捕捉目标后毁伤目标的概率,从而得到不同类型的多弹区域覆盖平行搜索毁伤概率为

$$P_{K,1/N}^{*} = 1 - \int_{-\infty}^{+\infty} \frac{1}{\sqrt{2\pi}\sigma_{uz}} \mathrm{e}^{-\frac{(x-S)^2}{2\sigma_{uz}^2}} \prod_{i=1}^{n} \left(1 - Q_i \int_{-b_i}^{b_i} \frac{1}{\sqrt{2\pi}} \mathrm{e}^{-\frac{(z-x+D_i)^2}{2\sigma_{pz,i}^2}} \mathrm{d}z \right) \mathrm{d}x \tag{7.2.89}$$

2. 导弹数量与瞄准点偏移量计算方法

不同类型的多弹区域覆盖射击依然需要根据给定的捕捉概率、毁伤概率，求解所需的导弹数量 n，以及实施射击所需的瞄准点偏移量 ΔL。首先，需要根据预定捕捉概率与预定毁伤概率求解得到所需的导弹数量；然后，求解可用的瞄准点偏移量范围；最后，在瞄准点偏移量范围内求解对应毁伤概率最优的瞄准点偏移量。

1) 导弹数量求解

由于毁伤概率模型较为复杂,无法直接通过解析形式的模型得到满足预定毁伤概率的导弹数量，因此采用数值方法迭代求解，即需要计算导弹数量的初值，并给出迭代函数。

导弹数量初值的计算基于最优毁伤概率函数。设

$$U^{*} = -\sum_{i=1}^{n} \ln \left(1 - Q_i \int_{-b_i}^{b_i} \frac{1}{\sqrt{2\pi}} \mathrm{e}^{-\frac{(z-x+D_i)^2}{2\sigma_{pz,i}^2}} \mathrm{d}z \right) \tag{7.2.90}$$

因此有

$$\int_{-\infty}^{+\infty} U^*(x)\mathrm{d}x = \int_{-\infty}^{+\infty} -\sum_{i=1}^{n}\ln\left(1-Q_i\int_{-b_i}^{b_i}\frac{1}{\sqrt{2\pi}}\mathrm{e}^{-\frac{(z-x+D_i)^2}{2\sigma_{pz,i}^2}}\mathrm{d}z\right)\mathrm{d}x$$

$$= \int_{-\infty}^{+\infty} -\ln\sum_{i=1}^{m}\left(1-Q\int_{-b_i}^{b_i}\frac{1}{\sqrt{2\pi}}\mathrm{e}^{-\frac{z^2}{2\sigma_{pz,i}^2}}\mathrm{d}z\right)\mathrm{d}x \tag{7.2.91}$$

$$= \tau^*(n,\sigma_{pz,i},Q)$$

可以将$\tau^*(n,\sigma_{pz,i},Q)$作为等周条件，求解得导弹数量、导弹自控终点散布误差、导弹的导引头捕捉半宽及导弹捕捉目标后毁伤目标的概率给定情况下的最优毁伤概率，即

$$P_{O,K,1/N}^* = 1-\frac{2}{\sqrt{2\pi}}\left(R^*\mathrm{e}^{-\frac{R^{*2}}{2}}-\int_{R^*}^{+\infty}\mathrm{e}^{-\frac{x^2}{2}}\mathrm{d}x\right) \tag{7.2.92}$$

其中

$$R = \sqrt[3]{\frac{3}{2}\tau^*(n,\sigma_{pz,i},Q)} \tag{7.2.93}$$

对于预定毁伤概率$P_{C,K}$，通过式(7.2.93)可以计算得到理论导弹数量，即导弹数量初值，有

$$n_0 = \left\lceil \frac{2}{3}(R^*)^{2/3} / \tau^*(n,\sigma_{pz,i},Q) \right\rceil \tag{7.2.94}$$

导弹数量迭代函数依然通过牛顿迭代法构建，在得到导弹数量n_{j-1}后，若实际毁伤概率不能满足要求，则需要对导弹数量进行校正。有

$$n_j = n_{j-1} + \left\lceil (P_{C,K}-P_{K,1/N}^*(n_{j-1})) \middle/ \frac{\mathrm{d}P_{K,1/N}^*(n_{j-1})}{\mathrm{d}n} \right\rceil \tag{7.2.95}$$

其中，$P_{K,1/N}^*(n_{j-1})$为通过本小节 2)与 3)中方法得到的导弹数量取n_{j-1}时的实际毁伤概率。而$\mathrm{d}P_{K,1/N}^*(n_{j-1})/\mathrm{d}n$可以通过数值导数构建，即

$$\frac{\mathrm{d}P_{K,1/N}^*(n_{j-1})}{\mathrm{d}n} = \frac{P_{K,1/N}^*(n_{j-1})-P_{K,1/N}^*(n_{j-2})}{n_{j-1}-n_{j-2}} \tag{7.2.96}$$

这样，通过初值计算函数与迭代函数，即可求取满足预定毁伤概率$P_{C,K}$的导弹数量。值得注意的是，在计算过程中需要利用本小节中 2)与 3)的方法。

2) 基于预定捕捉概率的可用瞄准点偏移量求解

在给定导弹数量的条件下，求解最优毁伤概率对应的瞄准点偏移量，需要

该瞄准点偏移量同时满足预定捕捉概率 P_C 的要求，因此需要先通过预定捕捉概率确定可取的瞄准点偏移量范围，即可用瞄准点偏移量 $D_{\Delta L}^*$，对于 $\Delta L \in D_{\Delta L}^*$，均有

$$P_{1/N}^*(\Delta L) \geqslant P_C \tag{7.2.97}$$

由于 $D_{\Delta L}^* = [\Delta L_a, \Delta L_b]$ 是一个连续的区间，因此只需要求解 $D_{\Delta L}^*$ 的两个端点 ΔL_a 与 ΔL_b。具体求解方法类似 7.2.2 节，首先求解 $P_{1/N}^*(\Delta L)$ 的最大值对应的 $\Delta L_{\max}$，若

$$P_{1/N}^*(\Delta L_{\max}) > P_C \tag{7.2.98}$$

则必然存在 $\Delta L_{\max} \in [\Delta L_a, \Delta L_b]$。因此，可以采用数值方法取 $\Delta L_{\max}$ 附近的两个点，不断逼近 ΔL_a 与 ΔL_b，最后得到

$$\begin{cases} P_{1/N}^*(\Delta L_a) = P_C \\ P_{1/N}^*(\Delta L_b) = P_C \end{cases} \tag{7.2.99}$$

这样，就可以得到可用瞄准点偏移量 $D_{\Delta L}^* = [\Delta L_a, \Delta L_b]$。

3) 最优瞄准点偏移量求解

在给定导弹数量 n_j 及可用瞄准点偏移量 $D_{\Delta L}^*$ 的条件下，求解最优瞄准点偏移量，是典型的优化问题，可以表述成式(7.2.100)和式(7.2.101)。

目标函数为

$$J = \max P_{K,1/N}^*(\Delta L) \tag{7.2.100}$$

约束条件为

$$\Delta L \in D_{\Delta L}^* \tag{7.2.101}$$

可以通过数值方法求解 ΔL，这里以二分法求解为例。

构建迭代序列 $\Delta L_{a,k}$ 与 $\Delta L_{b,k}$，其中 $k = 1,2,\cdots$，并且初值取

$$\begin{cases} \Delta L_{a,1} = \Delta L_a = \min D_{\Delta L}^* \\ \Delta L_{b,1} = \Delta L_b = \max D_{\Delta L}^* \end{cases} \tag{7.2.102}$$

计算对应的毁伤概率导数 $\mathrm{d}P_{K,1/N}^*/\mathrm{d}\Delta L$，得到 $\mathrm{d}P_{K,1/N}^*/\mathrm{d}\Delta L\big|_{\Delta L=\Delta L_{a,k}}$ 与 $\mathrm{d}P_{K,1/N}^*/\mathrm{d}\Delta L\big|_{\Delta L=\Delta L_{b,k}}$，之后取中点为

$$\Delta L_k = (\Delta L_{a,k} + \Delta L_{b,k})/2 \tag{7.2.103}$$

以及计算 $\mathrm{d}P_{K,1/N}^*/\mathrm{d}\Delta L\big|_{\Delta L=\Delta L_k}$，比较 $\mathrm{d}P_{K,1/N}^*/\mathrm{d}\Delta L\big|_{\Delta L=\Delta L_k}$ 与 $\mathrm{d}P_{K,1/N}^*/\mathrm{d}\Delta L\big|_{\Delta L=\Delta L_{a,k}}$、$\mathrm{d}P_{K,1/N}^*/\mathrm{d}\Delta L\big|_{\Delta L=\Delta L_{b,k}}$，若 $\mathrm{d}P_{K,1/N}^*/\mathrm{d}\Delta L\big|_{\Delta L=\Delta L_k}$ 与 $\mathrm{d}P_{K,1/N}^*/\mathrm{d}\Delta L\big|_{\Delta L=\Delta L_{a,k}}$ 异号，则取

$$\begin{cases}\Delta L_{a,k+1}=\Delta L_{a,k}\\ \Delta L_{b,k+1}=\Delta L_{k}\end{cases}\tag{7.2.104}$$

否则取

$$\begin{cases}\Delta L_{a,k+1}=\Delta L_{k}\\ \Delta L_{b,k+1}=\Delta L_{b,k}\end{cases}\tag{7.2.105}$$

因此有

$$\lim_{k\to\infty}P_{K,1/N}^{*}(\Delta L_{k})=\max P_{K,1/N}^{*}\tag{7.2.106}$$

以上只给出了每个瞄准点均分配一枚导弹时不同类型导弹区域覆盖射击的捕捉概率与毁伤概率模型，以及导弹数量与瞄准点偏移量求解方法。当每个瞄准点分配导弹大于一枚时，问题的求解将变得较为复杂：首先，每个瞄准点可能分配不同类型的导弹；然后，由于不同类型的导弹对应搜索半宽不同，因此继续采用等间隔的瞄准点配置方法可能无法达到较优的捕捉概率与毁伤概率；最后，由于每个瞄准点分配的导弹数量及导弹类型都存在差异，求解复杂度会随着导弹数量的增多及导弹种类的增多而剧烈增加。

7.3　多弹区域覆盖射击的组织实施

根据反舰导弹的能力，为实现对大散布区域覆盖搜索攻击，采用方位齐射方法，此种射击方法用于具备航路规划能力的反舰导弹。实施过程中，通过导弹的转角发射及航迹规划功能，使得齐射的导弹在目标最可能方向上“并行”前进，一方面可以拥有较大的搜索面积，另一方面也可以弥补在远距离上纯方位扩散射击中各导弹搜索区不能够重叠的不足，真正做到在射击方向上的全面覆盖。由于导弹需要具备转角发射或者航迹规划功能，并且需要在电子海图上进行航迹规划，因此对导弹武器系统要求较高。

根据以上分析，本节只分析具备航路规划能力的反舰导弹对大散布区域覆盖平行搜索协同射击的组织实施。

7.3.1　多弹区域覆盖射击使用条件

在以下低目指精度条件下，应考虑使用多弹区域覆盖平行搜索射击方式对敌水面舰船目标实施导弹攻击：

(1) 由于探测精度过差或由于目标信息通报时间滞后过长或受敌电磁干扰影响，目标信息恶劣，目标散布区过大，难以满足其他导弹射击方式的使用条件时；

(2) 目标距离过大，导弹自控飞行时间过长，导致导弹飞行误差和目标机动引起的系统误差过大，将严重降低导弹捕捉概率时；

(3) 能够确切掌握目标作战区的范围,或通过对战场情报的分析判断(如根据敌警戒兵力位置和分布推断)能够概略知道目标活动区，但目标作战区或活动区过大，无法使用单弹机动搜索方法实施攻击时。

7.3.2 多弹区域覆盖射击基本实施方法

多弹区域覆盖射击基本实施方法如下。

(1) 是否需要进行多弹区域覆盖平行搜索射击的判断：根据探测设备的性能和接收的信息及数据的精度，计算目标指示的定位精度；根据目标指示系统误差的散布中心的初始距离，计算目标机动时间、导弹开机距离、导弹自控终点散布误差；根据目标的机动方式和目标机动时间，计算目标的机动距离；根据目标指示系统误差、导弹自控终点散布误差和目标的机动距离，按给定的目标至少被一枚导弹捕捉的概率 P_0 计算目标散布区的中心和目标散布区在导弹侧向上的半宽 b_{mz}；如果导弹的搜索半宽 $b<b_{mz}$ (若有不同类型的导弹，则 b 为搜索宽度最大的导弹的搜索半宽)，同时确认导弹的总飞行航程不大于导弹的最大动力航程，那么可进行多弹区域覆盖平行搜索射击。

(2) 确定导弹攻击队形和突击群主攻击角参考线(舰艇的中间位置与目标参考点连线)：编队(突击群)可以采用横队或梯队实施导弹齐射，如图 7.3.1 所

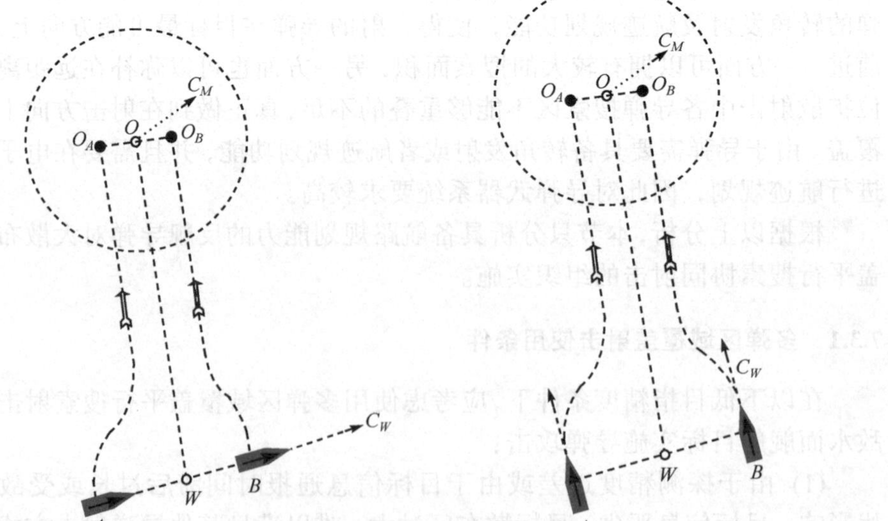

图 7.3.1 导弹攻击队形

示。图 7.3.1 中，W 为舰艇 W_A 和 W_B 的中间位置，O 为目标参考点(目标散布中心)，O_A、O_B 为导弹瞄准点，WO 为主攻击角参考线。

(3) 计算多弹区域覆盖平行搜索射击所需要的各参数。根据各导弹发射阵位及机动调整时间，以主攻击角参考线为多弹区域覆盖平行搜索攻击方向，按导弹最大可能的飞行航程，重新计算目标散布区。目标区域确定后，即可根据目标散布区或目标活动区的宽度、导弹搜索半宽(为了保证对目标的捕捉概率和降低导弹消耗量，通常应利用导弹的最大搜索半宽)及导弹在侧向上自控终点散布误差(为了保证弹间有一定的间隔而不发生碰撞，通常取导弹在最大可能飞行航程时的侧向自控终点散布误差)，并根据给定对目标的毁伤概率，按照导弹瞄准点数量和偏移量的确定原则，确定瞄准点数量、导弹瞄准点的偏移量、每个瞄准点分配的导弹数量和导弹消耗量。为了防止遗漏目标，协同搜索的相邻导弹搜索带要有一定的重叠。

(4) 根据协同搜索的要求，确定齐射各枚导弹的末制导雷达开机点(自控终点)和搜索航向，规划各枚导弹的飞行航路。

(5) 导弹搜索航向为主攻击角参考线，而各导弹瞄准点的位置根据目标参考点(目标散布中心)位置和导弹瞄准点的偏移量来确定。

确定上述射击要素后，即可实施导弹齐射。

7.3.3　多弹区域覆盖射击实施组织流程

实施多弹区域覆盖平行搜索射击时，导弹攻击兵力应由待机点占领攻击出发阵位，转入战斗航向，到达导弹初始发射阵位，按规定时间依次发射导弹，最后一枚导弹飞离发射平台后，攻击兵力应观察射击效果，并视情组织第二波导弹攻击或撤出战斗。

以上述阵位为界，导弹攻击兵力的行动可分为待机及发射准备段、发射段、观效及撤出段三个阶段。

导弹攻击编队在接到预先号令之后，应立即进行战斗动员，按规定时间完成各项战斗准备任务，待命执行战斗任务。

在接到战斗命令时，我方导弹攻击编队应根据首长决心和突击方案实施战术。

导弹攻击编队准备和实施多弹区域覆盖平行搜索射击的战斗行动包括在指定的待机区待机或向战斗区机动、战斗机动和发射导弹、发射导弹后的机动。

(1) 待机及发射准备阶段。导弹攻击编队应实行小群编组(1～2 艘驱护舰就可以组成一个突击群)、多路分进合击，预先展开在不同海域隐蔽待机，形成导弹攻击有利态势；舰艇兵力应形成合理配置和组合，发挥整体威力，力争实现同时对敌实施多层次的火力打击，形成局部的火力优势，并达成战斗的突然性，掌握战场主动权。

(2) 发射阶段。收到突击命令和目标区域信息后，攻击编队指挥员应当进一步检查突击目标、己方兵力的位置和武器装备的状态；分析目标区域信息，保证导弹的捕捉概率不低于规定值；估计敌兵力攻击我方导弹攻击编队的可能性；判断水文气象条件对导弹攻击的影响。

当下列条件满足时，编队指挥员定下导弹攻击的决心：收到了实施导弹攻击的命令；目标区域信息能够保证导弹发现目标、导弹捕捉目标的概率不低于规定值；战斗区的水文气象条件允许使用导弹。

导弹突击群在实施导弹攻击时，应组成战斗队形，在到达初始发射阵位后，根据计算的导弹发射时间依次发射各枚导弹。

(3) 观效及撤出阶段。导弹攻击编队发射导弹后可能被敌发现和攻击，因此编队在导弹发射后，应加强警戒，采取各种可能的防御措施，待命组织第二波导弹攻击，若导弹攻击成功，则解除导弹攻击部署，视情脱离作战海区，进入新待机区。

7.4 本 章 小 结

通过目标散布区大小对导弹导引头捕捉目标能力的影响分析可知，当目标散布率和目标机动偏移率较大时，将形成大目标散布区，此时由于导弹捕捉概率过低使得传统攻击方式的射击条件要求难以满足，无法进行攻击。如果在大目标散布区下仍想对目标进行攻击，必须使用新的攻击方法。

按照对面目标的火力运用原则，可以人为地将一次齐射的两枚(或多枚)导弹的自控飞行终点散布成一定间隔，联合组成一个宽度更大的搜索带，克服单枚导弹末制导雷达搜索扇面小、对远距离大误差目标的捕捉概率小的缺点，使齐射的导弹对远距离误差散布大的目标具有较高的捕捉概率，实现对大目标散布区的攻击。为此本章做了如下工作：

(1) 给出了对多弹区域覆盖射击的平行搜索捕捉概率的解析和统计模拟模型。

(2) 以目标至少被多弹齐射中的一枚导弹捕捉的概率不低于期望值为效能指标，给出了导弹瞄准点数量和瞄准点偏移量的确定方法。

(3) 以至少一枚导弹命中目标的概率为效能指标，提出多弹区域覆盖平行搜索下的毁伤目标概率和导弹消耗量计算模型，给出了最佳导弹瞄准点数量和导弹瞄准点偏移量的确定原则，并通过统计模拟法验证了根据上述原则得到的瞄准点数量、导弹瞄准点的偏移量、导弹消耗量和毁伤目标概率能充分满足作战要求。

(4) 当多弹联合搜索采用雷达连续开机的搜索方式时，可能降低导弹搜索的隐蔽性，为此提出了对现役导弹进行改造，采用雷达间歇开机搜索方式，提高导弹搜索的隐蔽性。给出了这种搜索样式下导弹的等效搜索半宽模型，用导弹的等效搜索半宽 $b_{间歇}$ 代替导弹的实际搜索半宽 b，按上述导弹瞄准点数量和偏移量的确定原则，可得到瞄准点数量、导弹瞄准点的偏移量、导弹消耗量和毁伤目标概率。但应指出的是，雷达间歇开机搜索方式尽管提高了攻击隐蔽性，但它对导弹的控制系统提出了更高的要求，即要按指定时间间歇开机搜索。目前现役导弹至多只有二次搜索功能，间歇开机搜索要求导弹要具有多次的搜索功能。同时，间歇开机搜索方式是以牺牲导弹搜索能力换取导弹攻击的隐蔽性。

(5) 对不同类型的多弹区域覆盖射击进行了分析。当进行多弹协同搜索攻击时，为了指挥简单，便于组织，一般采用同类型的导弹进行攻击。当一定要采用多种类型的导弹进行协同搜索攻击时，应尽量减少导弹的类型，且每个瞄准点分配的导弹类型应是相同的。为此本章参照同种类型的多弹区域覆盖平行搜索射击的计算模型，给出了两种类型的多弹区域覆盖平行搜索的捕捉概率、毁伤目标概率和导弹消耗量的计算模型，并根据目标散布区的半宽 b_{mz} 和导弹在侧向上自控终点散布误差与导弹的搜索半宽之间的关系，给出了最佳导弹瞄准点数量和导弹瞄准点偏移量的确定原则。

不同类型的多枚导弹区域覆盖射击与相同类型的多枚导弹区域覆盖射击相比，射击参数的计算更为复杂，组织实施要求也高，最为不利的是，当两种类型导弹射程相差较大时，为了保证捕捉概率，就要把射程远的导弹等同于射程近的导弹，浪费了导弹的性能。

(6) 最后给出了多弹区域覆盖平行搜索方位齐射攻击的使用条件、基本实施方法和实施组织流程。

参考文献

[1] Ha G H. Artificial dispersion of aim point for artillery fire[D]. Monterey: Haval Postgraduate School, 1983.

[2] 陈建, 王学军, 彭涛. 超高射频弹幕武器系统射击效力分析[J]. 火炮发射与控制学报, 2009, (1): 9-12.

[3] 余家祥, 周晶, 李华. 舰炮人工弹幕反导射击效力计算[J]. 四川兵工学报, 2011, 32(11): 23-26.

[4] 蔡海超, 孙胜春. 金属风暴武器射速与命中概率关系研究[J]. 指挥控制与仿真, 2008, 30(1): 51-53.

[5] 李永博, 郭治. 基于底部排气弹的多重命中体制[J]. 电光与控制, 2009, 16(11): 25-28.

[6] 何建中. 命中方程及多重命中体制研究[D]. 南京: 南京理工大学, 2008.

[7] 戴佳秋, 吴伟, 郑志强, 等. 近程反导中拦阻射击模式和多重命中体制研究[J]. 现代防御技术, 2006, 34(5): 56-59.

[8] 俞国庆, 孙世岩, 刘忠, 等. 拦阻射击的弹目交汇解相遇问题[J]. 海军工程大学学报, 2010, 22(3): 64-68.

[9] 周俊, 汪德虎, 孙东彦. 金属风暴武器阻拦射击面与分布密度关系[J]. 弹道学报, 2009, 21(2): 47-49.

[10] 胡金春, 郭治. 未来空域窗的数学描述[J]. 兵工学报, 1998, 19(4): 293-297.

[11] 胡金春, 郭治. 未来空域窗的参数论证[J]. 兵工学报, 1999, 20(1): 13-18.

[12] 胡金春, 孙增圻, 郭治. 未来空域窗射击体制下随机穿越特征量的实现[J]. 兵工学报, 2002, 23(1): 106-108.

[13] 古华栋, 石章松, 谢云开, 等. 舰炮反导中的未来空域窗参数分析[J]. 火炮发射与控制学报, 2014, (1): 6-9.

[14] 胡金春, 郭治. 未来空域窗体制下的饱和射击[J]. 火炮发射与控制学报, 1999, (2): 1-5.

[15] 王福军, 梅卫, 王春平, 等. 多空域窗射击技术研究[J]. 火力与指挥控制, 2009, 34(5): 163-166.

[16] 窦丽华, 王高鹏, 陈杰, 等. 求解弹头散布均匀度的分布估计算法[J]. 控制理论与应用, 2009, 26(6): 624-628.

[17] 刘恒, 梅卫, 单甘霖, 等. 未来空域窗弹丸散布中心配置方法[J]. 电光与控制, 2013, 20(5): 73-76.

[18] 闫伟杰. 基于蒙特卡洛法的未来空域窗射击命中概率仿真[J]. 舰船电子工程, 2014, (11): 98-101.

[19] 刘恒, 梅卫, 张小伟. 基于未来空域窗的高炮点射效力仿真[J]. 火力与指挥控制, 2010, 35(11): 158-160.

[20] 刘恒, 梅卫, 单甘霖. 空域窗射击毁歼概率解析计算模型[J]. 火力与指挥控制, 2013, 38(4): 130-132.

[21] 古华栋, 石章松, 胡文军. 未来空域窗体制下小口径舰炮反导效能分析[J]. 舰船电子工程, 2012, 32(11): 16-17.

[22] 朱凯, 陶德进, 王军, 等. 未来空域窗下高炮武器系统的毁伤概率[J]. 火力与指挥控制, 2014, (4): 24-26.
[23] 张华. 未来空域窗下的毁伤分析[D]. 南京: 南京理工大学, 2008.
[24] 俞国庆, 刘忠, 陈栋. 基于未来空域窗的金属风暴武器系统参数研究[J]. 舰船电子工程, 2010, 30(4): 47-49.
[25] 胡美霞, 李陆冀, 冷旭, 等. 舰炮 CIWS 未来空域窗饱和射击效力分析[J]. 舰船电子工程, 2013, 33(2): 113-115.
[26] 鲁广策, 杨建军. 未来空域窗体制下的高炮抗击反辐射导弹模型研究[J]. 指挥控制与仿真, 2008, 30(1): 28-31.
[27] 吕学新. 未来空域窗应用技术[D]. 南京: 南京理工大学, 2007.
[28] 卢发兴, 贾正荣, 吴玲, 等. 最优未来空域窗模型[J]. 系统工程与电子技术, 2015, 37(5): 1072-1075.
[29] 卢发兴, 贾正荣, 吴玲, 等. 未来空域窗弹丸瞄准点配置方法[J]. 兵工学报, 2015, 36(8): 1541-1545.
[30] 曾家有, 钟建林, 高青伟. 舰艇编队组织反舰导弹协同饱和攻击任务规划问题分析[J]. 飞航导弹, 2012, (5): 27-29, 43.
[31] 曾家有, 王国卫, 钟建林, 等. 多平台舰舰导弹饱和攻击几个协同问题与模型[J]. 兵工学报, 2014, 35(2): 256-261.
[32] 姚晓白. 反舰导弹饱和攻击所需发射导弹数量的一种新算法[J]. 战术导弹技术, 2002, (4): 17-21.
[33] 杨飞, 王青, 董朝阳. 实施饱和攻击的导弹多目标火力分配决策[J]. 北京航空航天大学学报, 2010, 36(8): 996-999.
[34] 李聪颖, 韩蕾, 高晓冬, 等. 再入反舰导弹多弹协同饱和攻击突防最优弹道研究[J]. 指挥与控制学报, 2015, 1(1): 72-80.
[35] Liu G, Lao S Y, Tan D F, et al. Research status and progress on anti-ship missile path planning[J]. Acta Automatica Sinica, 2013, 39(4): 347-359.
[36] 张书宇, 张金春, 李雪梅. 多方向饱和攻击时反舰导弹航路规划方法[J]. 兵工自动化, 2012, (11): 6-9.
[37] 高曼. 反舰导弹低空飞行航路规划智能算法研究[D]. 无锡: 江南大学, 2013.
[38] Liu G, Lao S Y, Hou L L, et al. OARPER-MAFO algorithm for anti-ship missile path planning[J]. Aerospace Science & Technology, 2015, 47: 135-145.
[39] 陈玉文. 反舰导弹航路规划快速搜索算法[J]. 系统仿真学报, 2009, 21(20): 6424-6428.
[40] 张利民. 反舰导弹航路规划与姿态控制方法研究[D]. 天津: 南开大学, 2014.
[41] Zhang Y, Wang X, Wu H. A distributed cooperative guidance law for salvo attack of multiple anti-ship missiles[J]. 中国航空学报(英文版), 2015, 28(5): 1438-1450.
[42] 阚亚斌, 吕俊军. 目标定位精度较低情况下的导弹射击方法[J]. 火力与指挥控制, 1997, (2): 31-38.
[43] 旷志高, 颜仲新, 刘鼎臣. 超视距反舰导弹的射击方式探讨[J]. 飞航导弹, 2003, (7): 14-17.
[44] 刘亿, 董受全, 位梁梓. 复杂条件下反舰导弹扩散射击方式研究[J]. 舰船电子对抗,

2011, 35(5): 39-42.
[45] 丁宝荣, 胡海. 反舰导弹攻击方式研究[J]. 飞航导弹, 2005, (12): 23-25.
[46] 高永庆, 童幼堂. 反舰导弹盲射攻击浅谈[J]. 飞航导弹, 2009, (1): 47-49.
[47] 卢发兴, 吴玲, 董银文. 无航路规划能力的反舰导弹盲目射击[J]. 系统工程与电子技术, 2009, 31(11): 2658-2662.
[48] 卢发兴, 吴玲, 董银文. 带航路规划的反舰导弹盲目射击攻击模型及性能研究[J]. 电子学报, 2009, 37(9): 1956-1960.
[49] 刘树衎, 王航宇, 卢发兴. 多枚导弹区域覆盖平行搜索的捕捉概率研究[J]. 系统工程与电子技术, 2015, 37(10): 2286-2291.
[50] 崔绍波, 贾跃, 徐奕航, 等. 自导鱼雷区域射击法研究[J]. 鱼雷技术, 2007, 15(4): 53-56.
[51] 梁良, 贾跃, 任磊. 助飞鱼雷机动区域射击法攻潜能力研究[J]. 指挥控制与仿真, 2015, (1): 50-55.
[52] 曹亮, 滕兆新, 李博. 火箭上浮水雷定向区域攻击优化配置问题研究[J]. 四川兵工学报, 2014, (11): 51-53.
[53] 季溢栋. 悬浮子弹药滞空悬浮装置研制与试验[D]. 南京: 南京理工大学, 2014.
[54] 赵向涛, 李文哲, 寇祝. 悬浮式深弹拦截鱼雷射击区域分析[J]. 四川兵工学报, 2011, 32(11): 20-22.
[55] 林贤杰, 贾跃, 赵学涛. 舰艇使用悬浮式深弹对抗声自导鱼雷规避策略分析[J]. 鱼雷技术, 2008, 16(4): 51-53.
[56] 胡伟文, 赵峰, 姜礼平, 等. 悬浮式深弹拦截鱼雷作战仿真及效能分析[J]. 海军工程大学学报, 2013, 25(4): 6-10.
[57] 李瑜, 张文玉. 无人作战平台指挥控制技术[J]. 指挥信息系统与技术, 2011, 2(6): 6-9.
[58] 王金梅, 庞晓宾. 地面无人作战平台武器系统技术分析及展望[J]. 兵工学报, 2010, (s2): 163-166.
[59] Varela G, Caamaño P, Orjales F, et al. Autonomous UAV based search operations using constrained sampling evolutionary algorithms[J]. Neurocomputing, 2014, 132(23): 54-67.
[60] Davoodi M, Panahi F, Mohades A, et al. Clear and smooth path planning[J]. Applied Soft Computing, 2015, 32: 568-579.
[61] Tam C K, Bucknall R. Cooperative path planning algorithm for marine surface vessels[J]. Ocean Engineering, 2013, 57(2): 25-33.
[62] Breunig M, Baer W. Database support for mobile route planning systems[J]. Computers Environment & Urban Systems, 2004, 28(6): 595-610.
[63] Golsahni F, Cortes-Rello E, Howell T H. Dynamic route planning with uncertain information[J]. Knowledge-Based Systems, 1996, 9(4): 223-232.
[64] Zhang Q, Duan H. Chaotic biogeography-based optimization approach to target detection in UAV surveillance[J]. International Journal for Light and Electron Optics, 2014, 125(23): 7100-7105.
[65] York G, Pack D J. Ground target detection using cooperative unmanned aerial systems[J]. Journal of Intelligent & Robotic Systems, 2012, 65(1-4): 473-478.

[66] Wang G L. Key parameters and conceptual configuration of unmanned combat aerial vehicle concept[J]. 中国航空学报(英文版), 2009, 22(4): 393-400.
[67] Lanillos P, Gan S K, Besada-Portas E, et al. Multi-UAV target search using decentralized gradient-based negotiation with expected observation[J]. Information Sciences, 2014, 282: 92-110.
[68] 邵鹏举，潘红华，王志民. 舰炮对岸应召射击最优火力分配[J]. 指挥控制与仿真，2008, 30(5): 40-46.